安於不安

企業 如何從失敗教訓中成長

鄭宏泰、高皓——著

中華書局

目　錄

序

無論個人、家族、企業，甚至是國家，前進發展道路實在難以無風無浪、沒有挑戰，很多時候反而是困難或危機交疊伴隨。在某些時候，如果碰到的困難或危機處理不好，便會跌倒、吃敗仗，走向衰落，這雖然是令人無奈或傷感之事，卻又實在十分平常。問題是，能否在失敗中吸取教訓，增長經驗和知識，避免日後重蹈覆轍，或能否重拾信心，東山再起，讓個人、家族及企業可更好和更強健地成長起來。

本着「失敗乃成功之母」的傳統智慧與思考方向，本研究挑選自 1840 年代起香港開始踏上國際貿易發展道路以來，多個生意經營上曾經咤叱一時，卻又因不同因由敗亡的個案，梳理當中導致失敗的問題所在，同時探討危機應對的失當之處，或是令問題更加一發不可收拾的轉捩點，從而總結經驗和教訓，作為後來者的借鑒，讓個人、家族或企業可更穩健地不斷向前邁進。

必須承認的是，在研究過程中，受研究資料缺乏與事件發展糾纏複雜，加上內外政治、經濟及社會環境又時刻變化多端等諸多問題左右，對於各個個案的梳理和分析難免出現掛一漏萬或見樹不見林等問題——儘管這並非筆者所想，亦曾想方設法在不同渠道或資料庫中全力尋求任何相關文獻以勾畫個案真像。對於各種研究上的粃漏缺失，務請讀者斧正，讓我們的研究水平可以不斷提升、改善。

毫無疑問，在研究的道路上，若沒有獲得不同機構或朋友們的幫助扶持，必然難以取得成功。正因如此，值着本書的出版，讓我們向香港中文大學圖書館、香港大學圖書館、香港歷史檔案館、香港歷史博物館、香港中文大學香港亞太研究所、北京清華大學五道口金融學院等致以衷心謝忱。由於能夠獲得這些機構在資料或財政資源上的支持，我們才能持之以恆地埋首研究，取得不少珍貴檔案資料，才令本研究的內容更豐富、資料更詳實，分析及論述得到更實在的支持。

感謝我們學術研究的長期捐贈人——金光集團董事長黃志源博士、碧桂園集團董事會主席楊惠妍博士、國強公益基金會理事長陳翀博士、康師傅飲品控股董事長魏宏丞先生、霍氏集團總裁霍建民博士對於知識創造的慷慨支持。

另一方面，我們亦要向黃紹倫教授、焦捷教授、廖理教授、田軒教授、陸觀豪先生、丁新豹博士、冼玉儀博士、孫文彬博士等表示感謝，他們在我們學術探索和理論思考的不同時期提供多方面鼓勵和協助，尤其曾給予各種寶貴研究意見和啟發，為本研究打下扎實學術基礎。我們亦要感謝李潔萍小姐、蕭炳桂先生、李明珠小姐、黃詩韻小姐、盧諾希先生、許嫘老師、辛奇老師等在搜集資料、整理檔案及繪製圖片等不同方面的協助。

如對本書有任何意見，請致函鄭宏泰（香港沙田香港中文大學香港亞太研究所，電郵 vzheng@cuhk.edu.hk）或高皓（北京市海淀區成府路 43 號清華大學五道口金融學院，gaoh@pbcsf.tsinghua.edu.cn）直接與我們聯絡。

鄭宏泰　高皓

第1章

安於不安
應如何吸取失敗個案的教訓

- 賺取財富、積累財富不容易；駕馭財富、好好運用財富亦不容易。
- 成功與失敗是互動牽引的，亦是相互依存轉化的。
- 從失敗中吸取教訓，有助走向成功；在成功中滋生驕滿，會導致失敗。

引言

綽號「薯條哥」的加密貨幣交易平台公司 FTX Trading Ltd（下稱 FTX）創辦人薩姆・班克曼－弗里德（Sam Bankman-Fried，簡稱 SBF），自 2022 年 11 月上旬發生加密貨幣泡沫爆破後，長期成為全球傳媒焦點，吸引無數目光，因該加密貨幣泡沫爆破一事導致 FTX 蒙受天文數字巨大虧損，「薯條哥」被逼於 2022 年 11 月 12 日乘坐私人飛機「走佬」，前往阿根廷避難（*Forbes*, 27 September 2022）。

由於 FTX 在泡沫爆破後出現資不抵債問題，債權人於是向美國政府申請破產保護，問題因而浮面，令曾經叱咤一時的 FTX 及「薯條哥」的神話破滅，給不少投資者帶來巨大損失，「薯條哥」最後被拘捕，且被引渡返回美國受審，案件仍在處理當中（何國龍，2022）。由於控罪眾多，且多屬重罪，若然諸罪成立，初步估計須坐牢長逾一個世紀。

由「薯條哥」神話破滅說起

「薯條哥」白手興家的故事無疑是一個神話，瞬間身敗名裂的遭遇更是失敗個案的上佳教材。據著名財經雜誌《福布斯》（*Forbes*）於 2022 年 9 月「專號」（Special Issue）報道，「薯條哥」當時的財富估值為 170.2 億美元，只有二十九歲的他成為最年輕億萬富豪，在年輕富豪榜中排行第 32 位（*Forbes,* 27 September 2022），而在 2021 年時，「薯條哥」則排在第 274 位。由於公司之前設立於香港，在 2022 年 4 月公佈的香港富豪排行榜中，他排第 11 位，當時身家只有 87 億美元，即是在 2022 年 4 月至 9 月相差大約五個月間，財富暴升近百億美元。在 2022 年高峰期，他的身家財富曾高達 265 億美元，惟到了 11 月初，卻爆出資不抵債、走向破產這個轟動世界的消息，財富暴升急跌之劇，可見一斑。

綜合多方報道，生於美國的「薯條哥」，父母為大學法學教授，他一直成績優異，2010 年進入麻省理工，主修物理。畢業後，他加入華爾街一家著名證券公司，任職衍生產品交易員，然後於 2017 年離職。雖然他在 2017 年前仍對加密貨幣缺乏認識，卻毅然自立門戶，創立一家專做加密貨幣交易的平台公司 —— Alameda Research，身家財富隨後在加密貨幣迅速發展的過程中急升，短短兩年間已白手興家，成為億萬富豪，登上無數人夢寐以求的全球億萬富豪排行榜，「薯條哥」因此成為傳媒爭相報道的主角，令人艷羨不已。

即使成為億萬巨富，「薯條哥」並沒停下前進腳步，而是立即擴張業務，於 2019 年創立另一個更具規模的加密貨幣交易平台 —— FTX，並選擇將該公司的總部設於香港，在加密貨幣急速發展下業務如火乘風勢般狂飆，身家財富進一步上揚。到了 2022 年初，「薯條哥」把 FTX 總部由香港轉往巴哈馬，原因據說是「那裏的加密貨幣監管環境更佳」（何國龍，2022），即是監管上沒香港般嚴謹。至於巴哈馬那個「更佳」的監管環境，未知是否成為神話破滅的觸發點？還是在事業登上高峰之時，仍想維持高位，或是遇到局面逆轉時，以不法手段弄虛造假，結果走上歧途，犯下無可挽回的過錯？

現階段而言，有關問題仍未有答案。美國法庭初步聆訊披露的資料是：FTX 公司擁有不少沒抵押大客戶，其中五十位最大沒抵押債權人要求身份保密，以免影響他們的信譽與投資。資料同時披露，「公司大量資產要不被偷，便是失踪」（Church, Hill and Yang, 2022），反映當中存在不少賬目混亂問題，甚至牽涉違法舉動。到底「薯條哥」的神話如何被塑造，又如何瞬間破滅，連串迷幻問題應會隨着法庭聆訊逐步浮上水面，讓人了解更多，惟真相是否能最終暴光，則屬未知數。

駕御財富的能力

FTX 公司清盤與法律轇轕等問題先且不論，「薯條哥」暴升急跌的曇花一現故事，所帶出的值得深思與玩味問題是：財富看似乖巧聽話、不動聲色，但其實如正值年輕的野馬，力量澎湃、桀驁不馴、不易駕御，缺乏經驗、沒有充足駕御能力者，哪怕順利坐上了馬背、手握韁繩，也未必能輕易駕御，經得起引誘、受得起激列掙扎，當中的疾走狂奔、驟起急落，弄得不好，處理不當，隨時可導致頭破血流、人仰馬翻、摔死馬下。可見對財富的駕御管理，並非如一般人想像般容易。

西方社會流傳着這樣一個半真半假、無法證實的故事：有一介小民，喜好購買彩票，造一朝發達美夢，然後可拿着巨額彩金花天酒地、享受人生。某天，該小民真的中了巨額彩票，立即兌現，提取彩金，變成億萬富豪，欣喜若狂不難想像。接着的故事是如何分配財富、使用財富，可結果是引起小家庭內夫妻父子諸多猜疑，爭奪財產，更甚是把巨額財富投放到以為可讓財富長用長有的投資組合中，卻因投資失利，蒙受巨大虧損，結果是不出數年間，巨額財富化為烏有，令其打回原型，惟本來平靜的小家庭已四分五裂，無法返回昔日般純樸和諧（Tran, 2022）。

有分析因此指出，賺錢是一種能力，具有賺錢能力者，便能「錢搵錢」（以錢賺錢），守着財富，緊抓財富（Grauschopf, 2022）。反之，若沒賺錢能力，哪怕突然天降橫財，總會因沒有守財能力，最終還是財來財去，如水過鴨背般難留點滴。由此可以帶出創造與管理財富的能力，其實屬於互為因果、一脈相承且同等重要之事（Andrew, 2022）。

金錢、資本、財富是企業經營的血脈，那些具點石成金能力的企業家，哪怕初期手上資本不多，但當抓到機會，善加利用，將其應用到恰當位置上，便能發揮效果，令有限的資金愈滾愈大，成為巨大財富，同時亦為商業發展、創造就業與社會福祉等帶來貢獻。但若然只屬一時僥倖，或是在取得某些初步成果後變得驕傲自滿，甚至貪勝不知輸，做出過於冒進的投資或投機，亦容易掉進生意與事業陷阱，招來失敗收場。

成敗得失的相互轉化

金錢、生意、事業或企業，並非固定不變，鐵板一塊，而是因時而變，且會與內外環境及不同因素相互動、緊密扣連，因此會產生某種成功滋生自滿，自滿引至自以為是、目空一切，或是低估內外環境急速變化的風險，然後是「一子錯滿盤皆落索」，兵敗如山倒地走上沒落之路。另一發展軌跡是一時失敗者從中吸取教訓，臥薪嚐膽，默默奮鬥，不斷努力，克服種種困難，最後取得成功，反映成敗得失可以轉化，當事人如何應對才是最為關鍵。

歷史是成功失敗的最重要記錄，成王敗寇是歷史赤裸的現實。成功者吸引萬千艷羨目光，盡取勝利果實；失敗者遭到冷落，下場淒慘，兩者均屬既現實又無可避免、亦無可厚非之事。至於那些經歷失敗，卻又能夠從吸取教訓中重新站立起來，然後鍥而不捨地不斷努力，最終取得成功者，又屬更為曲折的傳奇、更為迷人的故事，吸引更多的稱頌掌聲與目光。

從失敗到成功或從成功轉為失敗，兩者前進道路截然不同，但同樣並不罕見，中外社會皆然，商界的例子更是屢見不鮮，成為中外知名大學商學院課堂教育中不可或缺的重要案例，因為對於經商辦事者而言，賺錢事小，成敗事大。即是說，錢賺少一點沒所謂，但若企業失敗倒閉，賠上的不只是投入的資金、財富，或是額外的債務，還有更為重要的名聲、信用，以及個人生命與家族命運，所以不能掉以輕心，等閒視之。

這些禍福繫於一線且決定個人與家族命運順逆成敗的極為重要變化或因素，不少具敏銳目光的企業家對此均十分重視，除了想方設法多讀一些相關書籍、多觀察別人經驗，吸取前人教訓，讓自己可以趨吉避凶，亦總會把相關經驗和知識傳給血脈後代，叮囑他們拜失敗為師，從歷史中學習，從而建立應對危機或失敗的機制，打造家業長存基礎。

由此帶出的重大問題，正是前文提及中外的知名大學商學院總會設立成功與失敗兩類案例，作為核心教材的關鍵問題，因為大家都人同此心地認為，從現實例子中學習，可更綜合地讓人了解現實世界的問題轉化，尤其可分析哪些是導致失敗的因素，哪些是導致成功的因素，從而更好地掌握處理問題或困難時的局限，以及環境因素轉變的制約。正如雄才大略的唐太宗李世民從一代諍臣魏徵覺悟到的「以銅為鏡可正衣冠，以古為鏡可知興替，以人為鏡可明得失」，我們相信，以失敗案例為鏡，尤可立體多維度地釐清各種成敗得失問題的糾纏關係，有助趨吉避凶。

經歷長達三年多新冠肺炎疫情折磨，加上美國對華貿易打壓，阻止中國發展，給無數企業帶來巨大打擊，觸發各種各樣經營危機，不少企業因「捱」不過正常營運而結業，就算仍能撐持者亦處於水深火熱，當然還有經濟低迷下的民生困頓。處於這個歷史十字路口，尤其在後疫情年代重踏發展腳步的重要時刻，在作出全面生意開拓之前，更應如西諺所言「寄望最好、準備最壞」（hope for the best and prepare for the worst），事先作好各種風險管理，從前人的失敗經歷中學習、吸取其教訓因而顯得特別重要，因為只有這種居安思危的意識和思想，才能安於不安，走更寬、更穩、更遠的道路。本書中會引用不同鮮活個案，作出系統剖析與探討。

公司失敗的十大原因

分析失敗因素，總結當中經驗的研究其實為數不少，其中較受注視的是恩格布雷森（Mark Ingebrestsen）所著、紐約皇冠商業出版社出版的《公司何解失敗：十大導致生意倒下與如何讓你的可維持強韌》（*Why Companies Fail: The 10 Big Reasons Businesses Crumble, and How to Keep Yours Strong and Solid*）一書，屬當中的代表作，該書從眾多大型企業成敗得失的例子中，精簡扼要地總結或整理出十大致敗因素，點出造成惡果的問題所在，很具參考價值。這十大原因如下：

恩格布雷森（Mark Ingebrestsen）著《公司何解失敗：十大導致生意倒下與如何讓你的可維持強韌》，2003 年 5 月初版，紐約皇冠商業出版社出版。

一、讓股價主宰策略（letting stock price dictate strategy）

將企業做大做強的其中一個目的，便是上市，藉公眾資本支持企業更大規模、更長遠發展，且能吸納非家族成員作為企業領軍人，例如不少互聯網公司便是本着吸納更多資金以支援其擴大發展這良好意願而上市。不過，當上市之後，又很容易會捨本逐末，掉進受股價上落左右的格局，為了吸引投資者垂青而做出過度擴張或只做粉飾以維持股價向上的短視行為。同樣地，亦有不少公司為了滿足股東的一時賺快錢欲望，忽略公司長遠發展利益。讓股價決定公司策略及發展方向，是一個致命的錯誤，預告了公司必然會走向失敗，因為管理人會變得急功近利，短視而不擇手段，最後甚至會為了走捷徑而輕視產品及服務質素，導致顧客大量流失。

二、增長過急（growing too fast）

許多公司為追求業績增長而不斷擴充，猶如埋下自我毀滅的種子。雖然希望公司擴展是好事，但有時候當銷售額停滯不前時，負責人為了交出亮麗的成績表，於是以拉攏加盟店、增加分店等的數字作代替品，展示公司仍在增長與前進之中。如航空公司會以增加新航線、併購等方式擴大市場份額，以增加客運量。但這種做法，不但無法增加利潤，還會導致市場進一步飽和。擴張過急就如行軍打仗時只顧向前衝鋒陷陣，忽略了糧草裝備等補給和配合，或是把戰線拉得太長、戰場開得太多，最終只會失敗收場。

三、輕視顧客（ignoring customers）

在上世紀七八十年代，美國製成品質量低劣，令那些積極進取、又有充足資本的亞洲公司，能成功打進美國的基礎工業。但時至今日，低質量的產品只會導致失敗，如 Excite@Home 的失敗就是最佳明證，這間公司因問題叢生，導致其突然倒閉，核心因素其實是輕視了成千上萬的客戶，結果便是遭到客戶斷網的唾棄，生意失敗告終。

四、輕視範式轉移（ignoring paradigm shifts）

在一個科技日新月異、知識不斷增長爆炸的世代，產品自然要急促變更換代。為了保持公司盈利，必須兼顧眼前利益及未來走向，尋找新的增長亮點和發展趨勢，並設法調整產品和服務以覆蓋潛在的客戶群。更重要的是，管理者必須清楚，改變是常態，而驚天動地的動盪則是「新常態」，學術界常說的範式轉移，管理層必須理解並時刻保持開放態度，尤應基於此信念來制定及調整公司發展戰略。

五、打消耗戰（fighting wars of attrition）

研發一項新產品會消耗大量金錢，當研發成功計劃推出市場時，卻發覺市場出現相似產品，為爭奪市場份額，公司可能以減價方式促銷，打價格戰，以期將競爭對手打敗或趕走。不過，當企業開始瘋狂壓價時，便猶如陷入泥沼黑洞，價格戰時間拉得愈久，資源消耗愈多，就愈難獲得資金開發或改進新產品，也更難在消耗戰中勝出。開設咖啡店便是好例子，美國每個角落都有咖啡店，數目比銀行還多，但大多數咖啡店都沒盈利，泡沫最終一定會破滅。當然亦有公司能在消耗戰中持盈保泰，如可口可樂和百事，便打了一場也許是商界最曠日持久的塹壕戰。然而，兩家公司沒有忽略不斷研發及推出新產品的策略，同時亦藉增加銷量的規模經濟減低成本，故能一直屹立不倒。

六、輕視負債、威脅與危機（ignoring liabilities, threats and crises）

沒有什麼比不當行為更能迅速摧毀一家公司，例如連串的訴訟已接近摧毀了美國的小型飛機製造業，另一個典型的例子當然是安達信會計師事務所（Arthur Andersen），雖只是小部分害群之馬的員工捲入安然醜聞案，但足已令這間全美最大的會計師樓解體，可見就算公司是完全無辜，但輕視問題與危機，仍要承擔着潛在的責任。當然，若能小心應對及擬定合適策略，企業也可以毫髮無損地擺脫或化危為機，如強生公司（Johnson & Johnson）的例子，它在 1980 年代遭遇不少波折，但卻能通過負責任的行動，並以誠實、透明的態度與公眾溝通，最終能化險為夷，重新掌控局勢。由此可見，雖然危機險境無處不在，時刻醞釀，但並非無法避免，關鍵是若能處理得宜，仍有機會轉危為安。

七、創新過度（over innovating）

走在時代尖端的人，會面對最多的困難和攻擊，這是眾所周知的商業道理，卻常常被公司忽略。現代的新經濟革命建基於消費者貪新忘舊的信念，認為大眾可在幾個月內便能接受一種全新的消費品。雖然某些商品的確在網上交易暢行無阻，如網上的中介，但那些希望吸引消費者通過網絡購買寵物用品、葡萄酒和園藝工具的公司，卻多數失敗收場。無可避免地，在一個技術急速發展的社會中，一些公司會將自己定位在遠離消費適應曲線之外，其投入巨大資源的創新產品，必然因曲高和寡、消費者無法負擔或適應而血本無歸。

八、傳承計劃欠佳（poor succession planning）

糟糕的繼任計劃會為公司帶來巨大的傷害。成功的公司會竭盡所能證明管理具連續性，不會因更換領軍人而出現政策反覆或搖擺不定，亦避免在過程中產生太多的流言蜚語，影響公司穩定。如股票市場需要清楚誰是公司掌權人，才能進行長期的盈利預測，當公司在選擇接班人時顯得猶豫不決，就會像政變期間不穩定的政府。另一方面，當繼任人選定了，但新領袖卻未能獲得全力支持，後果可以同樣嚴重，就以電器供應商美泰克（Maytag）為例，公司選定了首席執行官後，董事局仍表現得三心兩意，經常與執行官意見相左，導致多次換人，不但影響團隊士氣，亦導致銷售及股價持續下跌。

九、無法產生協同敵應（failed synergies）

有些公司基於不同原因而結盟合併，如快速增長的不同層面的互聯網供應行，合併有助快速取得市場份額，但有時候卻因企業的文化不同，無法融合，反而令聯盟變成了災難。就如 AOL Time Warner，該公司試圖創建一個垂直整合的媒體王國，讓消費者通過 AOL TV 收看 CNN，同時在網絡下載《體育畫報》，不過當經濟放緩和互聯網泡沫破滅令股價持續低沉，有分析師因此認為這家媒體巨頭的所有資產均需剝離。同樣，Daimler 及 Chrysler 這兩家公司結合初期非常成功，能佔領了高低檔次的汽車市場，但隨後因德國與美國管理團隊的權力鬥爭加劇，影響了公司的特許經營權，窒礙了發展。

十、傲慢（arrogance）

最後也是最嚴重及最常見的錯誤，就是勝利者的傲慢了。即使公司出現虧損，導致數以千計的人失業，企業高層仍大方地以豐厚的薪金和巨額股票期權獎勵自己，股東和社會大眾對此愈來愈不滿。安然醜聞案正是不良公司行為的典型，當安然公司開始大量解僱員工時，據媒體報道，該公司仍以 20 萬美元的巨額費用，資助以其名字命名的豪華藝術包廂。另一個令人側目的例子是寶麗萊（Polaroid），公司由於不敵數碼相片的衝擊而清盤，但在申請破產期間，一方面取消公司退休人員的醫療保健福利，但同時卻申請向高層主管發放約 1,900 萬美元獎金，以防止他們離職。

社會對大企業的不信任度達到新高峰，就算是商業領袖，也對這些害群之馬的嚴重失誤和傲慢表現感到憤怒。除了這些聳人聽聞的例子之外，公司日常還充斥着各式各樣傲慢自大的行為：老闆或總裁故意逃避法律責任，上司與下屬有染……雖然要找出傲慢的例子很容易，但要確定其原因卻不容易，除貪婪外，還有公司文化等更深層的動機。

與其他總結商業發展經驗教訓的研究一樣，恩格布雷森所提出的十大公司致敗因素，雖然有其普遍性與解釋性，反映不少走上敗亡之路的大型企業，很多時都會掉進當中一些陷阱，或是無法擺脫某些困境或問題，惟即如不少生物的死亡總是由老化、病疾或災難等因素造成，反映其普遍性的解釋優點，卻又變成其不夠專門性、針對性的缺點，因此帶出更為重要的理論性問題：本來健康、順風順水的發展，甚至取得成功後形勢一片大好的環境下，為何會埋下日後滋生惡果的種籽，或者是發展進程中何解出現拐彎、轉捩，逐步導向失敗？當中的變化 —— 或用中國文化語言所指的陰陽轉移，則很多人甚感好奇，個案研究便是最能全面剖析問題變化的重要分析方法。

個案研究的特點與作用

個案研究（case study）是其中一種科學化的研究方法，早在十九世紀末已在西方科學界引入。初期雖然被標籤為效用弱，不及實驗或調查般具顯著解釋能力，但卻因其對訓練思考、了解問題多維度發展與演化具重要作用，因此隨後逐步在不同領域上廣泛應用，不只是自然科學，在人文與社會科學如心理學、社會學、政治學、經濟學和商業管理學等領域亦甚受歡迎（Yin, 2003: xiii-xv）。

具體而言，個案研究是指以文字書寫的方法，真實地描述事件（即個案）的發展進程或狀況，以刺激思考，認清事實發展的真相、問題所在，以及探討可行解決方案，或是避免問題出現和惡化的對策，其重點是所描述的事件或事情，必須是基於事實，不可杜撰。至於事件或事情的發生，不只須要聚焦內部問題，亦須兼顧外部環境等因素。

進一步說，個案研究是指對特定個人、事件或組織收集完整資料後，再對相關問題的前因後果做深入分析，至於所依據的資料或證據，可以是直接觀察、深入訪談、公私檔案等等。雖然大多數個案研究均屬質化研究，但同時有一些個案屬量化分析，亦有一些可兩者兼備。

個案研究可從三個主要類別上作分析：描述性（descriptive）、解釋性（interpretive）、評鑒性（evaluative）。第一個分類在於描述研究對象或問題，重點是盡量描述所提供的資料，作為進一步研究的比較、假設及建立理論的基礎。第二個分類是歸納資料作分析，從而解釋現象、癥狀，發展理論。第三個分類是評價對問題的解釋能力，作為應對相同問題出現時的機制或方法（Yin, 2003: 3-9）。

更確實地說，個案研究的目的，在於更具針對性地梳理相關事件發展來龍去脈的資料，找出導致問題——如企業失敗、投資失誤、傳承難順暢等——的原因所在，從而提出解決問題的方法。另一方面，又可從相關個案中獲得啟發與示範，提供預防措施，避免相同事件出現。

另一方面，個案研究亦可協助找出潛能，讓其獲得充分發揮，因為從深入個案分析中，能更系統地讓人了解到自身的強弱機危，因而有助更好發揮。同樣值得注視的，是個案研究有助提升組織績效，這主要亦與透過個案檢視，可以找到某些尚待發展或存在缺失之處，並可透過揚長避短提升效率。

從失敗個案中學習

正如前述，金錢看似乖巧，但實際上並不容易管理，企業亦如是，懂得如何更好地管理金錢，一般都懂得如何更好地管理企業，而能夠避免失敗，不讓金錢流失、企業衰退，自然可保住財富與企業。正因如此，透過對失敗個案的深入研究，了解當中的原因所在，尤其某些個案本屬白手興家、取得成功的「人生勝利組」類別，他們不單未能持久發展、鞏固成果，或是更上層樓，繼續發光發熱，而是由盛而衰，甚至迅速滑落、轉勝為敗，當中的轉化關鍵，別具參考價值。

歷史地看，成功的故事總是不踁而走，談論甚多。失敗的故事則較少人提及，甚至視為不光彩或屈辱之事，但如俗語所云：「失敗乃成功之母」，亦有說法指「人生不如意者十常八九」，可見人生或事業經歷不順、不成、未能如意，乃人生常事。打拚事業的道路必然如此，所以我們必須正視、平視失敗與挫折，並從失敗、挫折與不如意中吸取教訓，總結經驗，再改造自己，揚長避短，努力不懈，爭取最終成功。尤應將這些能耐、鬥志灌輸給下一代，成為植根他們心坎中的重要信念。

對於如何從失敗中吸取教訓的問題，2016 年 10 月 20 日下午，中國巨富馬雲在清華大學的一個 EMBA 課堂上，做了一個題為「企業家精神與未來」的演講，其中提及的一個重點，便是從失敗中吸取教訓的重要意義。馬雲這樣說：

> MBA 講的太多成功案例，我認為企業應該多學習失敗，因為商場如戰場。商場是沒有演習的，衝出去，說我再來一遍行不行？不行，像破產就破產了。做生意的人都是聰明的人，那麼多聰明的老闆倒下了，你為什麼沒有倒下？我走訪過很多老兵，老兵很有意思，會告訴你你要知道那個置有冷彈，那個地方有地雷，你搞清楚，保存自己才能活下來。類似的，我們也必須學習其他企業失敗的經驗教訓，但是千萬不要把 MBA 給神化了。（《虎嗅網》，2016 年 10 月 21 日）

我們同意，不要把 MBA 神化了，也不用把經驗教訓視為鐵律。但現實上，正如前述，不少著名大學商學院 MBA 的案例，不只有成功個案，亦有失敗的案例，兩者均有兼顧，無數研究或著作，亦對成功失敗同等注視。我們的修正是，不要只放眼成功個案，更要學習失敗案例，從別人兵敗如山倒或身敗名裂的、令人冒出一身汗的慘痛個案中，吸取其血的教訓，以免自己成為「一將功成萬骨枯」中「萬骨枯」的一員，甚至成為商學院教材中失敗個案的其中之一，可見學習失敗案例有更深層意義所在。

我們常說，拚事業如打江山。關乎的不只是個人榮辱得失，還有家族與子孫後代的命運，更高層次則是國家民族與社會的福祉興替。正因如此，思考成功得失、吸取歷史教訓，便顯得更具意義，尤其能為當前民族復興作出貢獻，因此更值得高度重視。

香港家族企業個案研究系列

香港是中國固有領土，1841 年起落入英人之手開始了殖民管治，其間多層次的華洋商貿與文化等交流互動增加，促進中國走向世界，亦讓世界進入中國，不少華人家族因此先後移居香港，在這個商業城市打拚事業，創立企業，並在那個內外政經與社會環境急速變化的時代書寫了傳奇，其中既有順風順水、急速致富的，亦有過度投機、全軍盡墨的，當然亦有曾經失敗後東山再起的。不同故事凝聚成香港由小漁村發展成大都會的傳奇，當中包括無數個人、家族或企業由小而大、歷經多代的發展。

一個顯而易見的現象是，經濟或社會前進路途產生出不同發展大勢與機會，反之則是逆流與挑戰，具目光的商人或企業家，總是能在發展大勢中掌握機遇，乘時而起，創造財富、建基立業，然後在逆流中持盈保泰，力保不失。香港自 1841 年以後經歷多個重要發展階段，經濟跳躍上揚乃當中發展力量所在，粗略而言是殖民統治之初的各種基礎建設、隨後的走向國際貿易與華工出洋帶來的連結華洋中外地位，然後是發展銀行、金融與股票市場所激發的力量，同時亦有引入不同層面生意、工業的市場潛能，到二戰之後則是人口急速增長帶動的走向工業化路途與本地市場逐步發展，1970 年代初股票開放的金融市場全面發展，以及房地產市場的全面開拓，甚至是 2003 年後在「自由行」旅客到港帶動下的經濟迅速復興等等，給具發展目光的商人帶來各種各樣發展機會。

當然，香港經濟與社會的前進路途並非一帆風順、一步到位，當中難免風浪驟起、禍福無常，尤其受到外圍因素波及與左右，同時亦有不同時期內部經濟的由盛而衰、泡沫爆破、經濟走向低迷等，如開埠初期因投資卻步導致的首次經濟嚴重衰退、1880 年代初首次樓市泡沫爆破及 1890 年代初首次股票市場泡沫爆破的巨大衝擊、1920 年代的省港大罷工與環球經濟低迷、1930 年代的抗日戰爭衝擊、1940 年代的日軍侵港和三年八個月黑暗歲月、1950 年代的轉口貿易戛然而止、1960 年代的銀行擠提、1973 年股災與石油危機下的經濟衰退，甚至是九七回歸初期「亞洲金融風暴」衝擊下香港股樓齊跌，引致經濟長期低迷，以及 2003 年「沙士」疫情等等，都曾給擴張過急、借貸過度、資金流動性不暢的企業或個人造成巨大打擊，因無法應對而倒下。由此留下的慘痛教訓，自然別具教育意義，值得後來者吸取，以免重蹈前人覆轍。

眾所周知，家族與企業的運作邏輯、核心價值，深受宗教信仰、道德倫理與歷史文化等多重因素所影響，因而發展出對不同事物如何前進有了不同判斷和取捨，進而左右其應對機制，對企業大權的掌管、關係網絡如何伸延、如何傳承等，則是其中的關鍵差異所在。香港雖然華洋雜處，彼此間既有合作互動，亦有相互競爭，惟因其宗教信仰與歷史文化等差異，孕育了不同應對各種問題的機制，有了各種值得相互吸取、各補長短的地方。

小結

一般而言，若然是那些能夠放諸四海皆準的原則，如商業營運以利潤、效率最大化為目的，則華洋西東的個案同樣值得吸取；但若然是那些具宗教信仰與歷史文化差異者，如家業傳承、管理大權配置等，則非放諸四海皆準，而是呈現巨大歷史與文化差異，因此須依其不同底蘊特質作出必要調整適應，才不致於學習吸取時產生衣不稱身或水土不服的問題。正因如此，同文同種，有着相同歷史文化的香港華人家族企業，其個案是更值得學習吸取，因其在應對危機、思考傳承接班，甚至是管理大權如何配置等，都受制於相同核心價值與道德倫理。至於這些家族和企業由傳統走向現代化所經歷的挑戰，亦更具借鑒參考價值。

基於此，在接着的各章中，我們會挑選多個香港華人家族企業發展的重要案例，從古至今說明其在不同社會環境下的成敗興衰歷程，從而梳理、分析當中的各種得失教訓，讓面對當前新冠疫情持續多年逆境下的大小企業家及其家族，可以從中吸取某些教訓，帶來啟發，從而讓他們可在整裝待發、重踏發展征程時趨吉避凶，克服當前各種困難，更好發展，走向更美好未來。

第
2
章

暴發急衰

香港第一代首富
盧亞貴的盛衰

- 富貴險中求，動蕩不安時局亦有發達機會。

- 以賭博方式取得財富後，若仍用賭博方式管理，最後只會全盤輸光。

- 發財不立品，即如財富沒升值，難以進一步壯大，亦無法世代相傳。

引言

2022 年 2 月 24 日，福布斯公佈香港富豪榜，毫無懸念李嘉誠再度蟬聯榜首。他被港人暱稱為「李超人」，由 2008 年開始一直封王，只有在 2020 年一度跌落至第二位。若再細看富豪榜上列出的名字，更會發現來來去去的都是同一批人，只不過名次有上有落而已。這個現象很大程度上反映當社會步入成熟穩定的階段，能夠累積大量財富者極少會「三更窮五更富」，因為他們都是曾在某個商業領域或行業中持續深耕，積累深厚的財力、人力及道德資本，之後再作多元化投資，令家業穩固，就算遇上商海翻起巨浪，亦能安然渡過。

不過，假若社會處於制度尚未完全建立的草創或混沌時期，人心虛怯，某些行業的突然壯大成長，確實能讓人有可乘之機，懂鑽空子者便能闖出一條血路。在那種環境下，就算某人沒什麼營商之才、識人之能，甚至可能連文字也不識多少個，卻能憑着敢搏肯拚的狠勁，再加上站對陣營及運氣加持，有時確能一朝暴發，成為巨富，如香港第一代華人首富盧亞貴就是最好的例子。不過，能夠馬上得天下，不代表有本事令家業永固，因為世事如棋，沒有一勞永逸這回事，必須不斷摸索前進，只有那些能看透時勢並順勢而為，明白攻守進退之道者，才會是笑到最後的強者。否則，只會如貪勝不知輸的盧亞貴一樣，或是如第一章中提及的加密貨幣巨富「薯條哥」般，雖然一度暴發，貴為巨富，卻在一個巨浪蓋來時被吞噬，瞬間跌落神壇，消聲匿跡，反映創富不易，守富更不易。

出身與崛起之謎

盧亞貴是何許人？在浩瀚歷史中，哪怕是在彈丸大小的香港，有關盧亞貴的記錄亦不多，僅有的資料可謂相當零碎，當中不少更是前後不一或相互矛盾的。[1] 較可靠及能確定的，是盧亞貴又名盧亞景或盧景，在香港政府的記錄中譯作 Loo Aqui，生卒年月不詳。進一步資料則顯示，他原屬番禺縣的蜑家人，活躍於廣州黃埔及珠江口一帶（Munn, 2012b）。由於蜑家人以舟為家，居無定所，相信他在香港等各珠江口小島上亦有據點，或是曾在珠江口四周出沒活動。

香港政府輔政司（Colonial Secretary）兼華民政務司駱克（J. H. Stewart Lockhart）在 1898 年發表的《香港殖民地展拓界址報告書》中，指出當時香港島上華人主要有四大族群，包括廣府（圍

1　有關盧亞貴的生平、名字及活動等資料，坊間說法頗多。例如其名字與綽號還有：盧亞九、「西門慶」、「海王」（Sea King），有說他亦稱為「斯文景」，但可能是英文 See Mun King 之誤。另外，有論者指他擁有一家 Acow & Co 的買辦公司。以上各項說法，可參考湯開建、蕭國健、陳佳榮（1997：72 及 90）、George Smith（1847）、Carl Smith（1995 and 2005）、Christopher Munn（2001 and 2012b）及廖麗暉（2013）等研究。

頭）、客家、福佬、蜑家，可見蜑家人是當時香港人口構成的重要部分。[2] 雖然他們的人數不少，但千百年來卻備受陸上人歧視，甚至曾被朝廷列為「賤民」，禁示上岸生活或參與科舉等，有些蜑家人因生活困難被逼淪為盜賊或娼妓，在《廣東新語》卷十八〈舟語〉〈蛋家艇〉條中便提及：「粵故多盜，而海洋聚劫，多起蛋家……勢便輒行攻劫，為商旅害。」（屈大均，1985）。顯然，蜑家人治則為民、窮則為盜的情況十分普遍，亦禁之不絕。相信亦是在近似的背景下，盧亞貴成了一名海盜，據說他更設立了聯義堂和忠心堂等在那個時代被列為三合會的堂口（《籌辦夷務始末．道光朝》，1964）。

資料顯示，盧亞貴及其同夥早年出沒於珠江口一帶，時而捕魚，時而承接一些水上運輸或補給工作，沒生意時也會「兼職」，成為海盜水寇，並在過程中接觸到遠渡而來的英國商人。由於這些英商都是有備而來，槍炮精良，盧亞貴等烏合之眾自然不敢將之當成行劫對象。本着「打不過就加入」的原則，反而與外商做起買賣，為他們提供糧水物資，更有研究指出盧亞貴「曾做過英商船買辦」（郝延平，1988：242；Munn, 2001 and 2012b）。透過深入接觸，相信他認識了一些英國商賈軍官，也學會了一些外語，成為他日後在香港崛起的原點。

當時英國商人對於中國貿易發展進度緩慢、一口通商政策及

---

2 引自 "Extracts from Papers Relating to the Extension of the Colony of Hongkong", *Sessional Papers*, 1899, pp. 1-201。

種種營商限制等極感不滿，尤其那些東印度公司之外的自由商，即沒獲得英國政府給予對華專利經營的中小商賈們，加上長時間的對華貿易逆差，他們為求賺錢，開始不理會清廷禁令，做起非法的鴉片走私生意，且愈做愈大，亦因從中獲取巨大利潤，在食髓知味的刺激下愈做愈勇，當遇到清廷採取強硬禁絕政策，如林則徐以強硬手段禁煙，查處走私鴉片商人時，唆使英國政府出兵，以武力強逼清政府屈服，導致 1839 年開始爆發了鴉片戰爭。清兵被擊敗後，琦善在未獲授權下與義律簽訂了《穿鼻草約》，竟然答允割讓香港及賠償，不過中英兩國政府對條約均感不滿，隨即將兩名代表撤職並打算重啟戰火（Fay, 1975）。

接替琦善的奕山上任後即展開備戰籌劃，他想到英軍自千里而來，斷絕他們的補給自然會令其彈盡糧絕，難以為繼，必能提高勝算，於是他將目標放在與英人多有接觸的水上人身上。千百年來，朝廷對流寇海盜雖然深惡痛絕，但基本上無法杜絕，而且他們多是亡命之徒，對朝廷禁止接觸外國人的禁令視若無睹，就算奕山一再三申五令，規定不准提供補給，但他們仍陽奉陰違，於是他決定採取懷柔政策，向當時活躍於珠江一帶的海盜招安。奕山答允盧亞貴不追究他的海盜罪名，還賜予六品官職的銜頭，以防止盧亞貴繼續與英人勾結（齊思和、林樹惠、壽紀瑜，1954：25-26；葉林豐，1971；郝延平，1988：242；Carroll, 1999:1）。

能夠從「下九等」的賤民一躍成為權貴，條件自然十分吸引，故此盧亞貴承諾會「金盆洗手」不再為寇，之後會落腳廣州，他還答應為朝廷出力，到香港收集英軍情報，然後配合清廷軍事行

陋規情事。至香港漢奸。其著名頭目。盧亞景即盧景。又有
鄧亞蘇何亞蘇石玉勝等。為之勾引煽惑。立有聯義堂忠
心堂各名目。均在香港。約計十餘處。曾經奴才等於上年招
回石玉勝黎進福等一千餘人。妥為安置。奏明在案。因盧
亞景一名。尤為首惡。設法招致。當即密派眼線。給以翎頂
盧亞景旋亦允許願為內應。相機舉事。此逆夷占據香港
漢奸各立名目之情形也。奴才等竊思助逆之漢奸既有姓

《籌辦夷務始末・道光朝》（北京故宮博物院出版）提及盧亞景（即盧亞貴）的資料。

動伺機起事。可是盧亞貴到了香港後，非但沒有向朝廷提供任何情報，反而改向英軍投誠。他突然改變心意，且反戈一擊，相信是被英軍重金厚利所收買，因為他熟悉廣東珠江的水道，在江湖上又有號召力，故英軍以高價利誘他策反，利用其知識、地位和人脈，突破清軍「海禁」限制，同時又可獲食水、食物及生活物資等補給。顯然，在六品官職與重金厚利之間，盧亞貴選擇了後者，最後站在英軍一方打擊滿清。奕山等官員在上奏朝廷的文件中，曾提及與盧亞貴的轇轕：

> 香港漢奸，其著名頭目，盧亞景即盧景，又有鄧亞蘇……等，為之勾引煽惑，立有聯義堂、忠心堂各名目，均在香港，約計十餘處，曾經奴才等於上年（1841）招回石玉勝、黎進福等一千餘人，妥為安置，奏明在案。因盧亞景一名，尤為首惡，

設法招致，當即密派眼線，給以翎頂。盧亞景旋亦允許，願為內應，相機舉事。此逆夷占據香港，漢奸各立名目之情形也。（《籌辦夷務始末．道光朝》，1964：卷 58：40 － 41）

廣東漢奸，所在多有，而外託於歸命投誠，內姿其懷欺挾詐。曾給翎頂者，惟盧景尤為首惡，其人熟習夷語，來往自如，包庇漢奸船數十隻，礮械俱全，替夷運貨，而且駛入鄉村，搶劫擄掠，無所不至。其餘漢奸船隻，自立堂名，如聯義堂、忠心堂之類，不一而足。（《籌辦夷務始末．道光朝》，1964：卷 52：3）

顯然，奕山以為盧亞貴在「翎頂」的吸引下，答應到香港「為內應，相機起事」，想不到反為中了他「外託於歸命投誠，內姿其懷欺挾詐」的奸計，受英人所「勾引煽惑」，令盧亞貴可結集數十艘漢奸船駛入鄉村運貨，還順道搶劫，補充英人的軍需。

從盧亞貴接受清廷招撫後又掉轉槍頭一事，可推論出盧亞貴的一些性格及行事特點。首先，他應是其中一位較具實力的海盜首領，麾下黨羽數量不少，才能令中英兩方同時願意高價收買，而能夠成為大群盜匪的領導，反映他相當精明幹練，具領導之才，同是又敢拚敢衝、心狠手辣。至於他猶如牆頭草出爾反爾的行徑，以及為了實利可以放棄「翎頂」名銜，甚至願意賣國，可見他為人重實利、不講信義、道德與民族情感，簡而言之就是一名極端現實主義者，只要能好好生存過活，國家、道德、榮譽等全可拋棄。

當然，盧亞貴背信棄義的行為絕不可取，但作為一個長期受到壓迫排擠族群的一員，很多時候單純要活下去也費盡心力，對道德名譽等「身外物」當然顧不上了；而且他們遭到歧視的情況在帝制時期是結構性的，朝廷不但沒有在他們受害時當公道的仲裁者，反而帶頭以政策逼害之，「君之視臣如土芥，則臣視君如寇讎」，他們沒有忠君愛國的觀念，忠誠自然是「價高者得」了。

之後，英軍與清廷再起戰火，清兵還是不堪一擊，英軍獲勝，並在 1842 年 8 月簽訂了《南京條約》，正式割讓香港島予英國。經此一役，盧亞貴在港英政府眼中是立下了大功，於是在佔領香港後「論功行賞」，贈與他多幅地皮，但他知道對滿清政府而言是犯下通敵大罪，所以從此不再返回內地，只能落戶香港。即是說，與大部分華人移民不同，盧亞貴基本上不可能重返故鄉，只能一心留在香港發展。正如施其樂（Carl Smith）所言，香港開埠之初，有部分華人購入土地物業，這種舉動代表他們視港為家，是紮根下來的重要象徵（C. Smith, 1995: 48），但實際上，他們因私通外國，亦回不了自己的家園。

不同層面的研究均顯示，最能說明早期來港移民有否在港長遠打算的指標，是他們的投資取向：若只是着眼於短期投資，那他們並沒有久留之意；若有購買物業地皮，甚至建屋起樓之類，則必有長期發展下去的打算（鄭宏泰、黃紹倫，2007 及 2010）。盧亞貴在香港開埠之初即購入多幅地皮——那時候香港不單地位未定，前景未明，貿易及經濟亦未見興旺，反映他十分清楚自己沒有返回故里的退路，只能留在香港盡力一搏。

成為首富之謎

綜合各方面的研究，盧亞貴在香港開埠初期發展得風生水起（陳鳴，2005：32；張連興，2012：37；Munn, 2001 and 2012b），除涉足的生意為他帶來堆山積海的財富外，他還因參與成立文武廟，一躍成為香港華人領袖，名利雙收。到底他如何積累財富？又何解肯慷慨解囊參與慈善？又有何種結局？下文逐點說明討論。

首先，討論他的投資、生意及財富聚散。當中，最大宗或最惹人注目的，應是他在地產物業的投資。如上文提及，他在鴉片戰爭時期協助英軍突破清廷禁令，為英軍取得補給，故香港政府亦投桃報李，贈予他多幅地皮，如施其樂便提到盧氏似乎在政府圈內人支持下，取得下市集（lower bazaar）地段大片貴重地皮，「包括皇后大道與蘇杭街隔鄰向機華利街交界延伸的地段。不只他本人，其家人亦購入或獲得贈予的不少地皮」（C. Smith, 2005: 109）。港英政府對盧亞貴出手慷慨，間接證明盧亞貴曾為英方提供協助的說法，難怪奕山等人對盧亞貴恨得牙癢癢，在奏摺中多次痛罵他為「首惡」、「漢奸」。

雖然找不到文獻記錄盧亞貴當時獲贈了多少土地，或在政府支持下購入了多少物業，但據日後成為香港聖公會主教的施美夫（George Smith）於 1844 年與盧亞貴親身接觸後的記述，那時候他在中環區已擁有五十間房屋，是香港最富有的華人，基本上單靠租金收入已可以過着奢華的生活。施美夫指對方在談話間透露自己在鴉片戰爭期間為英軍提供物資補給，所以不敢返回故鄉，怕被清廷算賬。除此之外，施美夫還提到當時盧亞貴有兩名妻妾陪同，她們均生活優裕、衣著光鮮（G. Smith, 1847: 82-83）。

在這次會面中，盧亞貴還向施美夫提到他剛獲得了鴉片專營權（G. Smith, 1847: 82-83），這亦是他的重要投資之一。原來當時香港剛開埠不久，政府收入不多，港督戴維斯（John Davis）為充實庫房，於是將鴉片、鹽、酒和香煙等商品列作專賣品，由政府定期公開拍賣，價高者得——美其名稱為「農主制度」（farming system）。由於利潤豐厚，吸引大量商人爭奪。而盧亞貴能獲得當中利錢最高的鴉片專營權，學者高馬可（John M. Carroll）指出這是港英政府對盧氏願意合作的「報答」（Carroll, 2005: 27-28）。

雖然盧亞貴奪得鴉片專營權後財富大增，其經營手法卻招來不少批評，指他「以暴力和恫嚇來保護自己的鴉片承充權」（Carroll, 2005: 30-32），又引施美夫的記錄說他借助警察的權勢，以緝拿走私鴉片的名義，肆意搜查他人的船隻或住宅，每當發現有疑似走私鴉片時便隨即沒收，「以判官的權力魚肉怯懦的華人，藉此實行他的專賣」，高氏指《華友西報》（*Friend of China*）以「亞貴大王」來稱呼盧亞貴，指他用「一艘不折不扣的私人緝私船，所作所為卻彷彿是受到政府委託一樣⋯⋯該地的商業成為他的囊中物」（Carroll, 2005: 44-45）。

雖然盧亞貴的高壓手段惹來非議，但事實上他的行動是有法律背書的。因為鴉片利潤極高，引來大量走私活動，政府為吸引承包商出高價及確保他們的利益，規定中標者除可以壟斷香港內部的鴉片生意外，還有權組織稽查隊，禁止外地私煙流入，因此盧亞貴確實有權運用警方的執法力量，入屋或上船搜查私煙。但無可否認，其行為顯然過於粗暴，甚至暗藏私心，藉此機會打擊與他有私怨之人或乘機掠奪財物。

除了鴉片生意外，盧亞貴還經營了不少「偏門」生意，包括放貸、開設妓院及賭館，這些不正規生意自然惹來衛道人士反感。如當時有洋人寫信到英文《華友西報》，投訴盧亞貴在歐人聚居的地方附近開設妓院（Carroll, 2005: 27），渣甸洋行（Jardine, Matheson & Co.）大班麥地臣（Alexander Matheson）指他「有如高地首領（highland chief）般時刻有大批手下跟隨，他們的關係緊密得有如一人，行動極為一致」（Munn, 2012b: 274），言下之意是盧亞貴有如幫派領袖，其團伙極有組織，甚至帶有紀律部隊的服從性。顯然，盧亞貴在香港立足後，黃（妓院）、賭（賭館）、毒（鴉片）、貸（高利貸）多方並進，撈得風山水起，個人財富不斷增加，在一份 1845 年政府的報告中，亦形容盧亞貴是「本地最有影響力及富有之人」（Carroll, 2005: 28）。

此外，盧亞貴亦有經營一些正規生意，那就是承包上環街市。原來除鴉片鹽酒外，政府亦將街市的經營權拍賣予出價最高的商人，讓其承包，增加收入之餘又能免去僱人收租等行政開支。當時維多利亞城內已設有中環及下環（即灣仔）街市，但最多華人聚居且屬盧亞貴地盤所在的下市集，卻沒有正規的街市，於是盧亞貴向政府申請，在下市集西端的海旁地段 41 號（即上環市政大廈現址）興建一座新街市，相關的申請在 1844 年 8 月 23 日獲批，合約期為五年，條款包括他要預先繳付擔保銀 5,000 元，每月餉銀 200 元。此外，他還需要出資 2,500 元興建一所具規模的街市，但在承包合約期屆滿後，街市會收歸政府所有。新街市落成後，命名為「上環街市」，但英文名稱則是 Western Market，沿襲至今（徐頌雯，2022）。

從盧亞貴承包街市的條款可以看到，他對新街市可謂志在必得，故在競投時的出價十分進取。因為同在 1844 年，中下環兩所街市亦批出承包合約，承包人分別是華商韋亞貴及馮亞帝。若將三所街市的條款加以比較，可看到盧亞貴所承諾的遠高於其餘二人。先是每月餉銀，中環及下環街市的餉銀分別為 300 元及 60 元，至於擔保銀則同為 500 元（徐頌雯，2022）。由於三所街市規模有別，租金收入有差異，故餉銀數目不同是可以理解的，但盧亞貴的上環街市要支付的擔保銀是其餘兩所的十倍，且又要負擔巨額的興建費，可見他的投資意向相當大膽，一旦相中便會盡全力出擊，大有破釜沉舟的氣勢。

不過，在五年合約期屆滿後，上環街市的租約改由都爹利洋行投得，餉銀每月只是 225 元，並需將 2,500 元興建費償還予盧亞貴（Carl Smith Collection, no year）。受資料所限，未知是盧亞貴嫌管理街市「賺得少」，寧可取回現金再覓投資方向，因此主動放棄競投；還是因他有了經驗，知道其他街市行情，再次競投時變得保守，結果大意失荊州，因出價不如人而令街市落入英資都爹利洋行之手。

順帶一提的是，投得中環街市的韋亞貴，租約期原本只有一年，後來政府答應與他續約五年半，但要他把街市的棚寮改建成有瓦頂的磚屋、地板改以磚塊或石塊鋪設，並增設溝渠等設施，韋氏因未能負擔工程費用而大量借貸，導致最後失敗收場（徐頌雯，2022）。相對而言，盧亞貴能以一己之力承擔建築費，反映他的財政實力相當雄厚。

到了 1846 年，盧亞貴的生意再有新發展，主要是興建了亞貴戲院，進軍娛樂事業。不過在同年，與盧亞貴關係極密切的政府高官威廉堅（William Caine）遭到舉報，指斥他縱容盧亞貴貪污受賄，甚至誣良為盜，威廉堅和盧亞貴一度低調下來（陳鳴，2005；張連興，2012；Munn, 2001, 2012a and 2012b）。

這裏必須介紹有關威廉堅的資料。據說威廉堅出身行伍，懂基本華語，曾參與鴉片戰爭，並在英國奪取香港後成為主要治港官員，先後出任裁判官、監獄長等職務，香港警隊亦是由他創立，1846 年他升為輔政司（Colonial Secretary，即現在的政務司司長），位高且有實權。他自香港開埠後在政府任職長達十八年，

一身戎裝的威廉・堅（William Caine）。

跟五任港督共事，是早期香港管治的老手，至1859年才退休返英（Endacott, 2005）。

中國官場有句老話：「鐵打的衙門流水的官」，意即上級官員像流水般時常更換，但衙門或在政府內部工作的公務員卻如鐵打一樣，扎實長存，香港政府的情況其實也是一樣，港督是英國殖民地部外派來港，數年一任，對香港內部事務或風土民情其實了解不多，因此施政時極依靠本地公務員系統。

威廉堅長期在政府工作，歷任多個部門，對香港事務瞭如指掌，因此他被視為香港開埠早年的「造王者」（king maker），一直緊抓實權，難怪當有遊客到港詢問「誰是香港話事人」時，華人會指是威廉堅，而不是港督（Munn, 2012a: 57）。可見在一般民眾心目中，那些如走馬燈般輪替到任的港督——無論是義律、砵甸乍、戴維斯、文咸、寶靈，抑或是羅便臣，還不如威廉堅有權有勢（Endacott, 2005; 曾銳生，2007）。

威廉堅與盧亞貴相信是在鴉片戰爭期間結識的，當時一人為英軍上尉，一人則為英軍跑腿補給，其間應有不少接觸。或許威廉堅看中盧氏膽大心細的狠勁，於是將之重用，讓他作自己的代理，向中環街市一帶的華人商戶索取賄賂，用今天的話便是「收黑錢」（收取保護費）（Munn, 2001 and 2012b），亦有批評指盧亞貴在警方的支持下，享有如同君王一樣的權力，華人要向他「交稅」才能在港工作（Carroll, 2005: 45）。相信亦是因為他與威廉堅的關係，故他在買地及鴉片專利等生意上獲開綠燈，財富暴漲（Munn, 2001 and 2012b）。

威廉堅與盧亞貴的勾結一直備受批評，如前文提及的《華友西報》主編泰倫（William Tarrant），便曾發文指斥威廉堅縱容盧亞貴貪污舞弊，惟他的指控沒得到港英政府的重視，沒有任何跟進，他後來反而被威廉堅控告，被判罪成淪為階下囚。但或許二人想到之前的作為太過粗暴赤裸，故在威廉堅升為輔政司的 1846 年後，二人變得行事低調。連串指控相信亦令盧亞貴覺悟到要在香港站穩陣腳，甚至想更上一層樓，賺錢以外，亦要提升自己的名聲。

更上層樓之謎

1847 年，盧亞貴高調宣佈，與另一位華商譚亞財牽頭興建文武廟，選址在太平山荷李活道。由於港英政府認為宗教信仰有助社會穩定，同時又可籠絡華人，故申請很快便獲批，由盧亞貴等牽頭人籌募啟動資本，於一年內完成建設工程，隨即落成啟用。

一般而言，興建一所略具規模的廟宇，總會有創設碑文或奠基石等以誌其事，留傳後世。但文武廟初創時，既沒留下碑石，亦沒什麼記錄，故大家對其創立原意與背景缺乏全面了解。在 1850 年，文武廟重修時的碑文上有如下記錄：「重脩於道光庚戌（1850）之歲，而究其所自始，則詢諸港地之故老，亦無明徵嘗攷。」（陳小寶，2007：18）即是說，重修時雖曾詢問「故老」，亦想找徵嘗等捐獻或開支記錄的文件，但均付之闕如。至於文武廟今天的面貌，其實是歷年多次修葺及擴建的結果，原本的建築相信十分簡陋，不太有氣派。

時至今日，文武廟仍香火鼎盛，信眾不少，在四周高樓環繞下，也不過是一所不起眼的細小廟宇。但原來此廟宇在剛成立時，即成為華人社會的核心，地位極其重要，是市民大眾講教化、論公益、尋公道的場所，甚至有見證宣誓、裁決紛爭的法律效力。在探討為何這所「普通」的廟宇能具備眾多功能、肩負如此重責，以及盧亞貴牽頭創立它的盤算前，先簡單介紹它的一些資料。

所謂文武廟，即祠廟內主要供奉兩位神祇：文昌帝君和關聖帝君，前者是傳說中的文昌星，掌管學業、功名官祿等文事；後者是三國時名將關羽，象徵誠信義氣和財富。由於「兩者的精神符合了中國人的傳統價值，所以深得華人的信奉」（梁炳華，2011：153）。不過傳統上，文、武二神是各受香火，甚少同置一廟共享供奉。有學者指出遲至清朝，因設有文武科舉的考試，於是開始把文昌帝與關聖帝合祀，為所有追求功名者——無論文科或武舉——提供「一站式服務」，便利信眾祈求作福，並給予保佑。不過，合廟的做法仍不是主流（科大衛、陸鴻基、吳倫霓霞，1986）。

接下來的問題是，為何文武廟會獨受推崇？事實上，它並不是當時香港唯一的廟宇，據廖麗輝（2013）引述香港歷史研究者許舒（James Hayes）的說法，香港開埠時島上已有最少十座廟宇，早年政府官員指那些廟宇均與漁業及海上生活相關，並列舉了鴨脷洲的洪聖廟、赤柱的天后廟和銅鑼灣的天后廟三個例子。事實上，英人登陸前，島上居民以漁業為主，而出海捕魚風險甚高，居民崇拜與海洋有關的神祇，祈求祂們保祐實在自然不過。

文武廟一景

但文武廟拜祭文武二帝，主要作用是讓有心追求功名者如願以償，在一眾「土生土長」的廟宇中顯得別樹一幟，而它建成後即在華人社會中獲得極重要的地位，原因則與當時社會環境及威廉堅與盧亞貴的盤算有關。

英軍在 1841 年登上香港島後，即頒佈了《義律公告》（*Elliot's Proclamations*），稱「凡有禮儀所關鄉約律例，率准仍舊，亦無絲毫更改之誼。且未奉國主另降諭旨之先，擬應照《大清律例》規矩主治居民」（中國第一歷史檔案館，1996：58－59）。無論這種「以華治華」制度的目的是考慮當時英國在華立足未穩，需要安撫民心及取得香港華人的合作，還是純粹代表英國只打算利用香港作貿易跳板，根本無意介入華人內部事務，但無可否認，它成為香港法律體系的基礎，令香港實行「二元化」的中英雙軌司法體制（蘇亦工，2000）。

由於多數華人都抱着「生不入官門，死不入官府」的觀念，加上要進入香港政府的官門並非易事，不但語言不通，習俗制度有別，投訴申冤的花費更是高不可攀，所以每當遇到商業或民事糾紛，寧可選擇或依賴民間社會協商解決。此外，當華人進行重大協議或承諾時，多會進行一些傳統儀式以確保雙方信守承諾，在神前或公眾許誓是常見做法。文武廟的設立正好滿足了這些需要，一方面它具精神及宗教的力量，華人普遍在「寧可信其有」的心態下，在神前許諾後多不敢背諾，以免因褻瀆神明而遭到報應；同時，其創建者是當時最具勢力的華人，由他們作中間人調解紛爭，增加了協議落實的機會。正因文武廟結合了神靈力量與屬世力量，故能發揮仲裁、調停或監督功能。

港英政府對於華人這種自行解決無需其插手的機制，當然樂觀其成，甚至會從旁協助以增其威信，如有學者指出，當威廉堅出任「警察裁判司」（Police Magistrate，即集警政和司法權於一身）時，被法庭判決罪成的華人會「披枷帶鎖，遊刑示眾」，執行懲罰的主要地點，便是「太平山區附近近一間古廟前空地（即今日荷李活道文武廟前，原註）」（林友蘭，1980：18）。[3] 此外，學者亦指出在文武廟以傳統「斬雞頭，燒黃紙」的方式立誓（丁新豹，2009：161；梁炳華，2011：154），具有法律效力，由此可見政府對其肯定。

至於盧亞貴牽頭創立文武廟的原因，可能與政府「政治吸納」

3 不過文武廟建成時威廉堅已官拜輔政司，可能是混淆了人物或時間。

政策有關。原來，香港當時正面對種種問題，先是當時滿清與英國之間的關係相當緊張，大家仍擔心香港隨時會被清政府奪回，轉口貿易無法邁出正常步伐；其次是治安惡劣，三山五嶽人馬混雜，犯罪率極高，集體打鬥、無故殺人時有發生，連門禁森嚴的港督寓所、顛地洋行及渣甸洋行均曾遭到盜竊（*The Hong Kong Almanack and Directory for 1846,* 1846），香港治安問題之嚴重可見一斑。加上香港缺乏天然資源，貿易發展又不如預期，難以吸引外商投資或有質素的移民，令香港的發展一直不如預期般理想。

於是，不單政府稅收不理想，要依靠大英帝國撥來的款項支撐，外資洋行亦未能謀取巨利，反而持續虧損，令他們既對英國政府當初攫取香港這個「荒山野嶺」舉動有微言，亦對香港政府未能刺激經濟、繁榮商業感到不滿。至於華人社會雖然沒有什麼反政府舉動，但卻人心虛浮，社會瀰漫着不安定的氣氛（Endacott, 2005; Chan, 1991）。

外部因素如中英關係等，香港政府自然無從插手，但治安惡劣、民心欠穩等內部問題，卻是政府必須解決之事。可是由於資源所限及華洋隔閡，政府一方面採取觀望態度，任由各種社會問題惡化，直至嚴重危害殖民管治時，才以強硬手段介入（Munn, 2001）。同時又實行嚴刑峻法，對下層華人尤為苛刻，「觸犯法令者，施加監禁、鞭打及各種嚴苛不公之刑罰」（蔡榮芳，2001：37）。不過，無論是用重典或放任自流，仍無法將問題根治。

當然，英國殖民管治地區遍佈世界，有豐富統治經驗，當時港府其實打算引入在其他英國殖民管治地區常用的「政治吸納」手段，藉吸納社會精英進入政治體制，消除社會阻撓或不滿政府的壓力，除本國精英外，亦會吸納被統治地區人民，故需要尋找當地社會賢達或精英作為「政治同盟者」（political collaborators），甚至會邀請這些「代表」加入立法議會，象徵其「尊重當地民意」，從而鞏固統治（Miners, 1975）。

可是，當時在港華人品流複雜，有如一盤散沙，難以從中找到可信、可靠、有教養及學識的華人精英，就算想以次充好，找來那些與政府合作較多的華人當成精英吸納，卻發現他們在華人眼中根本沒有威望，欠缺認受性和代表性（Carroll, 2005），難以達到政治吸納的效果。因此，要打破困局，便需要令那些被政府看中的華人急速增值，在短時間內建立名聲及威望。

至於盧亞貴之所以中選，是有跡可尋的。首先，他曾在鴉片戰爭中協助英國攫取香港，立下功勞，且因此與清政府反目，不能回國亦沒有退路，只能一心投靠香港政府；其次，他是當時社會中極少數「熟習夷語」的華人，[4] 可直接與英人溝通；三是他與香港政府官員如威廉堅關係密切，有深厚私交；最後是他有江湖地位，起碼可以擺平黑勢力，遏止治安不靖的亂局。

當然，盧亞貴的背景複雜，亦有四個明顯缺點：一是他有海

4　從各方資料看，盧亞貴的英語能力應該相當高，施美夫在 1844 年與他接觸時，並沒表示有翻譯在場，即能直接溝通。其次，倫敦傳教會的 Henry J. Hirschberg 博士在 1852 年曾向盧亞貴徵求捐款，之後盛讚他「英語講得很好」（*The China Mail,* 23 September 1852）。

盜及黑社會背景；二是他的生意屬黃、賭、毒、黑等偏門類別；三是他與清廷官員有牙齒印（恩怨），重用他可能招來滿清朝廷的不滿；四是他個人形象不良，江湖味太重太濃。但在那個價值觀念扭曲的年代，首兩個缺點算不上是大問題，香港政府自有方法應對，惟第三及第四點卻不能等閒視之，必須在吸納他之前解決，否則不單容易引人話柄，甚至出現反效果。

據《華友西報》報道，在 1840 年代，盧亞貴曾花巨額金錢賄賂滿清重臣耆英，獲朝廷赦免他過去的罪過，並得到一個銜頭（*Friend of China,* 6 May 1846），而威廉堅在寫給殖民地部的信函中則表示，盧亞貴以金錢向滿清政府換得一個小官職，[5] 化解了與滿清朝廷的「恩怨」，暗示起用他亦不會引致中方不滿（CO 129/27/287, 25 February 1848）。由此可見，到了 1840 年代中下葉，不能吸納盧亞貴的理由已去其三，餘下的便是他的形象問題。

當威廉堅在 1846 年擢升為輔政司後，在政府擁有更大的話語權，而與他交好的盧亞貴便在此時提出要興建文武廟，很大可能是二人見時機成熟，決定以慈善捐獻改善不良形象，彌補第四項缺點，掃除他加入政府的最後障礙。至於選擇創立文武廟而非醫院、學校或拜祭其他神祇的廟宇，相信亦是經過慎重考慮。

5　有關盧亞貴在滿清朝廷的官位問題與威廉堅的關係，可參考葉林豐（1971）的有趣討論。

首先在個人層面上，盧亞貴在鴉片戰爭期間曾獲滿清政府授予六品官銜，與清廷冰釋前嫌後據說亦得官位，相信令原本屬於「賤民」階層的他極感光彩，且建廟很大程度是為他加入政府鋪路，供奉主宰功名爵祿的文昌帝自是理所當然，亦反映他希望更上層樓的追求。至於拜祭關羽，是所有在刀口上求財之人的習俗，盧亞貴既然統領聯義堂和忠心堂等具三合會色彩的堂口，相信亦是其信徒，自然會選關羽作立廟供奉的對象。

對香港政府而言，這兩位神明亦合其脾胃與現實需要。正如前述，當時社會治安惡劣，人心虛浮，欠缺教化，所以政府希望藉文昌帝倡導文教，減少暴力事件發生，又可激勵民眾追求功名利祿；至於關聖帝有震懾黑白社會之效，且其鼓勵忠肝義膽不作奸犯科，有助促進社會穩定。

至於選擇建廟而不是直接贈醫施藥或救濟貧民，相信是覺得宗教場所除了有精神慰藉與信仰寄託的功能，有安撫民心之效外，傳統上它還是公眾集會、調解糾紛的重要平台，能有效接觸更多民眾，曝光率自然較建醫院或學校更高，對改善形象收效更快更大。而且若能成為公道的仲裁者、有解決紛爭能力的協調者，自然會人人稱善，聲名鵲起。盧亞貴就是在這個大環境下提出建立文武廟。

雖然沒有任何資料顯示盧亞貴是在政府「授意」下才作出此舉動，但可以推斷，當時社會百孔千瘡，華人社會又龍蛇混雜，香港政府不想直接觸碰華人社會這個燙手山芋，亟需一批備受華人社會推崇的領袖來「治理」華人社會，故甚可能是盧亞貴與威廉堅經過商討後，決定以建廟來提升民望，威廉堅更答允給予一定權力，讓文武廟迅速立威，否則盧亞貴不會忽發奇想，文武廟亦不會得到官方背書。

現實發展亦一如二人預期，當 1847 年文武廟建成後，盧亞貴作為主要牽頭人，又曾捐出巨資，成了該廟的管理人。他以這身份舉辦了不少調停糾紛、宣揚道德與祭祀等的活動，如上文提及犯法者會在廟前帶枷示眾，反映文武廟的地位之餘，也可看出政府利用文武廟約束華人社會的意圖。盧亞貴很快成為社會賢達與領袖，擁有主持公道、調停糾紛的「軟實力」，文武廟亦「成為華人社會在殖民管治地區的政治中心」（Munn, 2012b: 274）。可以斷言，文武廟的興建是用來塑造盧亞貴在華人社會中的領袖角色與形象，為政治吸納製造理由。

盧亞貴之後仍繼續透過慈善捐獻提升自己的名望，如在 1851 年，時任港督文咸（Samuel G. Bonham）批准文武廟擴建，盧亞貴再出資捐助（蔡榮芳，2001）。接着在 1852 年，倫敦傳教會的 Henry J. Hirschberg 博士找盧亞貴捐款，計劃為華人興建醫院，他還以流利英語滿口答應，慷慨地捐出 50 元以表支持（C. Smith, 2005: 109-110）。當《中國郵報》刊登醫院捐款者名單時，從前是被稱為下等船夫的盧亞貴，現在的職業已成「紳士」了（Carroll, 2005: 49）。

在這個輸財出力的過程中，盧亞貴由過去的漢奸、海盜、江湖人物，甚至黑社會頭目，一躍成為社會賢達，豎立了個人名望與威信，亦獲得了華人領袖的地位，有學者指出，他是「居於華人社會與殖民統治者之間最有權力的中間人」（Munn, 2012b: 274）。在名望及地位漸入佳境之時，他的身家財富繼續上漲，據估計，他當時擁有的店舖及樓房有百多間（C. Smith, 1995 and 2005），較 1844 年增加了接近一倍，生意方面亦有了不少擴展。

從 1848 年一次上書事件中，可看到盧亞貴的財力有多雄厚。當時的港督戴維斯因英國政府減少對香港政府財政撥款，下令暫停各項公共工程，政府職員亦要打折支薪，同時又要提高地租。身為大地主的盧亞貴，隨即聯合其他二十七名華人大地主上書，抗議政府提高地租，要求寬免。在那二十七名華人大地主中，竟有五分之一是來自盧氏家族，包括盧景、盧蘊、盧寬、盧成及盧昭（最後兩位可能是盧亞貴的兒子），可見當時盧氏家族已穩坐華人首富的寶座（C. Smith, 2005）。

不過，事件亦反映出盧亞貴的投資應出現了一些問題。要知道他的生意以收租為主，聲色犬馬生意為副，惡劣的經濟環境會直接影響到他的收入。可以想像，經濟欠佳自然生意難做，商店只好關門大吉，原本在港謀生的民眾又會因無錢可賺而回鄉居住，結果自然是吉舖吉屋處處，就算成功租出，租金回報率亦會下降，再加上樓價下跌，他身家應該大幅縮水。而且市道不好，市民無心或無力消費娛樂，盧亞貴的妓院、戲院、煙館都會受到牽連 —— 或許賭館及放貸生意會逆市上升，但整體而言仍是虧大於盈。因此，他明知會得失威廉堅及政府，仍聯同其他業主上書陳情，反對加稅。

高位下滑之謎

可能因盧亞貴的背景太具爭議性，需要更長時間進行形象改善工程，故香港政府遲遲未將他正式吸納，想不到就在盧氏努力「洗底」期間，卻突然生變，故令計劃戛然而止，他的種種努力成了無用功，香港政府的盤算亦成了竹籃子打水 —— 一場空。

1851 年 12 月 28 日，下市集發生一場大火，燒毀近五百間民居與商舖，在當區擁有大量物業的盧亞貴家族因此損失慘重。下市集在火災後雖然迅速重建，並開闢了新街道，而盧氏家族在政府同意下，將其中一條街道以盧亞貴的名字命名，稱為亞貴里（Aqui Lane，即今天的貴華里）（C. Smith, 2005: 109）。不過，這場大火彷彿預告運氣開始遠離盧亞貴了。

1855 年，這位華人首富及最大地主突然宣佈破產，原因是他為一位名叫 Chinam 的遺產管理人作擔保，[6] 但這位 Chinam 卻濫用遺產中的物業，相信是擅自將物業按押投資，最後投資失敗沒法償還欠款，盧亞貴因而要承擔其失誤並作出賠償。盧亞貴應當是事前已接獲通知，據說預先把不少名下物業轉給兒子與親屬，以減少家族的損失。但無論如何，欠債破產始終是一件失信且不光彩的事，故他在事後變得低調，甚少在公開場合出現（C. Smith, 2005: 109-110）。

6　這個「Chinam」，可能是陳濟南。據 *The Hong Kong Government Gazette* 在 1855 年 11 月 2 日刊登的公告顯示，牽涉陳濟南的物業交易價值高達 25,000 元，涉及的地皮及店舖則有「敦和街第五十四號地段，連地共舖四十九間，大行一間」（*The Hong Kong Government Gazette*, 3 November 1855）。該年，政府全年財政收入為 47,974 鎊，以匯率 4.8 元計算，約值港幣約為 230,275 元，可見該項債務之重。

最後一次找到與盧亞貴相關的記錄是在 1858 年，不知是已還清欠款還是經過三年時間破產期限屆滿，他在該年再為福隆鴉片行的吳翼雲（又名吳振揚）做擔保（蔡榮芳，2001：28），但自此以後完全失去了他的音訊。據 C. Smith（2005: 110）記述，盧亞貴其中一個兒子盧昭在 1870 年代成為沙宣洋行的買辦，另一個兒子盧錦俊則在 1872 年擔任東華三院的秘書，雖然都是有頭有臉的職業，但相較盧亞貴全盛時期，顯然已失去了呼風喚雨的能量，其後家族更在香港歷史中默默湮沒。

暴發速亡因由解構

進入 1850 年代，發生了連串事件導致盧亞貴逐步走向敗亡。先是其發跡大本營或根據地——下市集——遇上火災，燒毀不少物業，又在競投中敗給與港英政府關係更密切的渣甸洋行，失去了盈利極豐厚的鴉片專利生意（Munn, 2001 and 2012b）。更直接的打擊，是他充當擔保人時受牽連，因無力還債被逼宣佈破產，令他一夜間打回原形，所有努力付諸流水。惟這種因擔保別人而破產的結局，令人深感不解，因當中實在疑點重重。

盧亞貴是江湖人物，有財有勢，又具社會地位和強勁政商人脈關係，差不多是那時候香港的「土皇帝」，怎可能單單因為擔保一事而「債務上身」，尤其在那個發誓當兒戲、重利輕義且道德價值扭曲的年代，很難想像盧亞貴願意乖乖背黑鍋承擔債務。因此，必定有些更根本的原因導致其敗亡。

傳統智慧說「禍福無門，惟人自召」，盧亞貴失敗當然與他本身有關，首先是他的性格及背景使然。盧亞貴能夠在海盜群中冒出頭來，反映其能力不弱，同時具一往無前、視死如歸的狠勁，這些性格在創業時當然極具優勢，但到生意做大時，便不能繼續如此，應進退有道，做好風險管理分散投資，若仍如過去採取「不是發財、就是破產」策略，每次投資都如「賭身家」，成功了故然能令家財倍增，一旦押錯注時則會全軍盡墨（鄭宏泰、黃紹倫，2006）。

而且，有能力當幫會頭目不等如有能力管理財富或做生意，從盧亞貴的投資類型可見，除鴉片及上環街市外，其他都算不上是大生意，大部分的財富顯然集中於地產市場，反映他其實沒太多經商的才能，因為租金收入雖然穩健，但將所有雞蛋放在同一個籃子裏是投資大忌，隨時會因市道逆轉而全盤皆輸，當時香港地產市況波動，他可能便是因資金鏈斷裂而導致兵敗如山倒的連鎖反應。

但若論及盧亞貴急速潰敗的最致命因素，相信與威廉堅的關係更大。自出任輔政司後，威廉堅為了避免招人話柄，有可能減少了與盧亞貴的往來，或不能太公開地支持對方，因為社會上一直對於威廉堅的貪污受賄，以及盧亞貴的犯罪行為甚有微言，《華友西報》的主編更對威廉堅鍥而不捨地窮追猛打，難免亦會影響到盧亞貴的發展（*Friend of China,* 6 May 1846; 2 August 1854）。

威廉堅其實亦如盧亞貴一樣，也是一個重實利而寡廉恥之人，所以管治上他多從維護自身及殖民管治者利益出發，以嚴厲手段快速壓制異己，施政時流露出有強權沒公理、只求利益實效不論對錯道德的色彩，因此在挑選合夥人或管治同盟時，他亦是從現實利益出發，如選擇盧亞貴作吸納的「人才」，相信是看中對方手段過人，有財又有黑勢力撐腰，卻完全無視盧亞貴財富及勢力積累方式是否光彩，有否觸犯法例 —— 更準確地說，雖然他深知盧氏品行不端，但認為只是要好好粉飾以免暴露人前的「小問題」，絲毫不影響他起用此人的決定。

當然，由於當時在香港生活的可不是善男信女，有研究更指出當時在香港的華人有四分之三是三合會成員（Norton-Kyshe, 1971），社會治安極惡劣，加上大多是文盲及一心求財的亡命之徒，威廉堅可能覺得以教化手段收服民心成效甚慢，故決定用重典治亂世，而起用盧亞貴等江湖人物更是以黑制黑，可以有效地應對那個渾沌狀態，至於如何落實善治或長遠會否造成影響等，顯然不是他關心的問題。

其實威廉堅不只重用盧亞貴，還與不少聲名狼藉之人同溜一氣，又起用與他一樣被指貪污瀆職的官員或江湖人物，包括海盜黃墨洲及貪官高和爾（Daniel R. Caldwell）等。這些人大多與他一樣，曾被傳媒或社會多番批評指摘，並牽涉貪贓枉法、以權謀私等罪行，惟他仍我行我素，不但重用他們或給予保護，還能利用各種手段令自己可以力保不失，光榮退休後甚至有一條街道（堅道）用他的名字命名，以感謝其貢獻（Endacott, 2005; 曾銳生，2007）。

不過，盧亞貴與威廉堅的關係可能在後期出現變化。一方面是長期行走江湖的盧亞貴難免桀驁不馴、匪性未改，不會完全聽從威廉堅指示，又或者會陽奉陰違，如他在 1848 年聯合香港華商地主上書要求寬減地租，公然與政府唱反調，自然令威廉堅尷尬。其次，盧亞貴在經商或是收取保護費時表現仍相當兇狠，不留情面（Munn, 2001: 101-103），令不少民眾聞名生畏，相信亦影響到其保護者威廉堅的名聲，故當威廉堅升至公務員之首時，或許會有壓力要與之保持距離、劃清界線。

據 Munn 的分析，1850 年代中期寶靈（John Bowring）出任港督時，曾考慮吸納那些在香港擁有物業地產的文武廟領袖進入立法局（即現時的立法會），目標人物是誰可謂呼之欲出。但他的想法卻遭到殖民地部反對，加上不久後報章揭露了盧亞貴與威廉堅的醜聞，洋商亦紛紛加入抗議，造成這局面一方面是二人平時樹敵太多，同時亦反映各方力量害怕二人勢力更加壯大，故在明在暗間作出攻擊，令構思最後胎死腹中（Munn, 2001: 374-375）。

盧亞貴在 1855 年破產後雖然變得低調，但因家財早已轉移，相信實力仍在，還有東山再起的可能，如他在 1858 年便曾再為人作擔保，似乎是為重返江湖試水温，只是局勢發展卻打破他的美好藍圖。1859 年 9 月初，羅便臣（H. G. R. Robinson）接替寶靈成為第五任港督，這位香港歷史上最年輕的港督充滿幹勁，銳意整頓吏治，更成立了公務員瀆職調查委員，對勾結海盜或包庇罪犯的高級官員展開調查。就在羅便臣上任之時，威廉堅亦宣佈退休返英，因此盧亞貴不但失去最大靠山，還要面對全新的政治挑戰，加上那時他已年紀不輕了，只能接受「時不利兮騅不逝」的現實，全面退出了（Endacott, 2005）。

所謂「時勢造英雄」，只屬一介江湖人物，又缺乏民族氣節的盧亞貴當然不是什麼英雄，甚至連正人君子也說不上。若不是身處渾混時代，他不可能獲得清廷六品官銜的招安，更不可能成為一時巨富與社會賢達，在香港社會橫行無忌、呼風喚雨。自威廉堅離去後，他因失去後台而淡出，後人亦成了芸芸眾生的一員，失去影響力後財富相信亦逐漸消散，就連文武廟亦失去昔日的光輝，不再是華人社會的中心，地位被新成立的東華醫院（東華三院前身）及保良局所取代，這兩所慈善組織的牽頭人均是新崛起華商，代表着華人社會勢力的更替。至 1908 年，香港政府頒佈《文武廟條例》，把文武廟及其財產撥交東華醫院管理，文武廟成了一個普通的祭祀場所，遠離權力中心。

小結

概括而言，由於香港開埠之初處於「暴發戶社會」的渾沌狀態，叢林規則弱肉強食是當時的主旋律，所以海盜出身又處於社會邊緣位置的盧亞貴，可以如魚得水，「撈」得風山水起，在押中注碼時能暴發起來。致富之後他慷慨捐輸，雖然是另有所圖，但成功令其社會地位及名望提升。可惜，其好投機忽略風險的行為令他一直處於暴升急跌的浪尖，加上樹敵太多及失去靠山，在一次失誤後便無法翻身。對於盧亞貴的個性與經歷，蔡榮芳的評論可作為其性格或精神面貌的註腳：

> 像他這樣冒着風險由貧賤而致富的人，具有複雜曖昧危險的性格……另一方面，為了社會公益，為了救濟貧困，他又時常慷慨解囊，因此也令人尊敬。能夠令人感到既畏懼又尊敬，這是

當時港島粗暴社會精英所具有的品格。（蔡榮芳，2001：25）

作為「暴發戶社會」的代表性人物，盧亞貴的特殊經歷，讓我們看到那些敢於鋌而走險或是「撈偏門」起家的人，若果懂得經營包裝，做些慈善救濟事業，甚至可以搖身一變成為社會賢達，獲得港英政府的垂青招手。不過，不分黑白、不講對錯，在社會始終難以長存下去。可以想像，若香港一直由威廉堅、盧亞貴這類人領頭，施政繼續只求眼前利益，又縱容貪腐，絕不可能有今日的成功。故當香港政府決心整頓吏治後，社會逐漸重回正軌，一批較正派的華人領袖亦成功出頭，取代了盧亞貴這群「粗暴社會精英」。

回心一想，盧亞貴雖然貴為香港開埠初期第一代首富，但其實早已被社會大眾遺忘，就算曾在歷史留下痕跡，亦只會是海盜頭子、大漢奸、賣國賊、無惡不作的犯罪份子等罵名，可見不義之財雖為他及家人帶來極舒適的生活，以及一時的地位權勢，但隨着時間消逝，所有身份財富都成泡影。不過，因為他創建了文武廟，更因文武廟曾經擔起教化民眾、安撫民心、為人主持公道的功能，是他難辨黑白的人生中最重要的善舉，若說他建廟的目的主要是為了「洗底」改善形象，那這個目的倒是歪打正着、十分成功，因他的名字已隨着文武廟長存在香港的歷史中。或許就如《易經》所言：「積善之家，必有餘慶」，與其千計萬算，還不如一心向善，才能確保聲名長存。

第3章

一敗即走

滙豐銀行三買辦的敗亡

- 為人經商，無信不立。
- 營商環境不會長期波平如鏡，沒有風險意識，難免在商海起浪時被吞噬。
- 直面困難危機比逃避更能了斷是非糾纏。

引言

任何時代都會因為局面變化、社會前進而孕育出無數商機，但同時，一些原本存在的商業活動或行業卻會被取締淘汰，這個行業或產業生死交替的商業新陳代謝過程，促進了社會與經濟的發展，物質生活得以改善，即經濟社會學巨匠熊彼得（J. A. Schumpeter）所謂的創造性破壞（creative destruction），也是中國民間智慧常說的破中有立、有破有立或破舊立新。香港在鴉片戰爭之後割讓予英國，實行殖民管治，但同時也因此被推上現代資本主義道路，商業及行業乃開啟了自身獨特的發展與運轉周期。

歐洲商人跨山越洋東來，在與華人、華商接觸貿易時，由於雙方的語言、制度、貨幣、商業習慣、歷史與文化等有極大差異，交往變得障礙重重，基本無法進行直接交易，於是便出現了一個重要的「制度安排」：由一個中間或中介階層負起溝通華洋、連繫中外的角色，這些人被統稱為「買辦」（compradore）。他們雖然受聘於洋人老闆，卻因有能力擔任華洋交易的管道，故能左右逢源，甚至利用本身居於中間的「支點」，進行槓桿操作，為自己謀取最大利益。即是說，買辦這個職位或工作，是中國走向世界或洋人走進中國那個重大歷史轉折時期產生的特殊發展機遇，若能在那個關鍵時刻緊抓機會，往往能如「風口上的豬」般乘勢而起，賺取巨大財富，改變自己以至家族的命運。

然而，禍兮福所倚、福兮禍所伏，機遇同時亦滋生及隱藏着危機，當新生事物冒起時，新的風險亦同步跟隨。買辦雖然是華洋溝通不可或缺的中間人，掌握不少商業權力和資訊，從中獲得不少利益，但同時亦容易在出現某些條件逆轉或是錯判形勢時，碰到巨大風險，偶有不慎或處理失當，難免掉進困窘泥沼之中。本文以滙豐銀行早年三位買辦 —— 羅鶴朋、劉渭川與劉泮樵 —— 的失敗個案作說明，透過剖析事件的來龍去脈，了解他們失敗的原因，從中吸取教訓。

買辦與擔保：在信與不信之間的盤旋

現代商業社會的其中一項特殊發展，是從商業營運中察覺到風險的無法避免，只能透過分攤、擔保或收取附加費等不同方法作出管理，藉以降低風險衝擊，這便是保險制度誕生的源頭。歐洲商人自踏上全球擴張的海上貿易路途後，便因深明或體會到在漫漫海洋航行時碰到「行船跑馬三分險」的道理，在敢於犯難冒險、四處開拓的同時，警惕一時不慎可能為風險所吞噬、一敗塗地，因此想出各種方法加以防避。

在華發展貿易時，歐洲商人便找到了買辦代勞的方法（有關歷史背景，可參考下一章），聘請他們代為排難解紛，減低親身與華人接觸或應對官府所產生的高額成本，因而可以免卻諸多麻煩，穩坐釣魚船。但他們同時發現，買辦並非省油的燈，他們並非單純的只聽命於老闆，說東不西，而是一心多用，甚至另有多重投資與計算，當中不少或與洋行業務相扣連甚或存在衝突，因而容易滋生各種各樣影響利益、不利於互信，甚至會削弱其對買辦信任，乃至帶來戒心猜疑的問題。

其中最為關鍵的原因，是洋行老闆須交託到買辦身上的商業權力實在太多太大，由他們掌握的商業資訊 —— 或者說商業機密 —— 亦實在太多，因為買辦的工作範圍與職責幾乎無所不包，近乎是洋人老闆的全權代表，買辦肩負了溝通各方、奔走華洋，尤其必須代洋人衡度金銀價值與兌換、排難解紛、疏通官府等角色，為洋人老闆爭取最大利益（Smith, 1983: 93-94）。洋人老闆的成敗盈虧，因而某程度上亦掌握在買辦手上。

對買辦而言，他們本身屬早染洋風、了解洋情，同時又明白中國經濟社會與文化發展狀況的一群，深知兩者交往過程所產生的機會，因此知悉市場空間，並曾在這個空間中取得一定成就，獲得不少利益，於是憑着這種階段性成就取得洋人老闆賞識，委為買辦，在另一平台上展示所長。

擔起買辦之職後，他們獲得更多華洋雙方的商業資訊，亦有了攫取更多商業機會和利益的空間，買辦的身份又更容易讓他們可如「風口上的豬」般得到各方信任與支持，可更揮灑自如地按個人的商業觸角進行買賣投資。這種能人所不能的優勢，若能順勢而行，拿捏得當、準確把握，必然可為自身及洋人老闆帶來巨大回報，令個人或家族名聲更為響亮。惟若一旦失手、錯判形勢，便很容易令自己掉進傾家蕩產的深淵，產生悲劇效果，洋人

在 1870 年代香港的歐洲洋行買辦，引自 Lai Fong (Afong Studio)，特此鳴謝。

老闆很多時候亦難免受累。

洋人老闆與買辦之間這種唇齒相依，且又信任與際遇交織的關係，帶出一個現實問題，就是當遇到了風險、出現問題之後，雙方可怎麼辦？從傳統智慧「愛的反面便是恨」角度看，洋人老闆與買辦之間不單種族、膚色、國籍、信仰不同，亦有身份、階級、地位及價值觀念等差異，聘任前沒什麼深入交往或情誼可言，但在聘任後卻要交託很大權力、分享重要商業資訊，這便促使洋人老闆須想方設法，消除當中可能引致的不同層面風險。其中最主要做法，便是採用傳統的擔保安排，或稱保薦制度。

在中國，買辦制度在清初已流行於廣州十三行，稱為「保商制度」，主要是行商間互保，同時亦有行商對外商擔保，達至行商間或對外商的互相監督與共同責任，尤其是清還破產行商的債務，運作上一直甚有成效，得到華洋商人的肯定（張德昌，1981）。簡單而言，在那個時代，洋行老闆要求獲聘買辦提供擔保金，某些情況下更須有名望人士作擔保，以對沖買辦可能犯下的任何違反信任、危及洋人老闆或洋行利益的舉動。

若交託買辦的權力愈大、分享的商業資訊或資源愈多，那麼必須要求更高誠信與能耐；如果覺得期望中的誠信與能耐未能達到目標，那麼要求擔保的金額必然較高。當時一個特殊現象是，很多買辦要向洋人老闆交付的擔保金一般都屬天文數字。這種擔保金額巨大的情況，反映其風險同樣巨大，而擔保金額愈高，則是風險愈大，所揭示的信任度則愈微弱。

對於買辦而言，由於工作性質牽涉重大商業權利與商業資訊，尤其是繳交了天文數字的擔保金，因此買辦在組織其管理團隊時，必然是尋找最值得信任的人作為心腹、手下，協助其推動各項商業任務。在傳統年代，最值得信賴的，必然是有血脈關係的親人，或是有姻親關係的半血緣親屬，甚至較次的同宗同鄉等，因為這些先天關係有助凝聚禍福與共意識，打造命運共同體概念，亦較熟悉、了解其底細為人，從而減少做出任何違反信任、損害利益的舉動。正因如此，大小洋行下的買辦部門，所聘用的員工，大多都屬總買辦的家人、親屬或同宗同鄉。

儘管洋人老闆與買辦均採取各自不同的方法防止風險，保障自己利益，但洋人老闆與買辦卻時常鬧矛盾，或是買辦鬧出信用或財政危機等問題，當中不少名聲響亮的買辦，更曾遭遇破產、失意或「走佬」（逃跑）等因風險巨大、無法應對而走向敗亡的結局，反映在那個年代，買辦是一個高風險行業或職業，值得深入探討。十九世紀末名揚上海灘頭的徐潤便是例子之一，因《盛世危言》名揚後世卻因擔保問題與太古洋行反目成仇的鄭觀應則是例子之二。本文研究的對象羅鶴朋、劉渭川與劉泮樵三名滙豐銀行買辦亦是當中例子。在探討他們的成敗得失前，要先簡略介紹滙豐銀行的歷史，以及其與買辦的關係。

滙豐銀行與買辦

在香港銀行與金融的發展歷史上，滙豐銀行具極重要的地位。該銀行由一班早期來華開拓貿易的洋行大班合作成立，創辦人包括顛地洋行（Dent & Co）資深合夥人宋利（Francis Chomley）、鐵行輪船（P&O, SN Co）總監修打蘭（Thomas Sutherland）、沙遜洋行（D. Sassoon, Sons & Co）代表亞瑟・沙遜（Arthur Sassoon）等，全是當時舉足輕重的外商。銀行於 1864 年開始籌組、1865 年正式成立，原名為「香港上海滙豐銀行」（英文原名為 The Hongkong and Shanghai Banking Co Ltd），成立目的主要是作為開拓對華貿易與投資的金融平台（King, 1987），即主力是為了要做中國生意，因此必然需要得到買辦的協助。

滙豐銀行創立之初，業務發展其實並不如預期順暢。開始的時候，銀行聘請了在業界有相當經驗及名聲的祈沙雅（Victor

Kresser）出任總經理，但在他上任翌年，全球爆發金融風暴，不少公司倒閉收場，滙豐銀行自然難以邁出順利發展的步伐，之後不景氣持續了一段時間，其間銀行業務亦不突出。1871 年，董事局改弦易轍，委任郭爾格（James Greig）領導銀行，郭爾格任內雖然曾作出連番努力，期望可廣開財源，如在 1874 年成功與滿清政府簽訂大筆貸款合約，但當時商業環境整體上仍然十分低迷，故業務未見重大突破。

直到 1876 年，董事局決定改由昃臣（Thomas Jackson）出任總經理，加上外圍環境改善，銀行才一洗頹勢，進入高速增長期。昃臣出任總經理前已在滙豐工作近十年，其間表現卓著，由於他熟悉公司的強弱優劣，亦掌握大中華地區與國際政經和金融形勢，因此他成功找到發力點，主力開拓與清政府的貸款業務，又參與中國鐵路的投資，令銀行業績有了脫胎換骨的轉變，逐步成為香港銀行業的龍頭，且在中華大地及世界不同角落不斷擴展（King, 1987）。

一如其他發展對華貿易的洋行需要依賴買辦開拓中國市場，滙豐銀行自創立伊始，亦聘用買辦為其奔走，協助擴充並經營在華業務，本章聚焦的羅鶴朋、劉渭川和劉泮樵，便是滙豐銀行在香港的第二、三、四任買辦。他們三人到底有何優越條件而獲銀行垂青？登上買辦崗位後令他們獲得了哪些商業機遇、承擔了多少風險？又為何會從這個炙手可熱的位置上摔下來而走向敗亡？以下會分別介紹羅鶴朋、劉渭川和劉泮樵三位買辦的不同遭遇，以及在買辦路上的先揚後抑，之後再分析當中的重大商業發展特點和教訓。

死於寺廟的羅鶴朋

羅鶴朋是滙豐銀行第二任買辦，父親羅伯常是滙豐首任買辦，他能出任此職，很大原因是其父表現優異，令滙豐銀行滿意，故在父親退位後即獲邀聘，子承父業，接掌了買辦部門。羅氏父子祖籍廣東黃埔，據悉為蜑家人（陳曉平，2018）。在上一章有關盧亞貴的研究中已經指出，蜑家人一向受陸上居民歧視，卻因水上運輸及提供補給等工作而有機會接觸外國人，認識了不少洋商及傳教士，並學會一些簡單的英語會話，成為日後發展生意與事業的重要助力。劉氏家族父執輩可能便是在此因緣際會下，學了一些英文，且離船上岸，開始做起生意來。

要成為滙豐銀行買辦，必要條件是要掌握中英雙語，還有優秀的經商能力與商業網絡，這兩點羅伯常均能達標——雖然其英語應只屬「洋涇濱英語」（pidgin English）程度，但與外籍老闆的溝通基本無礙，而其經商能力則早獲肯定，在成為滙豐買辦前，他在廣州已有商業網絡，1860 年代又在香港創立了自己的錢莊銀號及貿易生意（Smith, 1983: 98-101），早已闖出成績、建立起自己的事業，根據滙豐銀行所存的檔案，父子二人在「當時香港商界都享有盛名」（溫國偉，1991）。

對剛創立的滙豐銀行而言，羅伯常的生意網絡顯然有助滙豐開拓業務，因此向他發出聘約；對羅伯常而言，擔任洋資大銀行的買辦代表更大的商機，能把自己事業推上更高台階，當然是樂於答允，這是具企業家精神的商人不會滿足於現狀的自然表現。在襄王有夢，神女有心的情況下，羅伯常在 1865 年成了銀行在香港的首任買辦。不過正如前述，滙豐銀行創立初年，業務發展並不順利，用了近十年時間才擺脫困局，得以飛躍成長，羅伯常一路參與了這段艱難及騰飛的歷程，其間相信他曾憑老練的營商手腕協助滙豐銀行排難解紛，取得一定成績。至 1877 年，羅伯常因病去世，當時的滙豐大班昃臣於是聘用其子羅鶴朋為新任買辦。

綜合零散資料顯示，生於富裕家族的羅鶴朋是羅伯常的第三子，早年曾在中央書院（即現在的皇仁書院）求學，因此掌握了中英雙語。踏進社會後，主力協助父親打理家族錢莊、銀號與貿易等生意，相信由於表現比其他兄弟突出，故羅伯常在遺囑中指派他接手在香港所有業務（Probate Jurisdiction — Will File No. 144-4-349, 3 February 1877），而他亦因此在父親去世後獲滙豐銀行接納，繼承父親衣缽，在 1877 年成為滙豐銀行第二任買辦。不過，當時銀行實施了一項新規定，要求買辦繳交保證金作擔保，相信羅氏為此總共付上了 300,000 元（Smith, 1983: 101）。

一如父親或其他同時代的買辦，羅鶴朋擔任滙豐銀行買辦的同時，還會兼營家族眾多生意。當然，當看到新商機或認為有利可圖時，他亦會開展新投資，其中不少生意據悉與買辦之職有糾纏交雜。從香港歷史愛好者施其樂（Carl Smith）引述的商業股份轉讓文件與法庭商業糾紛資料看，羅鶴朋在 1880 年代捲入了兩宗失敗的投資，蒙受一定損失，那便是創立報紙與經營煉糖廠。

1885 年，羅鶴朋投資創立了一份名叫《粵報》的中文報紙。當時香港識字的華人人口不多，而又早有《中外新報》、《華字日報》及《循環日報》等中文報紙，為何羅鶴朋會忽發奇想，投資這門並不熟悉的生意呢？有說是因為其親戚擁有珍貴藍本欲出版成書，故向羅氏商議，成立報館兼營出版生意，羅鶴朋答允其請求，投資了 30,000 元並將生意交予該名親戚主理（李家園，2019）。

當然，若單純是受人所託，未必能令羅鶴朋動心，因為辦報絕非普通生意，傳媒擁有第四權的力量，如王韜創辦《循環日報》並撰寫文章月旦時事，筆鋒辛辣評論獨到，在社會上擁有相當的影響力。《循環日報》的主要股東是馮普熙，[1] 馮氏乃香港有利銀行買辦，算是羅鶴朋的同行，可能羅氏見有成功的先例可循，才會拍板決定投資。

雖然現在已無法找到《粵報》曾刊印的內容，但它的主筆是由被形容為羅鶴朋「軍師朋友」的同窗胡禮垣出任，[2] 胡氏熱心政事，經常在該報發表評論文章，議論政治、針砭時弊（許翼心，2008），可見報章的定位不是純粹刊載新聞，而是有意識要運用傳媒的力量。

不過，《粵報》的壽命甚短，有研究指出，該報創立後一年，負責業務的親戚連同報紙另一位主要執行人一起離港，赴京參加

1　馮普熙為東莞籍商人，香港有利銀行買辦，曾任中華印務總局和《循環日報》值理，亦是《循環日報》的主要股東和贊助人（蕭永宏，2013）。

2　胡禮垣與何啟為好友，一同率先提倡中國應學習西方事物，為改革派的中堅人物（Tsai, 1981）。

科舉考試，報社頓失主力，羅鶴朋又不熟悉印務與出版生意，「藍本排印，方及半數，而 30,000 元資金，已消耗殆盡」（李家園，2019：31），故他決定結束業務，將器材設備以 3,000 元售予一位名為盧炳志（Lo Ping Chi 譯音）的人。[3] 單從財務計算，羅鶴朋損失了十分之九的投資。不過，對身家豐厚的他而言只是九牛一毛，應沒造成什麼財政壓力，而辦報人的身份在某程度上又有助提升他的地位，或許算是失之東隅，收之桑榆。

羅鶴朋另一宗失敗的投資，便是參與創辦東方煉糖廠。雖然香港並非甘蔗產地，卻曾先後開設了多家甚有規模的煉糖廠，生產的食糖在亞洲甚至世界佔有一席之地，首家煉糖廠 —— 印華糖廠（Indo-Chinese Sugar Refinery）早於 1870 年代已成立。羅鶴朋可能亦覺得煉糖業大有商機，於是聯同友人在 1878 年合資創立了東方煉糖廠（Oriental Sugar Refinery），想不到卻因此與朋友反目，甚至牽起連串訴訟。

不同資料顯示，東方煉糖廠座落於銅鑼灣海邊「寶靈城」附近，據說今天的糖街便是因此而得名（彭淑敏，2018）。該廠以機器製糖，甚為先進且具規模，更曾聘用洋人專任管理，在那個年代實屬前衛創舉。不幸的是，煉糖廠剛開始投產便遇上國際糖價大跌，且低迷情況維持了頗長時間，其間印華糖廠亦因捱不過

3　施其樂將 Lo Ping Chi 譯作羅炳志，但接手者甚可能是盧敬之，即《粵報》原來的發行人，他有辦報經驗，又與羅氏相熟，故可以較低價接手。但無論接手者是誰，該報於三年後，即 1889 年停辦。

低潮而被逼出售予渣甸洋行（又稱怡和洋行），東方煉糖廠雖然實力更雄厚，但相信亦虧損不少，導致股東之間出現不少爭拗。

資料顯示，羅鶴朋在 1878 年曾以年息 12% 的條件做了 34,330 元按揭，購入東方煉糖廠的物業及廠房設備（Smith, 1983），合理推斷是當時煉糖廠營運困難，其他股東看淡前景無意經營下去，於是羅氏便以高息貸款購入他們的股份。同年年中，他再透過中間人將煉糖廠以 170,000 元售予彭亞炎，[4] 首期先付 20,000 元，完成交易再付餘款。但彭亞炎後來卻因種種原因無法付款完約，可能因資金鏈斷裂，煉糖廠在年終時停止運作。

羅鶴朋對彭亞炎出爾反爾十分不滿，多次要求對方完成交易但不果。在 1879 年 2 月，他嘗試將煉糖廠的資產拍賣，但無人出價，反映當時製糖業前景仍然黯淡。至 6 月時，他向法庭入稟控告彭亞炎，要求對方依約完成交易。彭氏當然不想接手糖廠這個爛攤子，於是提出反告，要求羅鶴朋退回已繳付的 20,000 元，另再加上 20,000 元違約賠償。

雖然不清楚羅鶴朋與彭亞炎的合約細節，但從主審法官的判詞可見，事件顯然並非單純違約，而是各有道理，所以無論判誰獲勝，都只會導致更多訴訟，故建議二人庭外和解，法官更表示

4　彭亞炎是香港開埠初期對英國統治或西方強盛表現得較為看好的華人，他是港英政府軍需處（Commissariat Department，時譯「金些厘」，視作洋行）的買辦，為駐港英軍提供各種物資，又與巴斯商人打笠治（N. Dorabjee）合夥經營香港大酒店，名聲響亮。

LEE YUEN SUGAR REFINING COMPANY, LIMITED.

NOTICE is hereby given that an EXTRAORDINARY MEETING of the SHAREHOLDERS of the LEE YUEN SUGAR REFINING COMPANY, LIMITED, will be held at the OFFICES of the Company at the Refinery, Bowrington, Victoria, Hongkong on FRIDAY, the 12th of March, 1886, at 3 o'Clock p.m., for the purpose of Confirming the Resolutions passed at a Meeting of the Company held on the 24th of February, 1886, requiring the Company to be wound up voluntarily and appointing ANDREW JOHNSON, Esq., LAU WAI CHUEN, Esq., and LI KING TING, Esq., Liquidators.

LAI YUK SON,
General Managers.

Hongkong, February 24, 1886. 382

導致羅鶴朋與彭亞炎起爭執的東方煉糖廠，於 1886 年刊登特別股東大會的消息。*The China Mail*, 24 February,1886。

沒有什麼比好友為錢反目更令人傷感的事，並語重心長地勸告二人與其再浪費力氣互相控告，不如好好善用「手上的糖」（sugar in their hands，應指糖廠的股份）合力賺錢，共渡時艱（Smith, 1983: 102）。

羅彭二人相信之後私下協商將事件解決了，故之後沒再興訟，但友誼顯然已不復舊觀。此外，羅鶴朋似乎沒有聽從法官規勸專心生意，在 1880 年仍就煉糖廠的產權債權向不同人士提告，惟不清楚結果如何。峰迴路轉的是，數月後他成功將煉糖廠售予渣甸洋行旗下的中國煉糖廠，作價 200,000 元，事件至此總算告一段落。[5]

5　可能由於東方煉糖廠在羅鶴朋手上為時甚短，加上渣甸洋行當時又持有中國煉糖廠，故不少人誤以為東方煉糖廠一開始便是由渣甸洋行創辦。

誠然，無論是創辦報紙或投資煉糖廠的損失並不多，以羅鶴朋的身家財富絕不至傷及肺腑，但這兩件事或多或少可看到他做生意時的一些缺點。首先，是他開展投資時似乎有欠謹慎，作為門外漢卻沒有做好事前評估，例如辦報是受親友之邀，又或是看到同為銀行買辦馮普熙的成功，但要知道馮氏本來就對民情政事熱心，王韜又在報社有多年工作經驗，故創辦《循環日報》才能一炮而紅。羅鶴朋卻只將報社交予親戚朋友打理，忽略對方的經驗背景，不但很快將資金耗盡，要印刷出版的書籍卻「方及半數」，明顯是開始時預算已經出錯，且當主理人短時間離職後又沒有後備方案，最終只能將報社賤賣收場。

其次，羅鶴朋或許是生於大富之家，在投資上對錢銀數目計算似乎過於託大，有欠精明。以創辦報業為例，一開始投入三萬元，對他而言雖不算多，但有資料指出當時香港報紙主筆薪金每月不過二十多元，兼職者不過十元以下（李家園，2019），雖然不清楚印刷等設備耗資多少，但三萬元不及一年便全數花光，若不是理財欠善，便是遭人私下挪用。至於他投資煉糖廠最後成功出售應該損失不大，但過程中他先是以高息借貸投入一項前景尚不明朗的生意，與彭亞炎的買賣合約明顯又因條款不夠嚴謹才會糾纏不休，多次官司訴訟相信亦耗費不少，這些原本可以避免的損失，很大程度上都是因他開始時過於粗心而無法躲過了。

當然，這兩次投資失敗，都可能是羅鶴朋太過信任親友，故沒有白紙黑字將條款列清楚，那反映他似乎欠缺識人之明。雖說用人不疑，但辦報的兩位主力不過一年便以參加科舉殿試的理由離職，但考試舉行日期應早已定案，故二人很可能是發現自己無能力完成工作，又或是無法與他共事，故在資金耗盡時急忙託辭離開，留下他收拾爛攤子。他與彭亞炎的爭議同樣可能是因友誼而「講個信字」，結果造成互相控告、好友反目的局面。

在接下來的十年中，關於羅鶴朋的資料不多，表面上應是投資沒大出錯或沒大進展。但至 1892 年 3 月，他卻被指投資出錯令銀行損失巨大，更不堪銀行施壓而潛逃，兩個月後被人發現在離廣州不遠一家名叫「羅渡」（Lo To）的寺廟中去世，死因不明（Smith, 1983: 101）。羅鶴朋在滙豐銀行出任買辦已有十五年，而且原本身家豐厚，為何那時的財政狀況突然變得如此惡劣，甚至要「走佬」避居寺廟，導致最後孤獨殞身，遺下寡妻及六名子女呢？

檢視滙豐銀行保存的買辦檔案，[6] 有研究者作出如下扼要描述或判斷：

> 但在 1891 年，由於滙豐銀行總經理竇維士（F. de Bovis）對銀行向華商購入票據的業務採取謹慎態度，拒絕買入很多經羅鶴朋推薦及擔保的票據及貸款，同時需要錢莊提出額外的保證才購入。於是到了 1892 年 3 月時，銀行積壓了大批等待批准的票據，這令羅鶴朋在香港商界的信用大受打擊，加上羅鶴朋在銀行業務以外的投資損失慘重，同年稍後更失去蹤跡。（溫偉國，1991：60）

6 無論公私檔案，在一般情況下，內容必先經過審查，某些敏感或對收藏方不利者往往或被抽起或刪掉，故檔案不能視作事實的全部。

這裏有三個值得注意的地方：一、滙豐銀行在 1891 年換了大班，新領導應對羅鶴朋的信任度不足，拒絕他擔保的生意及借貸；二、由於華商是透過羅氏向滙豐銀行借貸，但經他推薦的票據一直拖延積壓，代表華商未能獲得相關的貸款，影響了羅鶴朋在商界的信譽；三、羅鶴朋在銀行業務以外的投資損失慘重。

受資料所限，未能肯定哪些銀行業務以外的投資令羅鶴朋損失慘重，但若將事件放回當時社會與商業的脈絡之中，相信炒賣股票失敗是一個合理的推斷。因為 1889 至 1890 年間，香港的股票市場出現第一次大升浪，吸引無數投資者入市，市場氣氛熱火朝天，但泡沫卻於 1890 年年中爆破（鄭宏泰、黃紹倫，2006），不少人蒙受巨大損失。在商業投資上一直走在前沿的羅鶴朋，應亦有參與炒賣，並在股市暴跌時虧損累累，或即上文提及「在銀行業務以外的投資損失慘重」。

雖然買賣股票是羅鶴朋的私人投資，但他有巨額損失的消息必然會傳到滙豐銀行大班耳中，導致新大班對他的信任度下跌，而信貸的核心是信與貸：對借貸者有信心才會批出貸款，失去信心時便會收緊或收回貸款。換言之，當銀行不再信任羅氏，自然對他的建議及推薦採取謹慎態度，要多番核查才會批出貸款，略有懷疑即拒絕信貸，令票據積壓，甚至向部分貸款人追債，進一步影響到羅鶴朋在內不少商人的資金流動，左右其生意營運。

此外，羅鶴朋推薦貸款失敗，受影響的不單是那些申請貸款的商人，還有羅鶴朋在商界的信譽。那時候商人強調「牙齒當金使」，說一不二、一言九鼎，他作為買辦答允商界朋友的借貸，大家相信都以為十拿九穩，甚至會預先訂貨或開展投資。想不到哪怕是他親作擔保，貸款仍遭滙豐銀行大班留難拒絕，他的信譽自然大受打擊，而失去貸款的商人因生意經營受影響，亦會對他口誅筆伐或公開鞭撻，對羅氏其他投資產生連鎖衝擊，令他難以在華人社會或商界立足。

經過一輪抽絲剝繭的分析，可找到導致羅鶴朋走上絕路的關鍵原因：他本身投資出現問題，虧損嚴重，引起滙豐銀行大班的警惕，收緊對他放貸及擔保的信任，甚至追收早前已批出的貸款，令他得失了不少華商，反過來又影響到他的家族生意。他在多方受壓下，因承受不了全部責任，故採取逃避方式，離開香港避居寺廟，最後離奇地一命嗚呼。其實那時他年紀不大，尚屬壯年，其妻兒子女正身處黃埔家中，與他喪命之地距離不遠。

羅鶴朋潛逃失蹤後，滙豐銀行立即盤點帳目，發現「現金收支正確」，但經羅鶴朋「接洽及擔保的貸款與票據未能兌現及還款」，初步發現損失了 60 萬元，[7] 那時銀行還認為損失不大，因為羅鶴朋預繳的保證金足以抵消。但再次計算後，銀行發現虧損金額高達 1,292,000 元（温偉國，1991：60），不但較當初估計暴增超過一倍，且多於 1890 年香港政府全年稅收的四分之一。[8]

7 60 萬元此數字來自施其樂的研究（Smith, 1983: 103），温偉國則指是 70 萬元至 100 萬元（温偉國，1991：60－61）。

8 1890 年香港全年稅收為 4,202,587 元（陳大同、陳文元，1941）。

這裏引申出兩個問題：一是為何羅鶴朋會為滙豐銀行帶來如此大額的損失？其次是為何滙豐銀行兩次點算會出現如此大的差誤？針對第一個問題，施其樂認為可能是羅鶴朋以權謀私，在貸款者缺乏足夠抵押時仍向銀行推薦，銀行無法收回壞帳，就算將貸款者清盤，仍然資不抵債，造成嚴重損失（Smith, 1983: 103）。這說法明顯是指羅鶴朋有意為之，暗示他在推薦時因私利——無論是賣人情還是收取實質金錢利益，而失去了對僱主的忠誠。

為出示召變關還事案准英國領事官函稱華人羅鶴朋逃欠滙通銀行鉅欵一案請將黃埔新石路地方房屋地段查封等由即經飭差前往查明羅鶴朋房屋六所係地一段分別查封交保看守在案隨據羅鄭氏呈稱內有四所係伊與羅鄧氏等住屋被滙通銀行揆開在內呈請給還等情當經前縣以羅鄭氏既無印契呈驗所繳糧串又係總戶究竟是否的係伊該屋之稅亦屬無從核驗復經簽傳羅鄭氏訊明去後隨據差役稟稱迭往傳喚羅鄭氏總以伊子外出貿易家無男丁現伊年老患病不能赴案應俟伊子回時再其赴案等情稟復嗣因日久未據赴案又經飭差勒令羅鄭氏於壹月內追回伊子投訊倘再陞延定將前封房屋全行抵充在案茲據華民羅鄭氏屢次遷徙無踪案關中外交涉豈能任令似此宕延自應將前封房屋地段召變以期及早攤還合行出示曉諭為此示諭紳富商民人等知悉爾等如有情願承領前項房屋地段立即備足價銀稟繳赴縣以憑給照管業仍將價銀攤還各項欠欵切勿懷疑觀望毋違特示　八月十六日

羅鶴朋出逃後，英國領事館發函通緝。引自《香港華字日報》，1895 年 10 月 8 日。

就如上文討論，由於買辦掌握的商業資訊及權力極大，近乎是洋人老闆的全權代表，要上下其手收佣受賄自然極容易，甚至是這行的潛規則，基本是得到老闆默許，當然大前提是能令公司賺錢，為公司爭取最大利益，故「以權謀私」顯然不是銀行賠大錢的主因。

而羅鶴朋出任買辦多年，相信亦不會如此短視，做出殺雞取卵的行為，為了眼前小利益而向銀行推薦劣質借貸。因此，相信令銀行虧損嚴重的最大可能，是當時股市大跌，影響到香港整體經濟，造成不少公司結業，原本尚可抵債的資產，又因經濟衰退而價格急跌，銀行自然無法收回貸款了。

至於為何兩次點算差距如此大，到底銀行真正損失了多少呢？據温偉國引述羅鶴朋寫給兄弟的信件，提及羅氏估計銀行應損失了 70 萬元左右，與銀行初步估計的數目接近（温偉國，1991：60），而他有大筆保證金，可能他當時也以為足以賠償。但重新點算後數目卻倍升，一方面可能是當時香港經濟低迷情況持續，呆壞帳不斷增加；亦可能是銀行正申請將羅鶴朋破產，自然會把所有損失都算到羅鶴朋身上，數目必然會提高，而羅鶴朋又作了「逃兵」，無法為自己申辯，故只能任人魚肉，銀行說多少便要賠多少了。

可以這樣說，羅鶴朋原本擁有相當多的優勢，足以令其家族崛起並在香港留名：他是唯一世襲的滙豐銀行買辦，父子二人在銀行工作多年，相信獲得的信任度更高；其次，他亦是唯一一位擁有滙豐銀行股份的買辦（温偉國，1991：61），即其身份不單是僱員，還同時是股東，因此掌握的資訊及權力亦更多更大，若他能善用這些優勢，應大有可為。可惜，由於投資失誤導致其他生意骨牌式的陷落，加上在擔保制度下要為滙豐銀行所有損失負上全責，他卻沒勇氣直接面對失敗。最後，當銀行按合約清算其家族在香港及廣州等地的生意與財產時，兩代人打拚積存下來的財產瞬間全被吞噬，家族自此消聲匿跡。

破產告終的劉渭川

按道理，滙豐銀行經此一劫，應視聘用買辦為畏途，並將此制度棄之如敝屣，但現實是銀行旋即委任另一名買辦，這便是劉渭川。顯然銀行清楚知道，沒有買辦，要在中國經營會寸步難行，任用買辦絕對是利多於弊。由此可見，買辦對銀行在華發展業務上極具作用，他們也絕非只依靠洋行老闆才能生存的寄生物，或狐假虎威之徒，而是實實在在地能為公司帶來貢獻。當然，滙豐此舉動同時也側面證實了羅鶴朋造成的損失並非如它聲稱之巨。

劉渭川之所以在那個重要時刻獲滙豐銀行青睞，反映他當時在商場已取得亮眼成績，具相當名聲與信譽，而按出身而論，他較羅鶴朋父子更勝一籌。劉渭川又名劉國祥，出生及成長於廣東香山縣（即今中山縣）的前山村，這是一個「盛產」買辦的地方，因為香山縣鄰近澳門，當葡萄牙人在嘉靖年間來華並留居澳門時，為了防範外夷，明朝政府在當地設立營寨，令這條小村莊成了一個海防重鎮，同時也成了國內最早接觸洋人與西方文化的地方，故日後活躍於各通商口岸的買辦，多數來自香山及其鄰近地方（章文欽，2015）。

劉渭川出身於買辦世家，家族中多人擔任各大小洋行的買辦，[9] 他在青年時期曾在加拿大溫哥華學習營商，相信英語能力

9　如劉南及劉世樂分別擔任美彬洋行（Geroge Mebain）及遮打洋行（Paul Chater）買辦；劉祥於福州太平洋行（Gilman & Co）任買辦；劉展廷在新沙遜洋行（E. D. Sassoons and Co.）任買辦；劉亞書是安霍洋行（William Anthon and Co.）買辦（溫偉國，1991）。

甚高。之後他從事進出口貿易，是金山莊「東生和」的東主。同時，他在社會擁有響亮名聲及信譽，在 1884 年已出任東華醫院總理，在 1887 年又成了保良局主席。種種優秀條件吸引了銀行的注意，故在 1892 年延聘他為買辦。在前車之鑑下，銀行要求他交付 10 萬元現金擔保，另加 279,500 元物業抵押，劉渭川都成功做到（Smith, 1983: 104）。

出身於富貴家族，本身是成功商人，現又成為滙豐銀行買辦，劉渭川自然是如虎添翼，在商界馳騁更得心應手，相信他亦開展了更多投資，獲得更多回報。在出任滙豐銀行買辦的同年，他更獲政府委任為太平紳士、潔淨局及華人更練團成員等公職，翌年又獲推舉為東華醫院主席，可見其名盛一時（温偉國，1991：63）。但就在這烈火烹油、鮮花着錦之際，他最後卻因為一項失敗的投資，導致兵敗如山倒。

綜合各方面資料，劉渭川在擔任滙豐銀行買辦後，與當時一批具實力的華商精英合股創立了宏豐公司，該公司規模不大，股東來頭卻不簡單，成員包括廣州富商劉鶴洵、澳門賭王盧九，以及港澳兩地走的韋菘、韋玉兄弟和馬發庭等人（Smith, 1983: 104）。公司主要在廣東經營俗稱「白鴿票」的闈姓賭博生意，[10] 並於 1897 年奪得「粵省闈姓承充權」（林廣志，2013）。

---

10 所謂闈姓是一種賭博方式，參與者若猜中科舉考試高中者的姓氏便能中獎，一度是晚清時期最主要的博彩生意之一。

羊城新聞

承充未定　新充闈姓商人議定月之十八日爲繳餉之期今聞宏豐公司已繳有百萬期單而所擬章程中有未合誠信徵直兩堂則於一切章程均無異議而百萬之數請須稍緩數日乃能湊足故十八日兩商均至善後局稟見各憲直至下午之時尚未聞有定議泰家一罷富僕有力者貧之而擱也○烟館竊匪　二烟館竊賊匪類向來緝捕多於此中著手源昌街內某二烟館闢燈招聚萎人入夜則其門如市前日有一匪某甲自稱由鄉來省暫作寓公吞吐烟雲氣殊疏落館東以其議論風生諒無他慮詎中外爲純貞內蓄奸謀十九日天色晴明附近人家多晒晾衣物該館鄰右某店東人着件將皮棉衣服晒在瓦面甲于早飯後瞰樹徒未至館內闃其無人潛行登瓦竊去所晾衣服詎爲鄰伴窺見立即喊追見甲走下烟館知非善類即着更練查搜其身無出賍票多張贓實館東請其竊賍聚聯擬欲禀官經館東多番哀懇始作爲罷論只釋匪遊街示警然後釋放焉○傷斃劫匪　十七日有西江貨船行至九江海道太平沙嘴地方忽遇賊匪掉長龍四艘開劫各貨經已得手邇前面有緝捕火船隔遠瞭見情形佯爲弗覺將船移開俟賊劫後即發輪追至立放鎗炮賊亦還鎗拒捕終不能敵遂被火輪打沉賊船四長龍無一生還并斃一匪餘匪鳧水而遁所有貨物俱交回西江船該輪可謂勇於緝捕矣

劉渭川與劉鶴洵、盧九、韋菘、韋玉、馬發庭合股創立的宏豐公司，於廣東經營闈姓賭博。引自《華字日報》，1897 年 4 月 22 日。

1899 年底，李鴻章出任兩廣總督，採取「馳禁賭博，以裕餉需」政策，原來的宏豐公司重組成宏遠公司，並再於「光緒二十六年（1900 年），承辦粵省小闈姓」（葉農、王桃，2010：167），這次原本預計有九年經營期，投入的資金（用於預繳賭稅）自然較上次更多。後來李鴻章回京，在其影響力籠罩下，粵省賭博生意尚可持續，只是需付上不少金錢打點新到任的官員。不過至 1903 年，岑春煊出任兩廣總督時，形勢逆轉，因他認為賭博有害社會風俗，立意禁止，[11] 宏遠公司的闈姓業務掉進困境。

按道理，既然生意無法運作，政府便應發還原先預

11　李鴻章於 1901 年 11 月去世，兩廣總督一職先後由鹿傳霖和陶模接任，他們的政策都緊跟李鴻章，沒有大變，直至岑春煊上台，才有了截然不同的調整。

繳的賭稅，但雙方就承充協議與預繳賭稅等問題發生嚴重爭議，在「窮不與富敵，富不與官爭」的年代，官商相爭自然是以商人落敗收場，公司未能討回承充餉項，一眾投資者損失慘重，有學者研究指出，「至岑春煊禁止小闈姓時，歷時三年零八個月，盧九（負責出面主持業務之人）共繳交正餉、加餉、報效、軍需等款共計四百七十四萬五千元」。結果是「由於迭次加繳，不得不向港澳中外商人借款，其公司已是負債累累」（林廣志，2013：89）。

劉渭川作為宏遠公司的合夥人，又是滙豐銀行買辦，顯然負責不少集資融資的工作，據施其樂的分析，他與友人透過操控海外華人商行發出匯票的方式，由他推薦和擔保向滙豐銀行借貸（Smith, 1983: 104），以維持粵省賭博經營業務。然而，事情發展沒朝劉渭川期望的方向走，他出現債務困難和操縱借貸的行為被滙豐銀行發覺，銀行在 1905 年 1 月成立調查小組對他作內部調查。其間，劉氏承認欠債，但指已與大部分債權人達成五折支付的協議，至於欠下滙豐銀行的 115 萬元，他預繳的 100 萬元擔保金加上物業足以抵消，故到該年 5 月份時，小組估計他當時只有大約 9 萬元債務缺口，問題不算嚴重，可繼續聘任他為買辦，甚至建議銀行代他墊支外間欠款，並向已提出訴訟的台灣銀行保證他會還清 4 萬元債務。

可是到了 1906 年 3 月，事情急轉直下，滙豐銀行指買辦部有員工偷走 5 萬多元，以及劉渭川在未知會銀行的情況下取去近 5 萬元，由於早前劉氏的擔保金已被銀行充公，他無力賠償，故法律顧問建議銀行向法庭申請劉渭川破產，並終止他的買辦職務（Smith, 1983: 105; 温偉國，1991：65）。

劉渭川於 1905 年 1 月被銀行發現財務出現困難時，銀行仍願意支持他，甚至同意他提出將月薪由 125 元增至 625 元的要求（温偉國，1991：64），至 5 月份的調查報告，亦對他持正面評價態度，又協助他解決債務問題，但不及一年卻採取了完全相反的手段，將他逼上破產絕路，到底期間發生了什麼問題呢？

原來在光緒三十一年八月初四（即 1905 年 9 月 2 日），清政府廢除科舉制，標誌着闈勝生意已絕沒翻身的可能，劉渭川、盧九等過去兩三年一直向清政府爭取恢復闈勝賭博的如意算盤成為絕響。滙豐銀行收到消息，自然判斷宏遠公司沒有起死回生的機會。既然復興無望，債務必會惡化 —— 儘管劉氏初期財政仍算健全，或者說債務缺口尚不算大，但對滙豐銀行而言，劉氏交付的擔保金雖然可對沖債務，但及早向法庭申請他破產，可拍賣其名下值錢資產，銀行便能穩坐釣魚船，所以二話不說把他解決掉。之所以沒有在第一時間放棄劉渭川，只不過一時間找不到合適人選代替。至於銀行最後提出的兩個理由：買辦部員工挾帶私逃及他私取金錢，前者非他之錯，但是因擔保關係受到牽連，本屬無辜；後者是他身為主管，調動款項應甚平常，通報亦可事後補回，可見這些都只是為更改調查小組早前決定而提出的牽強理由。

被法庭宣佈破產後，劉渭川從此消失於香港、澳門或廣州商界。值得注意的是，與他合夥一同承充粵省賭博專營權的一眾華商，除韋玉外，全數皆掉進破產的深淵，其中下場最悲慘的是澳門一代賭王盧九，他於 1907 年底在澳門盧氏大宅內自縊身亡，其中流傳最盛的原因是「負債山積」與「畏罪自殺」（鄭國強，2010：311），可見此項投資虧損之巨。事實上，商場上風高浪急，一旦犯錯又沒做好風險管理，投資血本無歸已算小事，若因此受到拖累，不但會輸掉數代人建立的事業，弄得不好可能會賠上性命。

THE LEE YUEN SUGAR REFINING COMPANY, LIMITED, IN LIQUIDATION.

THE LIQUIDATORS are prepared to receive TENDERS for the PURCHASE of the LAND, BUILDINGS, MACHINERY, and FIXTURES of THE LEE YUEN SUGAR REFINING COMPANY.

All Tenders should be enclosed in an Envelope endorsed 'TENDER FOR PURCHASE OF LEE YUEN,' and addressed to the Liquidators of the LEE YUEN SUGAR REFINING COMPANY, and must be placed in the hands of C. EWENS, Solicitor to the Liquidators, with a Deposit of $20,000, before 3 O'CLOCK, on WEDNESDAY, the 21st day of April, 1886.

The Tenders will not be opened until after 3 O'CLOCK on the 21st day of April.

The Liquidators will accept the highest Tender provided it exceeds the sum of $190,000 and provided also it is on a form which can be obtained at the Office of C. EWENS, at 45, Queen's Road, Hongkong, and it is in accordance with the conditions contained in such form.

The Purchaser must also purchase the COAL, ANIMAL CHARCOAL, and OFFICE FURNITURE, and SPARE MACHINERY, and STORES in the Godown (which are not included in the Tender) at Invoice Prices.

The Purchaser must also take over from date of Sale, the liability of the Company under the Contract with the English Sugar Boiler of the Company who has been engaged for a term expiring in February, 1887.

The Refinery is most favourably situated occupying almost 100,000 square feet of ground by the side of Bowrington Canal and close to the Harbour.

The whole of the Buildings and Machinery are in excellent order, a large portion of the Plant and Machinery having never been used.

The Refinery is capable of refining 1,200 piculs of Raw Sugar per day.

Dated this Eighteenth day of March, 1886.

ANDREW JOHNSTON.
LAU WAI CHUN 劉渭川
LI KING TING 李敬亭
Liquidators.

558

利園糖廠清盤通告，引自 *The China Mail*, 18 March, 1886。

挾帶私逃的劉泮樵

相對於羅鶴朋，劉渭川並沒給滙豐銀行帶來什麼財政損失，反而滙豐銀行的手起刀落，迅速把擔任買辦十四年的劉渭川拉下馬，則顯得不念舊情，對那時名揚港澳穗滬的劉氏買辦家族而言，相信必會造成相當打擊。惟滙豐銀行深具實力，劉氏家族亦無可奈何，只能接受商海弱肉強食的現實。銀行之後任命的新買辦為劉泮樵，雖然並非來自劉渭川家族，但來自中山同鄉，應屬同一祖先甚至有親戚關係。

有關劉泮樵的聘任，施其樂認為是當時「辦房」（買辦部門）多為劉氏家族成員，故要任命一位劉姓者以減少辦房衝突（Smith, 1983: 109），惟這種說法似欠全面，亦略牽強。若從另一角度看：劉渭川債務並不算多，財政狀況未至無可救藥，與滙豐賓主共事已十四年，但銀行卻只考慮本身利益，在預估劉渭川債務可能惡化的情況下放棄了他，更把他推上破產之路，可能令心水清者感到心寒，故委任一個與劉渭川有親屬關係的人頂替其職，便可減少坊間閒言閒語，亦對買辦部門舊員工有安撫作用。

綜合各項資料，劉泮樵又名劉廷章，年青時在中央書院求學，應掌握中英雙語，能夠溝通華洋。在獲得滙豐銀行看中之前，劉泮樵曾擔任新沙遜洋行（E. D. Sassoon & Co）買辦，反映他有相關工作經驗，當然亦有毋庸置疑的商業網絡。但令人疑惑的是，劉泮樵只付上 30 萬元的現金及物業作擔保，即只及劉渭川最高擔保金 120 萬元的四分之一（温偉國，1991：66），為何在前車可鑑下擔保金不加反減？滙豐銀行的解釋是這已是最高出價，但若從另一角度看，可能亦反映滙豐銀行對申請劉渭川破產，令劉氏家族名聲受損一事心存歉意，所以在擔保金方面願略作退讓。

然而，劉泮樵自出任滙豐銀行買辦後，與滙豐銀行之間的賓主關係與合作，似乎甚有隔閡，互信尤其薄弱，劉泮樵的工作態度似乎也有些問題，在温偉國的研究中有三則例子可作佐證：

其一是 1912 年 1 月至 9 月間，「劉泮樵不時侵吞多名客戶交付予他作存款的現金為己用，不過由於劉泮樵堅稱並無接受過客戶的現金，加上銀行掌握的證據不足，所以銀行也拿劉泮樵沒法」。

其二是 1912 年 9 月，「滙豐發覺其現金收支中的四萬元不翼而飛，劉直認這四萬元現金是他前時借用的，他解釋原本一俟其朋友還款給他，他就可將全部款項放還滙豐的現金帳目中，但由於這人後來不知所蹤，故劉泮樵才無法填補這筆款項數額」。

其三是同年 9 月 28 日，「滙豐銀行再度發現有現金失竊，雖然失款只為三萬二千元，但銀行同時失去劉泮樵的蹤跡」（温偉國，1991：67－68）。

對於第一項例子，施其樂指出那是屬於「那時期買辦常見的做法」，並沒不妥，滙豐銀行因此沒作追究；第二項劉泮樵則承認責任，而按一般做法，該款項會由他承擔，不排除他覺得數目不大，又只是左手交右手，認為不算問題；第三項明顯是劉泮樵違背操守，拿錢後一走了之，據說他去了上海（Smith, 1983: 109）。

對於劉泮樵離去後的情況，温偉國這樣介紹：

> 滙豐銀行開始覺得事態嚴重，所以便進行檢查銀行帳目，後來卒發現劉泮樵挪用了銀行十五萬二千元，不過劉泮樵的保證金仍可抵消銀行的損失。由於劉泮樵不知所蹤，而辦房仍然需要運作，所以在新買辦上任前的一段過渡期中，就由劉泮樵擔保人之一，來自莫姓買辦家族的莫幹生協助下，[12] 由辦房原有的

12　莫幹生家族亦來自中山，是太古洋行買辦，與劉氏家族有姻親關係。

職工維持正常運作。（温偉國，1991：68）

後來滙豐銀行應該是報了警，故香港警方對劉泮樵發出了通緝令，但一直無法將他緝拿歸案，而他的蹤跡從此成疑。1913 年 5 月 2 日一宗法庭新聞，又揭開了一些劉泮樵財務混亂的情形。據案情透露，一位名為劉儀三的人控告滙豐銀行擅自出售其物業，因為他是該物業的第二承按人。原來劉泮樵於 1910 年 6 月將物業交予滙豐作擔保，但在同年 10 月又將此地向劉儀三作按揭，貸款 21,000 元。滙豐在劉泮樵捲款逃走後將物業出售，劉儀三則指自己擁有業權，銀行無權出售。報道還透露劉泮樵虧空之數約為 160,000 元，擔保現款則只有 62,000，故需將抵押物業出售填數（《香港華字日報》，1913 年 5 月 2 日）。可惜未能找到更多關於這場官司的資料，不知後續發展如何，又或法庭認為誰是誰非。

自 1906 年到 1912 年失蹤，劉泮樵在滙豐銀行任職時間約六年，他突然離去自是令人困惑，因為一來沒什麼資料顯示他像羅鶴朋或劉渭川般染指大生意，亦沒見他出現投資失利等情況。而且，假若他真的立心挾帶私逃，沒可能只取走現金三萬多元，就算最後查出他挪用了十多萬元，劉家亦應有能力應付。不過，從上述報道可見，他交付滙豐銀行的現金擔保不多，大部分是物業擔保，而部分物業業權又有點不清不楚，反映劉泮樵理財混亂，但原因不知是其能力不足、品格有虧，還是「視錢財如糞土」的富家子習氣了。

事情演變至此，滙豐銀行亦要為與劉泮樵僱傭關係欠佳負上部分責任。如上文討論，劉渭川與劉泮樵有親屬關係，但銀行

香港新聞

○控告上海銀行案　劉儀三控告上海銀行一案昨由正臬司提訊該案是由於售賣某等物業所致該物業是前買辦劉泮樵按與上海銀行作担保後又再按與被告爲二號按揭該買辦逃匿後查出虧空之數甚多被告遂將物業售賣本案所辯論之大要點是卽售賣物業之法律權限控狀及訴詞皆甚長曾建大律師爲原告主控士列大律師爲被告辯護曾大律師將案情宣讀曰原告與被告是某等物業之頭二號揭主於一千九百零六年三月被告銀行僱劉泮樵爲買辦旋於一千九百零六年三月十二日該銀行與劉泮樵訂立合同該合同中訂明劉泮樵自己或由別人具欵若干担保自己及其所用之人當時料該買辦所當爲者是交出現欵六萬二千員另有別人以物業按於銀行担保該買辦於一千九百零十年六月劉泮樵須再加担保同一月內將本港內地段第六百五十五號六百五十六號按於該銀行此兩段地估價約值一萬二千元至十一月劉泮樵將此兩段地再向現在之原告處按銀二萬一千元於一千九百十二年約九月念八號泮樵逃去虧空該銀行之銀約十六萬元除去担保之現欵六萬二千元尙欠九萬九千元因此之故該銀行將所按之物業售賣得價銀二萬五千餘員現在之原告爲二號揭主得聞此事乃生出此等控案兩造訂明該欵存於該銀行以待臬台分判姿大律師曰銀行不知二號按揭前[illegible]簽押後方知之臬司曰二號按契曾發明頭號按契乎姿曰有之但頭號揭主不知二號按揭之事其曾只於未賣業之前頭號揭主得有二號按揭之通告書姿曰此事已承認曾曰此案之理由有三　一以則例而論該銀行受此按揭及賣此物業是爲出乎權限之外　二通告二號按揭後所發現之虧空該銀行不應在該物業內取償　三被告不担當償還劉泮樵或其所用之人所取之銀故不能在賣業之銀內取償此是案中之要界也曾大律師又將訴詞宣讀官訊畢命展期至本日再訊

與劉泮樵相關的物業官司。引自《香港華字日報》，1913 年 5 月 2 日。

在處理劉渭川一事上似乎過於不近人情，之後或出於安撫原因再聘劉家子弟，但雙方已有隔閡，銀行對劉泮樵處處防範，連一些「買辦常見的做法」亦會質疑，令劉氏更覺不是味兒，且在他心目中，銀行並非好僱主，對多年員工不但見死不救，更會落井下石，在這樣的互不信任、你既不仁我亦不義的環境下，基本上難以長久合作。不過，劉泮樵最後捲款潛逃絕對是犯上大錯，或許他以為拿取的不過是區區小數，早前交付的擔保金應付欠款應綽綽有餘，自己只是「劈炮唔撈」（辭職不幹），不願再受滙豐銀行氣的表現，但他虧空逃匿，不單留下罵名，更令家族蒙羞，絕不是他以為的小事。

總括而言，滙豐銀行之前逼使劉渭川破產，給劉氏家族帶來巨大衝擊，之後雖然委任劉泮樵接替，對緩和雙方關係有一定作用，但又因對劉泮樵的諸事提防、信任不再，無助修補關係。劉泮樵走後，警方找不到他，更反映劉氏家人的軟對抗。自劉泮樵走後，滙豐銀行辦房的工作在莫幹生監管下繼續下去，施其樂指出莫氏是為了照顧他作為擔保人的利益（Smith, 1983: 109），反映莫家對匯豐銀行的不信任，更不想欠款任由銀行說了算，多少折射出劉莫兩家對銀行的抗拒。自劉泮樵之後，滙豐銀行仍沒放棄聘用買辦，接任該職的是自二十世紀後成為香港新任首富何東的過繼子何世榮，而何世榮則與滙豐銀行維持數十年關係，作出了很大貢獻。有關此點，留待下一章探討。

失敗教訓的總結

從羅鶴朋、劉渭川、劉泮樵三人出任買辦卻失敗告終的個案中，可以看到各人的際遇或敗亡因素雖然不同，但都有一些相似的致命要點，當中最明顯及重要的，是營商投資時低估風險，過度放出貸款，但卻沒有將各項生意與投資恰當切割，減少相互牽連。遇到問題或困難時又不願面對，選擇一走了之，只會令問題變得更複雜，將自己置於被動弱勢，帶來更糟糕難堪的結局。

先說低估投資風險。正如前文提及，商業行為充滿風險，早年香港的營商環境更是風高浪急，變化急速，到港謀生營商者，不論華洋，多是單身漢，一心只望賺快錢，「不是發財，就是破產」的意識強烈（Barrie and Tricker, 1991）。像羅鶴朋在香港已擁有大生意，但妻兒仍於廣州黃埔居住，反映他仍未將香港視為久留之地。這類人的投資行為以今天眼光而言自然是低估風險，但其實反映他們一心希望賺快錢，可盡快衣錦還鄉，因此在那個年代，不少人像羅鶴朋、劉渭川一樣，將高風險投資視作等閒事。

所謂高風險高回報，羅鶴朋和劉渭川等應看到當中的關係。當他們身家不多、投入不大時，在機會面前「盡地一煲」（賭上身家），或者不難理解，但當他們已富甲一方，有了豐厚家財後，仍表現得不顧一切，低估風險突然出現帶來的衝擊。這亦是不少闖出名堂的企業或人物常犯之錯，值得注意。

與低估投資風險問題相伴隨的，還有過度借貸，即是採取了較高槓桿的方法進行投資。這種高借貸投資方式，在市場或經濟順風順水、利息相對較低時，自然可帶來更大回報；惟當市場信心下滑、投資環境逆轉，債權人收緊借貸，利息突然提高時，便會掉進財政困窘，羅鶴朋和劉渭川的失敗足以為鑑。

生意與投資沒作出恰當切割與區分，投資環境逆轉時產生兵敗如山倒的衝擊，同樣屬致命所在。在一般情況下，不同生意、業務互相扣連，親朋戚友間互相擔保、支援，在順境時可以達至資源共享、彼此扶持的效果，但到發生事故、商業環境逆轉時，便會受到牽連，一人出現巨額虧損或負債的問題，其他人亦會因擔保人或股東身份而受到連累，就如火燒連環船般遭到波及，產生連坐效果，一發不可收拾。

遇到問題或困難時一走了之，沒勇氣面對，更屬差勁的應對方式。羅鶴朋離開香港後逝於寺廟、劉泮樵淪為逃犯遠走上海，均屬這樣的例子。他們的做法雖可避開一時的難堪或恥辱感，但卻付上極大代價，因為欠款由滙豐銀行單方面計算，數目自然是有多沒少，擔保金被予取予攜不在話下，破產後家業遭清盤、產業遭拍賣，基本上是任對方魚肉，甚至牽連其他家人的財產。更

攝於 1930 年的中環第三代滙豐銀行總行（圖左）（許日彤提供）。

大問題是家族及後人亦同樣承受惡名，欲辯無從，且一旦誠信名聲受損，難以再在商界立足。

至於最差的應對方法自然是自尋短見，令親友不單失去錢財等身外物，更要面對失去家人的傷痛。如上文曾間接提及的澳門賭王盧九，他與劉渭川等合資的賭博生意潰敗，當劉渭川亦被申請破產後，他可能覺得翻身無望，在走投無路下自縊而亡。至於羅鶴朋正值盛年時突然死於寺廟，亦帶有死於非命、甚至自尋短見的色彩。既然連了結生命這樣巨大的代價都願意付出，為何沒勇氣面對債務困難？「留得青山在，哪怕沒柴燒」這句民間諺語，在處於逆境時更應謹記。

小結：買辦之職的豐滿夢想與骨感現實

正如前述，買辦是洋人老闆到華經商為了對沖風險的制度安排，因為任何與人相關的活動必會有意外發生，要完全排除風險，是沒可能之事。然而，洋人老闆與買辦之間卻要簽訂不對等契約，由買辦全數承擔各種與買辦職能和部門相關的一切責任。即是說，洋行老闆把所有涉華經營的風險轉嫁到買辦身上，由買辦包底，承擔與買辦業務往來的無限責任。

若然營運平平安安，大家相安無事，各有錢賺，買辦那種既僕又主、兩邊皆吃的特點，讓他們可以風光一時，名利雙收；但當遇上風險或出現問題，便須承擔後果。若問題過於巨大，影響超出預算或牽連過廣，買辦便可能要傾家蕩產賠償，亦有人以逃避方式一走了之，甚至是以死謝罪作了結。

此外，洋人老闆與華人買辦之間，亦有主僕之分或種族地位不對等問題，平時洋人老闆對買辦態度輕蔑不在話下，亦常會查核買辦賬目與運作，影響買辦威信。另一方面，洋人老闆又會私下收集買辦及其家族相關的情報，這亦揭示了洋人老闆對買辦的猜忌和不信任，令買辦難堪。當買辦覺得要仰洋人老闆鼻息，又並非獲得真正全面授權，甚至不獲應有尊重時，自然不會「死心塌地」（全心全意）作出貢獻，可見買辦制度與「疑人不用、用人不疑」原則相違背。

更確實點說，買辦之職屬「夢想很豐滿，現實很骨感」的制度安排，制度設計的目的，是對沖洋人老闆在華經營的風險，惟契約條文則不對等，偏向保障洋人老闆，對買辦的保障則不足。這種情況，就如不少勞工契約一樣是以僱主利益優先，輕視勞工權益，例如洋行賦權買辦挑選買辦部的員工，但由買辦承擔所聘員工操守與行為的責任，這種挑選與責任承擔的邏輯，在今天社會自然是不可思議，但在那個年代的買辦界卻是尋常之事。

概括而言，表面看來風光無限的買辦，其實亦處於多重弱勢，因為買辦制度是為保障洋人老闆利益而設的，故契約條文並不對等，成為買辦的致命「死門」。由於他們要為所有經手生意或工作「包底」，無論是下層員工犯錯，還是推薦的生意虧損，他們都要承擔無限責任。從這個角度看，羅鶴朋、劉渭川和劉泮樵的敗亡，雖然有投資過於急進、沒有做好風險管理，以及經營操守不良等流弊，但當中亦有制度上的問題，開始時他們便處於不利的位置。當然，他們在接受買辦之職前，或多或少都會察覺問題所在，但財帛動人心，看到面前巨利，有多少人還能冷靜評估長遠風險？「身後有餘忘縮手，眼前無路想回頭」，是人之常情，也是不少投資失敗者的寫照。

第4章

互信質變

怡和股票事件的爾虞我詐

- 道德是比太陽還要光輝的東西。
- 不能重信守諾、以誠待人，便不能寄望他人對自己光明磊落、牙齒當金使。
- 失去財富只會令人由富而貧，但失去誠信則會令人失去在社會的立足之地，難以維生。

引言

有關古代中國商人守信重諾的故事，常為人所樂道；但見利背信的故事，亦為數不少，遭到鞭撻；至於那些亦儒亦俠，遊走於善惡正邪之間的傳奇，無論是小說、戲曲，乃至坊間傳聞，更是汗牛充棟，是民眾茶餘飯後談論的話題。這些故事雖然建基於現實，但始終予人疑假似真、杜撰誇大，或虛實難辨之感。對於商業信任和人脈網絡等議題，學術界以科學方法進行深入研究與探討的，為數雖然不少（唐力行，1995；謝秀麗、韓瑞軍，2012），但卻甚少在現實社會環境與人脈網絡中進行考察，了解為何當時社會那麼重視信任的建立和運作，以及在什麼環境下誠信會發生變化。

十九世紀初，華洋貿易開始繁盛，大批洋人湧至各通商口岸，期望大展拳腳，打開中國市場。為管理外商，清政府早已設立了公行制度，限制洋人只能透過行商、通譯、買辦進行貿易。後來公行制度沒落，由買辦包辦了所有角色，[1] 對人生路不熟的

1　買辦的工作範圍與職責幾乎無所不包，從檢驗銀兩成色、會計、僱用工人、翻譯、與中國商人交涉等，當中最重要在於管理洋行聘用華人員工、處理商貿糾紛、疏通官府，以及針對社會及政治問題為洋行大班出謀獻策、效力代勞（Smith, 1983; 鄭宏泰、黃紹倫，2009）。

洋商而言，華人買辦自然極為重要。可是，正如筆者於上一章提及，由於洋人對買辦缺乏信任，在聘任之前，除調查底細、察看表現，更會要求交付為數甚巨的擔保金，藉以對沖風險、制約買辦可能做出損害洋人利益的行為。

本來用人的原則應是疑人勿用、用人勿疑，但洋商聘用買辦卻要求高額擔保金，同時又諸多提防，此做法其實存在不容低估的問題，只是受現實所限而不得已為之。於是隨着時間推移，尤其當買辦與洋商投資利益及商業關係變化，雙方角色同步調整易位後，問題變得尖銳。本文以何東買辦家族第二代與渣甸洋行（Jardine Matheson & Co，又稱怡和洋行，但因洋行旗下部分子公司或附屬公司以怡和命名，為了避免混亂，本章一律以渣甸洋行稱之）在 1930 年代的一宗勾心鬥角事件為案例，說明洋商與買辦因互信變質而引致的問題，以及違背誠信所帶來的嚴重後果。

買辦與誠信：道德制約的變與不變

毫無疑問，講信用、重承諾等品德，是以前殷實商人珍之重之，視如命運共同體般的極重要價值。不過，這些古人極之珍重的品德，在現今商業體制健全、法規完備的情況下，事事可按合約或法律辦事，再從白紙黑字的協議或條文中尋找答案的年代，不少人或許已不再重視，甚至認為是迂腐拘泥，有時甚至阻礙生意發展。但在規章法制尚未完善而商業法規又不完備的古代社會，「誠信」二字是待人接物、謀事營商 —— 說得俗一點是「行走江湖」—— 的重中之重，是有志以陶朱計然為業諸公不可不察、不能不惜的核心價值，用今天學術界慣用的術語來說，即是社會資本。在近代歷史上擔任華洋貿易橋樑及中間人角色的買辦，相信屬於最能說明誠信和人脈關係如何發揮巨大功能和作用的鮮活例子。

為何個人誠信被視作買辦的生命呢？或者反過來說，買辦為何那麼重視誠信此道德制約呢？要知道，中外貿易興起之初，華洋之間無論語言文字、膚色種族、商貿制度、生活習慣，乃至文化價值及信仰宗教等，均有巨大差異，互不了解，而雙方社會的法律體系又尚未完全建立，對交易買賣保障嚴重不足，無可避免地會產生猜忌與不信任等問題，令營商風險大增，貿易發展受到極大窒礙，人民交往和接觸自然難以暢通。一些較早與洋商接觸的華人便看到當中的機會，積極學習西洋語言、文化以及商業法規等，並擔起溝通各方、奔走華洋之間的中介角色，成為中外貿易的不可或缺的關鍵連結。但要能獲得洋行老闆聘用，除需要出色的才幹及能交付巨額擔保金的能力，還需要「比黃金還重要」的講信用、重承諾社會資本。

回望過去，華洋商人接觸交往、發展貿易的歷史源遠流長，中外社會的記載和論述亦卷帙浩繁、不勝枚舉（Braudel, 1981-1984; 方豪，1987；沈福偉，2006），其中的連結東西絲綢之路貿易，便是最好印證（李明偉，1991）。西方社會 —— 即本文所指的歐洲社會 —— 不但對中國這個龐大東方帝國有了疆域遼闊、物產豐富和文化深厚的想像（馬可波羅，1962），還對社會重視人與人之間的禮尚往來，以及謀事營商時講求守信重諾等添加了不少迷人色彩，令中國商人「牙齒當金使」的形象顯得正面而突出。

雖然如此，一個不難理解的推斷是，如果外國商人未曾與中國商人有實質往來、從交易和買賣中獲得印證，知悉中國商人確實守諾重信，那些虛無空洞的描述或想像應該很快便會破滅，中外貿易亦很難不斷取得進展且持續擴張。到了十九世紀中葉，當大量歐洲商人在滿清政府開放通商之時湧來後，應該不可能對中國商人——尤其買辦——那麼信任，把一切管理在華業務的重大工作交到他們身上。至於第一次鴉片戰爭之前十三行制度在管理中外貿易上的長期有效運作，相信是建立起中國商人守信重諾形象的主要因素。

據梁嘉彬（1999）的考證，中國早於宋朝已在華南沿岸主要港口設立市舶司制度（即十三行制度前身），藉以管理對外貿易。俟後的元、明、清各朝，此制度的名稱或設置的港口雖略有一些更替轉換，但內涵——尤其要求十三行承擔評定貨價、承攬貨稅、發出公文，以及管理夷務等職責，則基本上維持着。值得指出的是，原本只是商人組織的十三行，由於他們承擔了以上本該屬於政府職能的工作，且擁有對外貿易的專利（壟斷）及半官方地位，故行商（老闆）的名字上都會冠上「官」或「秀」的稱號，可見他們擁有與一般商人不同的地位。

正因十三行行商在對外貿易上擁有如此重要的壟斷地位，背後又承擔了不輕的政府職能，他們與外商交往和做生意時，自然極重視信譽及名聲，以免失去壟斷位置，損害行商們的長遠利益。梁嘉彬曾經提及不少行商守諾重信的故事，以下便是一些例子：

> 乾隆四十八年（1783 年），有一千四百零二擔之茶葉自英國退還與行商，行商照其所需換與之，彼此固尊重名譽者也。迄乾隆五十八年（1793 年），行商與大班之關係，已至互相信賴之最高點。以前行商對於公司要求補償茶葉屑碎及不足重量之損失，毫不躊躇予以接收，此時對於生絲亦予以同樣信賴。Triton 船發現從廣利行購入之生絲中有數斤較為粗糙，即交回廣利行盧茂官查驗，盧茂官竟允重為挑選，雖在舊曆開正之期，猶忙碌七八日為之絞練，並允以後必不再有粗劣生絲參雜其間云。（梁嘉彬，1999：360 － 361）

具體一點說，第一次鴉片戰爭前，由於行商在中外貿易中擁有超然地位，而名聲與信譽又屬於他們維持壟斷地位的其中一個重要組成部分，他們因而極為注重言出必行、一言九鼎的原則與操守。換言之，雖然法律體制並不完善，但道德規範卻能彌補不足，減少交易買賣中的「偷呃拐騙」（欺騙不實）行為，並因此給不少洋商巨賈留下深刻的良好印象。至於鴉片戰爭之後的開放通商口岸，雖令十三行壟斷中外貿易的格局徹底崩潰，但中國商人過往數個世紀建立起守信重諾的形象仍留在很多洋人的心坎之中。結果，當那些在十九世紀中葉湧到的洋人在中國大展拳腳、發展貿易時，無論與十三行商人直接競爭，或是與政府接觸，均須依靠買辦之力，信任成為了聘用買辦時無法迴避的問題，相信他們如其他中國傳統商人般具誠信特質，屬其中任用的重要考慮。

可以這樣說，在那個現代法律體系尚未有效建立，而系統信任十分薄弱的年代，中國商人高舉守信重諾的道德旗幟，明顯深得長期合作商業夥伴的支持和認同，因而能夠為中外貿易掃除重大障礙，有助生意及業務的拓展。在評論明清時期山西商人（晉商）的經商哲學時，余秋雨曾提到守信重諾的道德制約，對促進交易買賣的重要作用。他這樣說：

> **這種誠信體現在……一個最根本的原則就是，如果沒有這種道德支撐的話，沒有一件事能做成。買者和賣者之間，它儘管有法律保護，但是如果沒有這個基本誠信的話，法律的空子多得很，可以鑽來鑽去……結果還是讓很多人欲哭無淚……所以這種誠信的好處就在於，就是它靠一個人的人格操守，變成人和人之間不約而同的某一種人間契約，就是一個人的人格操守變成人間契約。這個契約就變成群體性的人格操守，成為許多商業運作的平台。（北京三多堂影視廣告有限公司，2004：142）**

選擇走上買辦之路的商人，明顯亦看到信任的重要性，一方面，會表現出承襲十三行行商守信重諾的遺風，不但律己嚴格，時刻強調要「牙齒當金使」，另方面亦十分重視所聘員工的忠誠老實、可靠可信。正因買辦將員工的忠誠可靠放在極重要的位置上，能夠獲得垂青，被安排到吃重崗位上的，往往是深得信任的家族中人 —— 尤其是兄弟子侄，然後是親朋戚友、鄉親父老。至於毫無關係的外人，由於難掌握清楚其「底細」，自然會被認為不夠可靠可信，很少會被聘請到買辦部門，更鮮少能獲委以重任。

由是之故，當家族中有人能出任買辦，之後必然「以親引親、以戚引戚」，有些甚至「以鄉引鄉」，逐步編織起一個以血緣為經，以地緣為緯的關係網絡，形成了個別家族或鄉里主導了買辦行業的獨特現象，不少買辦職位甚至父死子繼或兄傳弟接的代代相傳，中山買辦便是其中突出例子（徐矛，1996；馬學強、張秀莉，2009；鄭宏泰、黃紹倫，2010）。正因買辦家族或群體出現了一榮皆榮、一枯皆枯的同甘苦、共命運意識與思維，他們在面對前文提及的債務問題時，自然不能只着眼於個人榮辱，而須兼顧對家族、親屬、鄉里，乃至社會的衝擊；更不能只計算短期局部的得失，忘記考慮長遠通盤利益。

然而，由於市場競爭激烈，洋行老闆與買辦之間不免因利益所在或各有計算而出現矛盾，令雙方的信任和忠誠關係出現變化、備受考驗。一些零碎的資料顯示，若洋行老闆與買辦互信較高，要求買辦交付的擔保金便較低，反之亦然。至於隨着中外貿易日增、華洋交往日多之後，雙方在如下三個層面的關係與利益遂發生重大變化：其一是雙方對對方社會有了更多了解，且能獲得更多溝通渠道或助力，因此不再如過去般高度依賴對方，令依賴度下降。其二是商業關係及利益糾纏，主要是成功的買辦積累了巨大財富，並把部分財富投資洋行，如透過購買股票成為其股東，因此在某層面上可與洋人老闆平起平坐，甚至有權力影響洋行大班的任命。其三是買辦實力日厚、地位日隆，引起了洋人老闆的更大忌憚，擔憂因此削弱其利益，因而影響了雙方的互信，甚至激化了矛盾。

由是之故，自進入二十世紀後，尤其當內地政治與經濟發生巨大轉變之時，洋人老闆與買辦之間的互信、競爭與矛盾便日趨尖銳，甚至變得表面化。在今時今日法律制度完備的社會，若遇上商業矛盾或財政危機，最常見的做法自然是簡單直接地作出切割，例如將相關公司清盤或申請個人破產，然後便可將無法清還的債務一筆勾消，置身度外。法律則會給予保障，使他們不會遭受債權人的非法侵擾或威脅，承受「額外」懲罰與壓力。然而，在法律體制並不完備的時期，若遇上無法解決的財政危機或債務問題，個人或企業一走了之、賴債不還，雖然未必會受到法律懲處，但卻須承受沉重道德壓力，相關債務不單難以簡單切割，連家人親友以至鄉里亦可能受牽連，需直接或間接地承擔責任。

正因個人或企業債務背後牽扯出眾多家族、親屬或鄉里的環環緊扣、盤根錯節問題，買辦在處理債務問題時，除非已經到了走投無路的地步，否則不會輕易背信違諾，令自己背上惡名、家族或親屬蒙羞，甚至帶來麻煩，徐潤在金融風暴時投資虧損寧可盡售財產還債、鄭觀應為友人任買辦擔保因友人「走佬」承擔了債務，便是其中的例子。以下讓我們以何東家族第二代買辦與洋人老闆間互信與關係發生變化的個案，分析隨着社會與商業發展，買辦與洋人老闆之間的關係發生轉變，令講信用、重承諾的道德操守同步質變，進而說明守信重諾行為背後的現實與思想。

渣甸洋行與何東家族

渣甸洋行是憑走私鴉片到華發跡的英資洋行，亦是英國東印度公司專利結束後獲益最多的洋行之一，創辦人為威廉．渣甸（William Jardine）及占士．馬地臣（James Matheson），並因林則徐主持禁煙時，他們所走私的鴉片遭沒收銷毀，力主英國對華用兵，而促成了英國於 1839 年對華發動的鴉片戰爭。戰爭爆發後，清兵不堪一擊，盡佔上風的英軍開始籌劃在華設立據點，威廉．渣甸和占士．馬地臣遂建議時任英國駐華最高指揮義律

（Charles Elliot）佔領香港。

《南京條約》簽訂後，香港落入英國手中，渣甸洋行率先配合英國殖民統治策略，於 1842 年將總部遷到香港，買地投資，全面發展對華貿易，買辦則成為其開拓市場、排難解紛的其中一股重要力量。但當時香港各項營商條件尚不成熟，洋行在港初期的經營並不理想，其間雖然曾聘用不同買辦協助發展業務，惟似乎表現不如洋行預期般理想，故賓主關係多不長久。

後來，渣甸洋行聘用了蔡星南，成為洋行與何東家族結緣之始。據悉，蔡星南擔任渣甸買辦時間不長，亦與很多早期買辦一樣，英語並不靈光，只能操洋涇濱英語，簡單應對問題尚且不大，但面對複雜合約、談判條件、籌劃發展計劃等，便顯得力不從心，易生誤解。當蔡星南以健康或年老理由想退下崗位時，推薦了那時年紀尚輕的何東進入渣甸洋行買辦部門，令渣甸洋行與何東家族的發展出現重大轉變。

何東於 1862 年生於香港，本名啟東，字曉生，屬於華人母親與英籍荷蘭裔洋人所生的歐亞混血兒，自小與華人母親相依為命，舉止華化，被母親送進以西式辦學、注重中英雙語的中央書院（即現今皇仁書院）讀書，掌握現代知識及中英雙語。中央書院畢業後他考進中國海關，前往內地工作，因此接觸中外貿易。

何東之所以能獲蔡星南推薦，主要是因為蔡星南娶了何東胞姐為妻（另一說法為妾侍），換言之，蔡星南是何東姐夫，大家有姻親關係。據說二人接觸時，蔡星南發現何東英語極好，加上

鄭宏泰、黃紹倫著《香港大老：何東》一書封面。

覺得何東天生聰穎，有商業才華，自己又計劃退下火線，因此推薦何東入職，希望假以時日何東能接替其職（Ho, 2010）；當然，亦不排除當時在海關工作的何東認為當買辦更有前途，故請姐夫成全其志。之後何東在渣甸洋行由低層做起，開始時的職位是初級文員，然後逐步表現出精明、忠誠可靠等能耐，漸漸受到上司的重視。

1881 年，何東與同屬歐亞混血兒的麥秀英結婚，這段姻親關係令他在渣甸洋行職位大幅躍升，因為麥秀英的父親麥奇廉是渣甸洋行合夥人之一（另一說是高級職員），與渣甸大班相交甚深，何東便是憑着工作表現加上姻親推薦擔保而獲信任，被擢升為渣甸洋行買辦，掌管洋行保險、煉糖及航運等各種業務。由此可見，何東的買辦事業得以開展，很大程度是建基於洋行對其姐夫、岳丈的信任之上，他在工作上表現出能幹與可靠，又逐步建立了自己值得信賴的形象與地位（鄭宏泰、黃紹倫，2007）。

自何東在渣甸洋行站穩陣腳後，其家族開始在買辦行業深耕，不少成員都成為大洋行的買辦，如其中兩名胞弟何福（本名啟福，字澤生）和何甘棠（本名啟棠，字棣生）及妹夫黃金福等，都直接或間接因為何東的關係成為買辦。何福與何甘棠與兄長一樣畢業於中央書院，掌握中英雙語，畢業後都在何東推薦下加入渣甸洋行買辦部工作，成為他的左右手。

不難想像，與沒受過現代教育且只能說洋涇濱英語的上一代買辦不同，何東與兩名胞弟無論溝通能力、商業視野，甚至工作拚勁等均相對較強，在三人的高效合作下，不但協助渣甸洋行多方業務取得進展，亦為自己帶來豐厚收入，而且他們善用自己溝通中西、掌握資訊的優勢，私下經營的生意蓬勃發展，家族財富幾何級增長，何東更晉身為香港巨富。

之後，何東再憑藉個人獨到投資眼光與點石成金的本事，參與了不少地產或公眾公司的投資，且大多能獲厚利。當身家更上一層樓後，他又開始參與社會公益及政治等活動，其中戊戌政變後，更曾協助被清廷列為重犯的康有為出逃，由於擔憂此事會影響渣甸洋行在國內的業務，故他於 1900 年辭去渣甸洋行總買辦之職，由大弟何福接手，到何福於 1920 年代退下時，再由幼弟何甘棠繼任。

何東的子侄們亦在那個時期先後畢業，進入不同洋行的買辦部門工作。先是何東的過繼子何世榮，他生於 1884 年，[2] 本為何福長子，但因何東與麥秀英婚後多年無子，故過繼予何東。他年青時就讀皇仁書院，1907 至 1912 年間擔任沙遜洋行買辦，1912 年，滙豐銀行買辦劉泮樵挾帶私逃後，何世榮蟬過別枝，成為該銀行任期最長的買辦（《工商晚報》，1946 年 5 月 8 日）。有研究指出他之所以成為滙豐買辦是得到何東大力支持，包括為他交上價值 365,000 元的產業擔保金，還作為他的擔保人（温偉國，1991：69）。之後，何東親生子何世儉亦加入了滙豐銀行買辦部工作。

至於何福共有五子，除何世全為醫生，其餘均任職買辦，其中六子何世焯（有利銀行買辦）早逝；二子何世耀出生於 1886 年，在皇仁書院畢業後加入有利銀行；[3] 三子何世光、五子何世亮及七子何世奇分別生於 1887 年、1891 年及 1894 年，三人均曾到英國讀書，其中何世亮曾考入劍橋大學但沒有完成課程。三人之後回港工作，何世光成為新沙遜洋行買辦，何世亮為渣甸洋行買辦，何世奇則是安利洋行（Arnhold & Co.）買辦。[4] 各人之所以能進入首屈一指的大洋行工作，當然與家族擁有雄厚背景有關（Ho, 2010）。簡言之，以何東家族為中心，加上姻親羅長肇、

2　另有研究指出其出生日期為 1881 年（温偉國，1991：69），但據報章報道其死訊時指他當時 62 歲，按中國虛齡計算，他應生於 1884 年或更早。

3　有利銀行前身是匯理銀行，是香港歷史上第二間發鈔銀行。

4　安利洋行為德資洋行，前身為瑞記洋行（Arnhold & Karberg & Co.），是一間歷史悠久甚具規模的機械設備進出口公司，後被新沙遜洋行（E. D. Sassoon & Co）收購，成為其子公司。

何東 90 大壽時的家族合照。

黃金福、謝家寶等家族，連結成一個龐大的歐亞混血買辦家族聯盟，他們互相扶持配合，成為當時社會一股不容忽視的力量（鄭宏泰、黃紹倫，2010）。

何東子侄與「怡和騙局」

由何東三兄弟初出茅廬進入渣甸洋行，積累巨大財富，到第二代成長步入社會，既穩坐各大洋行買辦之職，又在政商界各有成就，再透過聯親結義關係編織出一個細密龐大的網絡，基本上家族實力不斷增強，甚至已成為香港最富有家族。不過，正當家族發展得熱火朝天之際，在 1930 年代初，一個被日後成為「澳門賭王」的家族後人 —— 何世光之子何鴻燊 —— 稱為「怡和騙局」的傳聞，不但賠光了何福一房財產，還折損了家族數名正當盛年的尖子成員，大大打擊了家族發展勢頭。

要理解那個「騙局」發生的前因後果，便要先從何東家族與渣甸洋行的變化說起。當時，渣甸洋行在香港立足已超過半個世紀，業務範圍及公司結構轉變甚大，公司本從走私鴉片起家，但當時已全面退出鴉片市場，主力發展貿易，同時進軍煉糖、船務航運、工程營造等生產業，其後更大量投資地產買賣，業務變得多元化，也引進了更多專業人士協助管理。更重要的是，原來創行家族的成員逐步淡出，不再擔任洋行領軍人（一般稱為大班），大班之職旁落至姻親家族之手，有時甚至會交到非家族成員手中。由於控股權與管理權分離，洋行大班有時候只是專業管理人，即「打工仔」一名，而非真正的「老闆」。

與此同時，何東家族與渣甸洋行共事已近半個世紀，除出了多人擔任買辦職位外，還有不少成員在洋行工作，表面上洋行是家族的大僱主，不過，自何東家族崛起後，他們大量購入洋行旗下公司的股票，又有參與洋行的投資項目，令家族成員與渣甸洋行大班的關係出現性質上的轉變，不再是單純的「主僕」，因為買辦是大班的僱員，但何東卻是洋行旗下不少公司的重要股東或董事，有監督大班甚至挑選大班的權力，身份逆轉為大班的「老闆」。

另一方面，何東雖然與上一輩來自渣甸、馬地臣或凱瑟克家族的大班關係深厚，但信任度是不能直接繼承或轉移的，其子侄與新世代的洋行大班需要重新建立關係，透過密切接觸增進互信。不過，由於彼此間身份轉變，主僕從屬關係混亂，相處時或許難以拿捏進退分寸：買辦可能覺得自己與大班同是洋行僱員，只不過是職位有高低之別，加上有豐厚家財作底氣，未必如過去般言聽計從，遇事或會據理力爭；原本高高在上的大班則感覺買辦不再如過去般忠心溫順，更忌憚買辦實力日大會威脅到自己或洋行利益。由於雙方各懷異心，互信自然較以前更難建立或維持。正是在這樣的背景下，發生了上文提及的「怡和騙局」。

到底這次事件來龍去脈是怎樣的呢？據坊間流傳，當時何世亮是渣甸洋行買辦，有一次他在大班辦公室等候期間發現一些私人信函，他乘大班不在時偷看，發現是關於怡和股票的內幕消息，[5] 他不動聲色地回家與兄弟商議，大家認為股票很快會大幅升值，決定傾盡家財甚至不惜舉債購入怡和股票，待日後高價而沽。然而，在他們購入股票後怡和股價急跌，甚至一文不值，才驚覺所謂「內幕消息」，其實是渣甸洋行大班精心設計的騙局，他們「中了怡和大班詭計」（何文翔，1992：52），其目的是引誘何氏兄弟上釣，讓渣甸洋行可將手上的怡和股票高價出售，轉移本身經營不善帶來的巨大損失，何世亮等人變成了「替死鬼」，各人因此背負巨債（冷夏，1994；何文翔，1992）。

5　渣甸洋行在 1961 年前並沒有採用公開集資方式「上市」，這裏的怡和股票，是指渣甸洋行旗下設於上海的怡和紡織，該紡織公司在香港亦有分公司，是為香港紡織，亦簡稱怡和紡織，常令人混亂。

位於昭遠墳場的何福墓地別具氣勢，據說風水甚佳，難怪經歷時代巨變，何鴻燊一脈能成為一代巨富，甚至登上澳門賭王大位，子女至今仍雄據澳門賭壇。

這個說法於網絡上廣泛流傳，說得言之鑿鑿，繪影繪聲，但其實孰真孰假仍有待分辨，因為相關來源全是何世光兒子何鴻燊在《何鴻燊傳》一書或其他訪談中提及的內容，屬片面之詞。事件發生時何鴻燊才只約十歲，仍是無知懵懂的小兒，不會清楚事情緣由，相信都是由何世光或其他人告之，故不能排除相關說法是何世光投資失敗的諉過之言或無根據的推測。

當然，要弄清事情真偽並不容易，由於事件發生時間距今甚久，曾參與或見證者早已全數作古，加上無論是渣甸設局或何氏兄弟買入股票都是私下進行，基本上沒有什麼文件資料能作證明，故只能從何家各人的行動及涉事者之後的遭遇，推敲出可能的真相。

首先要弄清楚的，當然是事件發生的時間與涉及人物。據何福另一位孫兒 —— 何世奇之子 —— 何鴻鑾所言，家族的巨大財困始於 1925 年。當時何福外遊，將生意交予三名年紀最長的兒子何世耀、何世亮及何世光打理，但他們參與投機炒賣造成巨大虧損，為了怕父親責怪，他們商議後，決定由當時無子的何世亮一人承擔，何世亮因此被憤怒的何福剔出繼承名單。翌年，何福因病去世，家族頓失最大支柱，家族生意則交由何世耀及何世光經營（Ho, 2010）。

與何世光之子何鴻燊的說詞一樣，何世奇之子何鴻鑾之言亦只是一面之辭，且 1925 年時他尚未出生，所知也是他人轉述，不過仍有其他間接證據能澄清真相。由於何東家族相當知名，何福眾子經常於報紙亮相，如何世耀自 1925 年起經常參與各商會活動，包括出任糖業公會主席、金銀貿易場顧問、成立辦房聯合會，又常接受記者訪問、捐款、寫信到報館發表意見，內容由推動貿易到民生議題，差不多每月均會見報，只在 1926 年及 1932 年 5 月之後不見其蹤跡，由於何福是在 1926 年去世，該年相信是按中國傳統守喪，不便出面，但 1932 年後未見影蹤則耐人尋味。

何世耀的幾名弟弟略低調，較少在傳媒前發言，但在 1927 年至 1933 年前仍經常參與商會事務，如何世光是廿四行商會長，又在 1927 年成為雲南省高等顧問（《工商日報》1929 年 4 月 23 日）；何世亮在 1931 年當選香港華商總會副主席等等（《工商日報》，1931 年 7 月 11 日）。若家族早在 1925 年財政已出現極大困難，相信不可能仍在商界如此活躍並擁有如此地位，故較大可能是就算當年曾有巨大虧損，但應沒張揚開去，只有家族核心成員才知傷及肺腑，默默尋找機會收復失地，對外仍表現得一片風光，不但社會名望仍大，亦具相當實力，所以常吸引鎂光燈注視（《工商日報》，各年；《華字日報》，各年）。

相信真正的致命打擊，乃「怡和騙局」浮面之後，那應是 1933 年。雖不知詳情如何，但一直活躍的何氏兄弟開始潛藏，不再出現人前，再有消息已是惡耗。在 1933 年 1 月 3 日，報章指何世耀在 1 月 1 日晚上 9 時「因公私事繁，積勞成疾……忽染肺炎之病，屢醫罔效，延至元旦夜始告逝世」（《工商日報》，1933 年 1 月 4 日）。何世耀過世時不過四十七歲，正當盛壯，又生長於大富之家，胞弟及親戚之中又有多名醫生，竟因肺炎急病而死，實令人疑惑。

據何鴻鑾之言，原來當時家族一家主力發展出入口業務的公司——「裕利源」（Yue Lee Yuen 譯音）——出現重大問題，何世耀曾在 1932 年底服安眠藥自殺，剛出院便染病而亡（Ho, 2010: 229）。由於服藥自殺者多會接受洗胃，可能出現因水入肺導致肺炎等副作用，故不排除他是因此傷及肺部或令身體變差，才會「屢醫罔效」，遺下妻子及七名子女。

同年 12 月 21 日冬至前夕，四十二歲的何世亮上午如常回到渣甸洋行工作，傍晚時卻被發現死於赤柱大潭寓所附近山邊，胸中三槍，調查後相信是吞槍自盡，原因據報道是「受生意事務困擾」（worried somewhat over business matters）（*The Hong Kong Telegraph*, 22 December 1933），反映財務問題已是半公開的秘密。何鴻鑾則提到，何世亮被債務纏身，居住的物業亦作抵

THE HONGKONG TELEGRAPH, THURSDAY,

TRAGIC DEATH OF MR. HO LEUNG

THREE BULLETS IN HEART

BODY DISCOVERED AT STANLEY

The Chinese and foreign communities of the Colony have been greatly shocked by the tragic death of Mr. Ho Leung, compradore of Messrs. Jardine Matheson and Co., Ltd., whose body was found last night near his residence at Stanley.

It was disclosed this morning that no fewer than three bullets had penetrated his heart.

A post-mortem examination was being held this morning.

The discovery was made by students of St. Stephen's College, who found the body on the hillside, not far from the main road, between 6 and 7 p.m. The police were communicated with, and when it was seen that the injuries had terminated fatally, the remains were removed to the Government Civil Hospital.

BUSINESS WORRIES.

It appears that Mr. Ho Leung had lately been worried somewhat over business matters, although he attended office yesterday as usual, leaving, however, shortly before noon.

Few details are available as to his movements after that time.

Mr. Ho Leung was married, but had no children, and his family is one of the most distinguished in Hongkong. He was about 42 years of age, son of the late Hon. Mr. Ho Fook, who was a member of the Legislative Council.

For many years Mr. Ho had been closely connected with Messrs. Jardine, Matheson, and was always popular among Chinese and European members of the staff and with the wide circle of his associates both in business and sport. He was one of the founders and a prominent member of the Sports Club and a former President of the Automobile Association.

CHARMING PERSONALITY.

Men who knew the late Mr. Ho.

The late Mr. Ho Leung. (Photo: Kobsa).

SMALL UNITS FOOTBALL LEAGUE

R.E. Beat 24th In A Scrappy Game

In a very scrappy game at Happy Valley yesterday, the Royal Engineers defeated the 24th Battery, R.A., by 6 goals to 1, and thus gained points in the Small Units League.

The Engineers piled on four goals in the second half after crossing over with an odd goal advantage.

C. Bailey, in goal, Whitfield at Back and Sloane at outside left played well for the Engineers, and Burdett at centre half and Lowen, leader of the attack were the Gunners' outstanding performers.

Sloane (3), Budden (2) and Hollingworth netted for the winners, and Smith replied for the Gunners in the first half when he converted a penalty.

Teams:

R. Engineers:—C. Bailey; Tucker and Whitefield, J. Bailey, Lister and Wells; Whiting, Hollingworth, Budden, Pegg and Sloane.

24th Battery:—Willett; Morris and Woods; Hall, Burdett, and Shaw; Scott, Carroll, Lowen, Smith and Hill.

REICHSTAG FIRE TRIAL

(Continued from Page 1.)

You are a scoundrel who should have been hanged long ago."

Thereupon the presiding judge ordered Dimitroff to be silent, but the man continued to talk.

"Are you afraid of my questions?" he asked Goering.

"You are one of those," Goering roared, "who set fire to the Reichstag." The judge then ordered the policemen to take Dimitroff away.

According to the correspondent of the *Matin*, Goering replied as following to the last question: "No I am not afraid. But you will have good reason to be afraid when the Court is no longer there to protect you."

OBERFOHREN CHARGES.

Earlier General Goering had been closely questioned concerning the famous Oberfohren memorandum (attributed to Dr. Oberfohren, a Nationalist leader). He said it was a fake composed after Dr. Oberfohren's death. Oberfohren, said Goering, had committed suicide because he had been exposed in an intrigue against Herr Hugenberg and the leaders of the Nazis. He had been identified as the author of anonymous letters abusing the former, and had been caught trying to buy incriminating material against the latter.

In response to this Torgler, the accused Communist leader, related that he had tea with Dr. Oberfohren on February 6. The latter expressed himself as very disgusted with the Nazis, especially after the State funeral of the Storm Trooper Maikowski, which had taken place the day before.

PROVOCATION.

He told Torgler that the Nazis were naturally anxious to ban the Communist party because they would then have an absolute majority in the elections and could get rid of the German Nationals. "The Nazis are preparing an important act of provocation," said Dr. Oberfohren, according to Torgler. "I have told Hugenberg, but he will not believe me."

SIMON ON AIMS OF GERMANY

(Continued from Page 1.)

forgotten the obligations which rested on members of the League of Nations and therefore the form in which such pacts of non-aggression might be cast would have to be considered in view of the undoubted obligations which the Covenant put on the parties to it.

The Government had also been in very close contact with those best informed on the French attitude.

Enquiries and discussions between the various Governments and capitals had been going on and were now continuing.

PRELIMINARY STAGE.

Sir John stated that he would see the French Foreign Minister in Paris, possibly to-morrow. They were in constant communication and it was extremely important that they should get as closely together as they could in understanding how the suggestions put forward by the German Government stood in regard to the policy and the requirements of Germany's neighbours.

It was impossible to make an explicit declaration when conversations were being pursued. There was, however, a moment coming when undoubtedly these different enquiries must be gathered together to set what result they produced.

The Disarmament Conference was adjourned so that these inquiries might be made, but it was hoped to resume the conference in January when statements must be made as to their results.

ADVANCE IN PUBLIC OPINION.

Sir John quite agreed that they did not want to depart from the system of international negotiations in favour of merely bilateral discussions. He could not regard, at this stage, bilateral communications as other than an intermediate or preliminary stage, which ought to lead to a wider international application.

Regarding the inspection of armaments, he understood the German Government, as part of their general scheme, were prepared to contemplate the establishment of international inspection and control of the armaments of all countries operating periodically and automatically.

PARIS TALKS.

In this respect there had un-

報章大篇幅報道何世亮自殺的消息。引自 *The Hong Kong Telegraph*, 22 December, 1933。

押，還要為渣甸洋行的巨額貿易損失負責（Ho, 2010：230）。

至 1935 年，連何世奇亦逃往上海，據何鴻鑾稱，導火線是何世奇的外父羅長肇於一年前去世，他失去大靠山，加上新沙遜洋行大班換人，新大班突擊查賬，發現巨大虧損，理應對此負責的何世奇隨即出走，妻舅羅文錦出面協助斡旋，加上向何東借款及羅家的幫忙，終於將問題解決。但債務雖然還清，何世奇卻因誠信破產再不能在香港商場立足。二戰後他轉往越南，相信是與何世光會合，並於 1963 年 1 月 11 日死於越南西貢，由何世光之子何鴻威殮葬，但因其間墳地改遷，其子何鴻鑾亦不清楚他的埋骨地（Ho, 2010）。

最耐人尋味是何世光的角色及蹤跡。據何鴻鑾稱，何世光先在 1925 年與兄弟們投機失敗，令家族公司損失慘重（Ho, 2010：231）。有關何世光的行蹤方面，從報章資料所見，到他最後一次在公眾地方露面，是出席何世亮的公祭，日期是 1934 年 1 月，之後有指他放棄了新沙遜洋行買辦之職，潛逃越南，避開債務（冷夏，1994：22－27）。何鴻鑾則指他初期到了中國內地，但居無定所，後來則到了越南西貢重新經商。

自此之後，關於何世光的消息極少，直至 1974 年 12 月 6 日，他在香港家中壽終正寢，享年八十七歲。由於當時其子何鴻燊已是澳門賭場大亨，故報章對他的死訊有相當篇幅的報道，有關他的生平雖多讚美之詞，但均止於 1933 年前的成就，除提及他居於海外、有一子在越南經營梘廠外，便沒有其他新資訊（《工商日報》，1974 年 12 月 7 日；《華僑日報》，1974 年 12 月 7 日）。顯然，何世光出逃後雖然四處尋找機會，但一直未能東山再起。但無論如何，他是眾兄弟中唯一能安享晚年之人，[6] 能親眼見證自己一房中興，最後更享受兒孫繞膝之樂並風光大葬，應是何福眾子中最有福氣的幸運兒了。

從收藏於英國 National Library of Scotland 的前港英政府布政司「駱克館藏資料庫」（Stewart Lockhart Collection）中，找到兩封有關於渣甸與何家的私人通信，相信有助進一步解答「怡

6　擔任醫生的何世全，早於 1938 年 4 月 29 日中風急逝，享年 48 歲。換言之，不計已過繼何東的何世榮，何福六子中五人活不到 50 歲。

何世光老先生遺照（右）及香港殯儀館之靈堂佈置（左）。（本報記者呂國榮攝）

何鴻燊鴻展鴻恩昆仲令爵翁

何世光逝世

定明日大殮出殯

【本報訊】信德企業有限公司總經理，香港地產建設商會副會長何鴻燊之令尊何世光先生，於昨日（六日）淩晨在寓所壽終正寢。遺體已移香港殯儀館治喪，定明日（星期日）正午十二時大殮，下午一時出殯。

何世光先生平素樂善好施，熱心公益，早歲曾任太平紳士，團防局紳，東華三院主席，華商總會（即中華總商會）第七屆副主席，廿四行商會主席，香港大學校董，國民政府參議，雲南省政府財政顧問，貴州省財政顧問等職，並曾獲頒二等寶光嘉禾章，二等大綬嘉禾章等勳章。

何老先生兒孫親族，均為本港知名人士，如其公子鴻燊為信德企業公司總經理，鴻展為越南西貢視廠東主，鴻威為澳門旅遊娛樂有限公司副經

何世光出逃後，後來回港與家人團聚，並於 1974 年去世。引自《工商晚報》，1974 年 12 月 7 日。

和騙局」之事。一封是在 1934 年 5 月 2 日由何東兒子何世禮寄給駱克，另一封則是同年 6 月 26 日由何東私人秘書施玉麒寄出。何世禮在信函中透露當時身在英國的何東將很快返港，並指自己聽到一個秘密（其中的「秘密」一字下還劃了一畫，以示特別強調），認為何世亮的去世，令事件變得更加複雜，但應不會太嚴重，「老人家（指何東）出現（返港）後，事件會變得較直接了當，因而較易解決」。而施玉麒則在信函中提到，何東因何世亮與渣甸洋行一事而體重漸減，體形日見纖瘦（Stewart Lockhart Collection, Acc 4138/12A/b）。

這兩封信同樣提到何世亮與渣甸洋行之間發生了一些「秘密」，且需要家族之首何東親自出面解決，再加上何東為此事漸瘦，反映事情相當嚴重，才會令何東困擾至此。若單純是偷看大班私函中了圈套，損失的明明是何家人，按道理渣甸洋行應該是暗中偷笑而不致牽扯出何東，故很大可能是何世亮除此之外還做出一些違背誠信的事，令渣甸洋行憤怒及損失巨額金錢，危及何家與洋行的關係。而從何東插手一事，似乎亦證實了何世榮同樣捲入事件，因為何東既是何世榮名義上的父親，又是他的擔保

位於昭遠墳場的何世光夫婦墓地，此墓地於 2021 年重修，惟墓碑依舊。

人，故何東有責任出面承擔。由於何東力保，加上何世榮一直表現良好，深獲滙豐信任，且相信沒有涉及太多，因而避過一劫。

整理過以上資料後，可以肯定在 1933 年前的一段不短時間內，確實曾發生一些嚴重事件，何福家族中不少出任買辦的成員均牽涉其中，甚至導致二人逃亡、二人送命的結局，最後要由何東出面擺平，故不可能單純是何世亮代理渣甸洋行投資時出錯，所謂「怡和騙局」，看來只屬一個片面、過於簡化的視線轉移或推卸責任之說。由是之故，這裏有需要扼要介紹在整個事件中佔關鍵位置的怡和股票 —— 尤其在 1920 及 1930 年代曾經出現的變化，以及何家二代如何出現債台高築問題的關係。

滙豐銀行華經理
何世榮逝世
遺命將賻款移作善費

【專訊】本港滙豐銀行華經理何世榮君，於今晨一時卅分，病終般含道六十二號私邸。本日下午五時入殮，十日出殯，於下午五時半經過麼利臣山道紀念碑，在加路連山墳塲前往掃桿埔墳場舉行火葬。何君今年六十二歲，於一九零七至一九一二年間任職沙宜洋行買辦，此後即轉任滙豐銀行華經理。查何君爲已故定例局議員何福先生之長公子，過繼何東爵士，曾歷任太平紳士，一九四一年並獲英國榮譽奬狀。何君逝世後，遺下其夫人及兒媳甚衆，計男三，女五，多已婚嫁，並有男女孫十一人。在日敵佔領香港時期，何君於一九四三年，曾爲敵人拘禁，施以酷刑，並判處八年監禁，後又減爲六年。迨港土重光，[illegible]獲釋放，然因一年零十個月之敵人牢獄生活，其健康已大受損害，卒至不起，[illegible]！聞何君遺囑

（何世榮君遺照）

何世榮於二戰後不久去世的消息。引自《工商晚報》，1946 年 5 月 8 日。

怡和股價波動與何家二代債務上落

1895 年創立於上海的怡和紡織廠，乃渣甸洋行旗下一家重要子公司，發展進程一直秀麗。1920 年代初更先後吞併了公益紗廠和楊樹浦紗廠，令公司實力和市場佔有率更大。公司派息長期甚為吸引，就以 1910 至 1920 年代初為例，一直維持在 8% 或以上（*South China Morning Post,* 7 December 1920, 7 April 1921, 6 September 1921, 24 February 1922, 30 January 1923, 6 February 1923 ）。但自 1923 年起，卻因中國內地出現一浪接一浪的反帝反殖罷工抗爭運動影響了經營，何東子侄似乎未能察覺當中變化，曾投資其中，以為藉此可如過去般強化對洋行的主導和影響，沒想到卻因此遇上了滑鐵盧。

具體點說，生於大富人家且「浸過鹹水」（留學海外）、志大氣銳的何家二代，無論工作或日常生活，很自然地對股票投資

有所接觸，亦為怡和紡織的回報豐厚所吸引，因此應曾持續吸納其中股票，這是積聚財富後買辦總會投資於本身任職洋行之中的常事，有時甚至會藉某些內部消息進行炒作。惟投資畢竟存在風險，股價可升亦可跌，更不用說某些刻意「做市托市」行為，實力雄厚的怡和紡織，亦難免碰到同樣問題，尤其是 1925－1926 年間省港大罷工的政治事件，便曾令怡和股價大跌。

圖 4.1 是怡和紡織 1923 至 1932 年間股價的起落變化，可以看到，在 1923 年 4 月，股價曾居於 16.0 元高位，[7] 惟之後輾轉下滑，母公司渣甸洋行及控股家族相信亦面對財政困難，最後渣甸家族甚至於 1923 年出售銅鑼灣龐大地皮給利希慎（鄭宏泰、黃紹倫，2011）。到省港大罷工爆發時的 1925 年 7 月 15 日跌至 10.50 元，之後股票市場停止交易，到 1925 年 10 月復市時更跌至 9.0 元的低位，接着一段不短時間內亦停留在該低位之中。按照何鴻鑾引述何世耀之子何鴻超的說法，何世光諸兄弟們便在這段股價大跌的歷史時期因「大舉投機蒙受巨大損失」（speculated in a big way and lost heavily），家族出現財政困難，令父親何福震怒，尤其促使了何福病情加重，最後一命嗚呼（Ho, 2010: 228）。

大罷工之後，受政治困擾，加上環球經濟疲不能興，怡和紡織的業務一直難以走出困局，股票價格長期低沉，到 1927 年 8 月更跌至只有 6.80 元的低位，至該年底亦只維持在 7.05 元水平而已。這樣的局面，相信令渣甸洋行大班甚為困擾，須想方設法解

7　有關怡和的股價，一直均以「兩」（簡寫 Tls）為單位，為便於討論，這裏一律簡稱為元。

圖 4.1：1923 至 1932 年怡和股票價格走勢

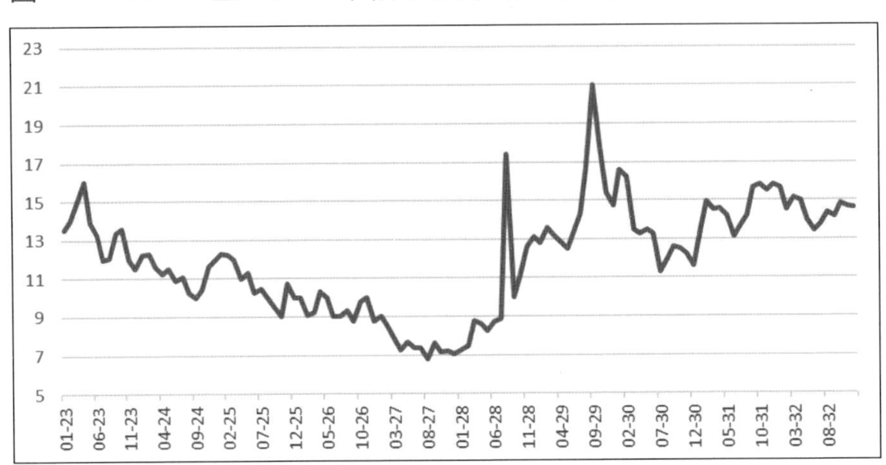

註 1：只挑選每月 27 日前後交易的價格，某些日子若該股票沒成交或屬假期，該日子會向前後推延

註 2：1925 年 7 月中至 10 月下旬，受大罷工影響，香港股票市場停止交易，因此沒資料

資料來源：*South China Morning Post,* 1 January 1923 to 31 December 1932

決問題，以免問題進一步惡化，觸動資金難以持續或流動不暢問題，連累整個集團，所謂「怡和騙局」，若果真有其事，相信便是在這個背景下醞釀出來。

從圖 4.1 可見，自 1928 年起至 1929 年 9 月，哪怕無論全球、中華大地或是香港，均仍未走出經濟低迷局面，怡和股票價格卻眾疲獨盛，擺脫過去弱勢，急速反彈，於 1928 年 3 月時升至 8.75 元，較 1927 年底上升了 24.1%。之後，股價仍維持着大漲小回的格局，1928 年 8 月底曾一度急升至 17.40 元，讓人看到該股票的吸引力。之後，股價雖急速回落，但不久又輾轉上揚，且保

EWO COTTON CO.'S DIVIDEND.

At a meeting of the Consulting Committee of this company, held last week at Shanghai, it was decided that, after providing for the interim dividend of Tls. 22, which absorbed Tls. 440,000, the shareholders should be recommended to apportion the balance at credit of Profit and Loss Account on October 31st, 1920, of Tls. 1,693,429.54, as follows:—

	Tls.
To pay dividend on preference shares at rate of 7 per cent, per annum…………	28,000.00
To pay a final dividend on 20,000 ordinary shares of Tls. 68 per share………………	1,360,000.00
To write off plant and machinery …………	100,000.00
To write off buildings…	50,000.00
To write off water supply ………………	218.60
To write off furniture	1,000.00
To write off debenture investment ………	2,500.00
To add to special repairs and renewals fund ……………	50,000.00
To give to war funds…	20,000.00
To pay bonus to staff at mills………………	50,000.00
To add to Chinese superannuation fund	20,000.00
To carry forward to new account ………	11,710.94
Tls.………	1,693,429.54

怡和紡織業績及股價變化，引自 *The China Mail*, 1920-12-10。

EWO COTTON COMPANY.

TWO MILLION TAELS PROFIT.

PROSPECTS OF THE INDUSTRY.

[*China Mail* SPECIAL.]

SHANGHAI, Dec. 16.

At the annual meeting of the Ewo Cotton, Spinning, and Weaving Company a profit was announced of over Taels 2,000,000, exceeding the previous record by 50 per cent. The Chairman expressed the opinion that the universal financial stringency was bound to exert a depressing influence on the cotton business for some little time, although eventual expansion was certain.

引自 *The China Mail*, 1920-12-17。

持動力，在 1928 年底仍企穩在 13.10 元的高水平，即是較 1927 年底上升了 85.8%。此點相信讓不少投資者心動，作為渣甸洋行買辦的何家二代，必然亦看在眼裏，癢在心裏，更不能排除想染指其中，藉以收復早年投資虧損。

進入 1929 年，怡和股價仍是大漲小回，其中到 9 月份時，升勢尤其凌厲，例如在 9 月初只在 17.40 元水平，到同月 16 日已升穿 20.00 元水平，19 日更飆升至 23.10 元，即是較 1928 年底再飆升了 76.3%。之後，股價回落至該月底的 21.00 元，但 10 月下旬已下跌至 17.75 元，然後是該年底進一步大跌至 14.75 元。1930 年，怡和股票價格仍持續下跌，由 1 月底的 16.50 元輾轉下滑至 12 月底的 11.60 元。到 1932 年，股價雖逐步回升（圖 4.1），但相信到了那個時期已對何家第二代失去意義了，因為他們的債務應早已積重難返，顯然亦沒法如 1925 年般可輕易掩蓋了。

有關何家二代的債務問題，何鴻鑾提供了一些關鍵資料，他提及，其父於 1925 年接任何世光在新沙遜洋行買辦職位，因此承接了何世光在新沙遜洋行的帳戶，此帳戶在 1927 年只欠洋行 59,800 元，但到 1929 年，該帳戶已欠下新沙遜洋行高達 1,978,721.45 元債務（Ho, 2010: 230-231）。

若按此關鍵資料簡單推斷，何家二代應是在 1927 年之後才向新沙遜洋行借得或取得大量資金，主要目的相信是搜購怡和股票，[8] 促使他們做出這種大膽舉動背後，應與怡和股票自進入 1928 年持續攀升而他們又「看到內部消息」有關。可以想像，一方面是股價持續攀升，另一方面是「看到內部消息」，尤其有早年投資虧損，時刻力求收復失地的所謂「賭仔心態」，他們很可能低估了風險，或者說沒想到背後的「設局」，因此「中計」了，在 1929 年怡和股價達至高峰時大量吸納，埋下了股價大跌時債台高築的惡果。

8　到底新沙遜洋行這樣輕易便借出近二百萬元資金的做法，有否異常？與渣甸洋行大班之間有否某種默契？受資料所限，未能了解。

怡和股價自 1930 年起持續下滑，到該年底跌至 11.60 元，不及高位時一半，何家二代自然虧損巨大，若曾以槓桿方式炒賣或高息借貸，則虧損更大。當債主臨門追討時，如何應對便成為考驗。何鴻鑾進而指出，因何福是何世光擔保人，故債務最後全數由何福遺產支付（Ho, 2010：231）。若何鴻鑾此說屬實，何世光是整個「怡和騙局」的最核心人物，應為家族敗亡負上最大責任。

不過，若細心點看，就算何家二代真的「中了怡和大班詭計」，亦只是壓倒何福家族的最後一根稻草，並不是他們急速敗亡的主因。要知道何福與何東同時出道，兄弟同心，很多時均一起投資經營，他本人亦曾任渣甸洋行總買辦，又是定例局（即現在立法會）議員，名利雙收，財富雖不及何東，但亦算是富甲一方之人。但他死後不到十年，生前積累的龐大資產竟迅速蒸發，眾子更因債務不是自殺就是逃亡，應該不會是一次投資失敗所致。更重要的是，若他的巨額遺產仍在，何氏兄弟獲得「內幕消息」後，根本不用借貸，單憑家族之財恐怕亦足以購入怡和紡織大部分股份了。

因此，較合理的推斷，應如何鴻鑾所言，何家在 1925 年時曾投資失敗，損失不少，家財大減，令其傷及元氣，之後眾兄弟仍任大洋行買辦，在人前保持風光，但家族應未能完全回復舊觀。更致命的是何世光、何世奇在 1929 年新沙遜洋行積累近二百萬元的欠款，這麼巨大的欠款，相信便是投資怡和股價導致，而令他們那時會深信不疑地大肆炒賣，相信與確信有「內幕消息」有關，本身想收復過去投資損失的「賭仔」心態亦有一定影響，結果則是「貪字得個貧」，兵敗如山倒。

更確實點說，由於何福大部分遺產已於 1925 年投資虧損中因還債而花掉，到 1928 至 1929 年間大手買入怡和股票時便欠缺資金，只能以不同方式向外舉債，結果再次虧本。由於當時家族基本上已沒有任何資產，當債主臨門或被上司發現虧空時，走投無路下寧可自絕或逃亡。顯然，對這群富家子而言，逃避或死亡比坦然面對失敗及公眾目光更容易。

還有一點，對於整個事件，何鴻鑾只含糊其辭指是何世光的責任，或是把所有責任都推到他身上，但因當時新沙遜洋行的買辦為何世奇，何世奇不可能完全清白無辜，即是何鴻鑾的父親有可能亦是重要參與者。何鴻鑾進一步提及，何世奇的遺物中保留了不少他與兄長何世光的通訊，內容包括何世光答允會將債務處理妥當等，何鴻鑾指出從結果看，何世光並未兌現承諾。

一面之詞的各有各說，現在雖然無法完全還原事件真貌、說清孰是孰非，但當中教訓卻值得借鏡。眾所周知，支持雙方關係的基石是重諾守信、正直忠誠等特質，身為買辦的何世亮在渣甸洋行大班不在場的情況下偷閱私人信件，之後再聯同兄弟們炒買股票，已犯了連串有違誠信的錯誤，就算是洋行大班設局請君入甕，因為他們有錯在先，也只能暗吃這個悶虧，付上沉重代價。不過話說回來，若洋行大班是真的故意為之，反映他們對何氏兄弟早存芥蒂。不論真實原因如何，原本互惠互利的長遠關係，明顯因雙方失去信任而變質，最理想的做法當然和平分手，好來好去。

在這個案例上，何家與渣甸洋行因利益糾纏太深，一時難以割斷，於是積極修補關係、重建互信，則成了「最優」解決方法。

從各種公司登記的資料，我們發現何東在怡和紗廠、渣甸輪船公司、香港火燭保險及中國糖廠等渣甸洋行的附屬公司中均擁有不少股權，顯然不能「全身而退」說斷就斷。同樣，渣甸洋行大班亦不能否定何東的影響力，於是大家的做法便是各退一步，將前債「清零」後翻開新一章，重新合作，才較符合現實。

綜合大小報章有關渣甸輪船公司、怡和紡織及香港火燭保險等企業在 1932 年至 1935 年間的業績資料，不難發現 1932 年的盈利不錯，但 1933 年後即急轉直下，出現大幅度的虧損，旗下企業的股價同步向下。按董事局的解釋，生意主要受國際經營環境欠佳、中國政局動盪、白銀價格波動，以及旗下輪船事故頻生等因素拖累。何東返港後出席了公司的大小股東會，以股東身份支持洋行大班們的動議，通過企業財務報表及會議議決（*The Hong Kong Telegraph,* 28 March, 1932; 12 April 1934; 21 February 1935 & 18 April 1935）。以上舉動可能是他向洋行大班示好的表現，又或代表雙方已完成談判，故要表現出共同進退或槍口一致向外，至於他付出了哪些代價或是否需要切斷某些關係，則不得而知了。

當然，嫌隙矛盾雖然已修補，但雙方恐怕難以像過去一樣合作無間，事件反映渣甸洋行與何氏家族應早有矛盾，甚至可能早已失去互信基礎，表面關係良好，暗地裏卻爾虞我詐。而何東雖然沒有牽涉到事件當中，但他作為家族的領頭人，又是洋行的大股東，再加上盤根錯節的介紹與保薦制度，他亦難以置身事外。最後，由於他選擇返港面對，故能與渣甸維持友好關係，他本人亦避過了誠信受質疑或攻擊的污名，在社會及商界仍保有可靠可信、受人尊敬的地位。

爾虞我詐的關係：守信或違諾的利害得失計算

眾所周知，早年香港經濟與商業環境變化多端、風高浪急，不少買辦因為投機炒作或經營失誤引致負債累累、陷入財政危機，如何福眾子投機失敗，不單將何福遺產賠光，後來因急於回本而墜入「圈套」，結果債台高築。面對突如其來的困局，很少人能冷靜應對，故他們亦在失去方寸下作出不明智的選擇：兩人自殺、兩人逃走，只有一人在何東協助下算是全身而退。事實上，能勇敢直面失敗，承擔後果，甚至寧可散盡家財亦要履行承諾以保清譽者甚稀。不過，無論以何種形式逃避責任，當中都蘊含巨大的隱藏成本，背信棄諾者要付上高昂的代價。

對買辦而言，守信重諾的道德約束在法律制度及系統信任尚未完全建立起來的時代，絕對是「比黃金還重要」的東西。由於買辦具備代理人的身份，工作牽涉重大資源調配和訊息傳達，並能作出重大決策，如果買辦誠信受質疑，洋行大班沒可能會委以重任，將在華業務的經營大權交託到他們身上，更遑論要謀事辦事、奔走各方。也即是說，若果買辦沒法做到守信重諾，就會如走下神壇的祭司般沒法號令四方，失去受人尊敬的身份和地位，而整個依賴在信任基礎上的買辦制度，亦必然難以承受衝擊，全面崩潰。

此外，失去信用的買辦，在人前人後亦會被指手劃腳，無法在社會立足，甚至與他關係密切者亦會受其拖累。最常見的情況，是家族親人需要承擔全部或部分債務，甚至影響到家族其他生意，或與朋友合股的投資，而他們留下的爛攤子卻不會因他們逃避而消失，反而要親人收拾，如何世奇出走後，其妻要向何東跪求借錢、妻舅要代他奔走還債（Ho, 2010: 232）。而何東對借錢表現得相當不情願，不是因為金額太大，而是認為何世奇的信用破產，根本不會還錢，借出去的錢不會有歸還之日。

進一步的影響則屬金錢以外的東西，尤其是對個人尊嚴、家族名聲和社會網絡等的衝擊。舉例說，若果家族中有成員逃債，不敢面對債權人，或是虧空公款、詐騙僱主或客戶，連其家人親屬亦會遭到社會的批評指責，甚至白眼與排斥，下一代亦較難在社會立足，對家族的長遠利益和發展帶來難以估量的負面影響。日後成功中興家族的何鴻燊，據說青年時因父親何世光欠債「走佬」一事，招來各方白眼，吃了不少苦頭（冷夏，1994）。

粗略綜合以上應對債務危機的不同例子，我們可以總結出下列三個值得深思細味的問題：

- 其一是用於量度是非對錯與個人信任的尺，在法律和道德的兩種標準。法律之尺講求客觀標準，是絕對的，犯法與違法的界線十分清楚，毫不含糊，而所涵蓋的層面相對較窄，或較為具體；但道德之尺則用主觀標準，是相對的，好壞善惡的界線較為含糊，而所涵蓋的層面則較廣，亦較抽象。

- 其二是選擇接受法律之尺作測量的，雖然所需承擔的責任較輕，甚至可避過某些懲罰，但卻要承擔法律之外的壓力。恰恰相反，選擇接受道德之尺作測量的，所需承擔的代價雖較重，但卻可免除日後的非議或壓力。

- 其三是面對債務危機時，背信違諾者，不是走上絕路便是難以再在社會立足，東山再起的機會極微。反之，履行承諾、不逃避責任者，則能強化守信重諾的形象，日後較有機會東山再起。

買辦能否獲得委以要職、交託重任的其中一項重要條件，是守信重諾，大家知之甚詳，因為其工作範圍與職責幾乎無所不包，而且極為關鍵，顯示他們若然沒有令人信賴和尊重的名聲，必然舉步維艱，師老無功。事實上，為了協助他們履行職務，買辦在挑選員工時，亦以信任和忠誠列作重要考慮條件，因而總是將傳統社會視為較可靠可信的人——家人親屬以及鄉親朋友——吸納到買辦部門中。也即是說，在買辦行業，可信可靠的道德情操，必須白璧無瑕。

正因守信重諾的道德情操被放到極為重要的位置上，當有買辦碰上債務危機、束手無策時，自然會產生就算逃過法網，亦沒法逃出道德網的情況，日後難以抬起頭來做人，有些因而走上自尋短見的絕路；有些雖不致了結生命，但卻知難以在社會立足，因而一走了之，希望在一個陌生的環境中渡過餘生；當然亦有一些積極面對，寧可賠光家財亦要保持聲譽。雖然應變方法各有不同，但所帶出的原則十分清楚一致：在中國傳統社會，道德的制約雖然看不見、碰不到，但其發揮的巨大力量，絕對不比法律的力量低，因此不容低估，更不應得出中國文化不利經濟發展或難以約束商業行為的錯判誤判。

同樣必須指出的是，信任其實是雙方雙向互動的結果。洋行作為老闆，聘用買辦為己所用，自有僱主的權威，但同時亦應有誠實可靠之義，即如按合約支付薪酬、分享紅利等，洋行能不斷發展，買辦的貢獻不容抹煞，實不應因買辦在過程中獲得豐厚收入而眼紅，甚至視之為「食夾棍」或「落格」（私取利益）的不義之財，須知買辦能賺取一定收入，其實是承擔了巨大風險（參考上一章）。

不過，當買辦家財日厚，無可避免地影響到洋行大班與買辦之間的互信，以及彼此間身份和地位的此消彼長：互信遭到削弱是因為洋行大班懷疑買辦財富上揚乃削弱洋行利潤之故；身份地位此消彼長則與買辦有了財富後買入洋行股份，成為其股東，往昔「主僕」關係丕變。更加不容忽略的，則是買辦本身的私人生意或投資，在不同層面上與洋行亦有競爭，因此更容易激化雙方矛盾和猜忌。洋行老闆若未能接納買辦實力已長、羽翼已豐，須平等看待，反而以不光彩手段要遏制買辦發展，甚至要拉其下馬，則明顯於理有虧。

即是說，隨着商業與經濟發展，洋行與買辦之間的利益和關係發生巨大變化，令單靠道德制約的力量日漸難以約束各方行為。由是之故，正規法律制度被不斷提升和日漸受到重視，應用亦隨之日趨普遍，反而倫理道德則因互信日減，並且遭到輕視，日漸失去往昔的巨大約束力量。

小結：道德是「比太陽還要光輝的東西」

在今時今日的社會，無論法律體制或是系統信任，均較十九、二十世紀高，但各種各樣的商業違約、弄虛作假、詐騙或虧空公款、挾帶私逃等行為卻一浪接一浪，而且一個比一個大，亦一個比一個令人震驚。美國的安隆醜聞（Enron scandal）、馬多夫醜聞（Madoff scandal），乃至貝爾斯登（Bear Stearns）及雷曼兄弟（Lehman Brothers）倒閉事件，甚至最近爆出的加密貨幣泡沫爆破，綽號「薯條哥」的 Sam Bankman-Fried 被指弄虛作假而將遭檢控（參考第一章），均是其中一些例子。看到這些醜聞，我們常會聽到「人心不古、道德淪喪」一類的感慨，可見我們相信古代人心和道德能有效約束不當的商業行為。

同樣令人感慨的，則是中國近年響起商業道德下滑的警號：假貨與問題食品泛濫、違法買賣頻頻，形形色色瞞天過海的違法商業行為令人防不勝防。針對這些問題，國家前總理溫家寶於 2008 年 9 月 23 日訪問紐約期間，曾提出「一個企業家身上應流着道德的血液」的觀點，翌日（9 月 24 日）在會見傳媒時，他又指出，道德是「比太陽還要光輝的東西」，認為社會需要建立職業道德和社會公德（顏昌海，2008）。這樣的論點，在新冠疫情困擾全國三年多時傳出有商人「藉核酸檢測斂財」，讓人覺得更值得重視。

毫無疑問，傳統社會珍之重之的守信重諾、真誠正直，以及勇於擔當等道德情操，在今時今日法律制度已經十分完備的情況下，仍極為重要，我們實在不應低估其約束社會行為、維持商業操守的重要作用，而無論中外社會，此時此刻提倡商業道德，強調守信重諾，仍擲地有聲，值得我們重視。

第 5 章

力不勝任
保利工程的自毀根基

- 做事經商，就如興建高樓大廈，根基穩則事業發展穩。

- 以不正當手法經營自己的企業，無異於給自己吃有害物品，弄垮的是自己身體。

- 違法舉動只要開了缺口，便愈弄愈大，最後會不可收拾，亦抱憾終生。

引言

造橋築路、興建房屋，最重要是打好地基、造好支柱，至於選購材料、施展工程亦須按部就班，不能弄虛作假，否則後果嚴重，不但橋樑房屋有傾倒之虞，更可能造成人命傷亡，這是任何人都清楚的事情，建築業界相關的專業人士必然知之甚詳，亦應確實遵守。然而，當一個人被勝利沖昏頭腦，或受利益蒙蔽心智，則可能作出錯誤決定，違反專業操守，甚至做出違法之事，一旦東窗事發，輕則鋃鐺入獄抱憾終身，重則禍及他人留下千古惡名。

本章的研究對象李保羅，他在一窮二白下來港，憑藉專業及才能開展工程生意，在 1970 年代香港迅速發展時乘勢崛起，建立了一個令人艷羨的建築王國，全盛時期身家過二億元，在 1970 年代屬於天文數字，但他卻因利慾薰心等原因，犯下了連串致命錯誤，賠上了個人名聲與事業，自己亦成了階下囚。李保羅與其創立的保利工程公司的成敗，不但反映出當時香港法制未全、歪風處處的社會現實，亦因牽涉眾多社會名流與專業人士而備受關注。本文將透過文獻記錄，還原李保羅與保利工程的成敗故事，了解及梳理其盛衰關鍵，以作後來者之鑒。

白手興家

儘管香港不少巨富回憶起自己創業初期，都愛強調自己是由零開始，商業王國都是靠自己逐點逐滴打拚出來，坊間或媒體也特別受白手興家的故事吸引，對窮小子逆襲成一代富豪等說法樂此不疲。當然，對「已富起來」的人而言，不靠父蔭而取得成功，更能彰顯出自己的本事；對一般平民百姓來說，出身低下但成功闖進上流社會，代表着社會仍有流動機會，或許有朝一日自己亦有出頭天。但現實是，細看香港的富豪排行榜，真正稱得上是白手興家的人不多，而且相較於富二代、富三代，他們在創業過程中，更容易因根基不穩或獨木難支等原因，被商海巨浪捲走，擱淺在敗亡者之地。本個案主角李保羅在香港的發跡與敗走，便是當中的典型例子。

綜合各方資料及李保羅在法庭的供詞，他約於 1918 年出生於澳門，一歲時到上海生活，青年時考入上海大同大學，受抗日戰爭影響，學業一度中斷，到 1946 年才以全級第二名的成績畢業，據悉獲得理學士學位。另一次他接受報章訪問時則稱，中學畢業後他「半工讀」專修土木工程，並成為上海市甲級土木工程師和建築師（《華僑日報》，1975 年 11 月 19 日；《大公報》，1978 年 9 月 12 日；*South China Morning Post,* 17 September 1978）。[1]

1　李保羅的確實出生年份及生平資料並無確實文件可考，大多根據其法庭上的證供或接受訪問的報道整理而成，但有不少前言不對後語之處的地方，相信部分為自我吹捧之辭。

踏足社會不久，李保羅已自立門戶，創立了一家主打沉箱建築的公司，聘用不少日後在中國建築界頗有名聲的精英，亦曾參與上海多項大型建築工程。中國共產黨打敗國民黨取得中國大陸的統治權後，由於李保羅擁有工程專業資格和經驗，據說曾獲新政府聘用，在政府建築部門擔任高層職位，工資不錯，他笑說：「我每月工資有 256 元人民幣，毛澤東主席的工資才 300 元人民幣而已。」（*South China Morning Post,* 17 September 1978）

在大學求學期間，李保羅結識了同屆但不同系的高儒佩，[2] 兩人畢業後不久即共諧連理，先後誕下四名子女。1957 年，李保羅決定更換人生跑道，離開上海。他先到澳門，之後偷渡到香港，抵步時基本上是身無分文，只「帶着八元人民幣（當時約值港幣 20 元）來港闖天下」，本來有叔伯願意借他 50 元應急，但他性格倔強，堅決不收（《工商日報》，1978 年 9 月 12 日；《大公報》，1978 年 9 月 12 日）。

為了應付生活、養妻活兒，曾當過老闆又出任高職的李保羅亦「馬死落地行」，四出找工作。雖然本身是專業工程師，但他基本上只要與建築相關的工作都會應徵。據李保羅後來憶述，來港三日後他到著名的周耀年建築師樓面試（《新晚報》，1978 年 9

2　高儒佩在大學修讀商科。

月 12 日），[3] 當日情景他仍歷歷在目，詳細向記者述說：

> **當初他（李保羅）向某畫則師樓（即周耀年建築師樓）求職時，還穿著一套單吊的舊衣服。對方問他：「你可以做什麼？」話音剛落，李保羅即說出自己（在上海）的「威水史」，誰知對方答說，條件不適合，只請繪圖員。但這也難不過李保羅，原來他半工讀時，曾對繪圖有所研究，於是即席表演。結果，獲得僱用。（《大公報》，1978 年 9 月 12 日）**

當時周耀年建築師樓獲得政府一個大型公共屋邨 —— 蘇屋邨 —— 的主要建築工程合約，進入公司後李保羅亦有參與其中，他回憶時稱，「繪畫蘇屋村的圖則，花了不少精神和時間」（《大公報》，1978 年 9 月 12 日）。此外，他還參與了多項由周耀年建築師樓承辦的大型工程，包括油麻地新填地街項目及尖沙咀星光行項目等。由於表現突出，獲得老闆賞識重用，入職後不久每月工資已增至 600 港元，在當時已屬高薪一族了（*South China Morning Post,* 17 September 1978）。

從李保羅在上海時能完成大學、考取專業資格及有能力開設公司，可推斷出他應來自中產或較富裕的家庭，有一定家底。但從他移民香港時只餘數元，且要應徵非其專業的工作，顯然當

3　應是指「周耀年李禮之畫則設計」（Chau & Lee Architects）。周耀年來自香港巨富周永泰家族，是曾任行政立法兩局議員周錫年的弟弟（鄭宏泰，2020），他為香港第一代華人建築師，其事務所是當時規模最大的華人建築師公司。

時他已接近山窮水絕，要從零開始，幸好過去的工作經驗令他能在香港立足，重新走上專業道路。不過，或許覺得自己並非池中物，又或是不想一世替人打工，李保羅在周耀年建築師樓工作了兩年時間左右，累積一定資本和人脈關係後，便決定自立門戶再戰商海，於 1959 年與親友合夥，創立了保利工程公司。[4]

由於有早年創業的經驗，加上李保羅的專業能力，公司發展甚為理想，至 1962 年 12 月，他決定更進一步，將合夥公司改為有限公司（*Second Interim Report of Inspectors Appointed by the Secretary to Investigate the Affairs of Paul Lee Engineering Company Limited,* January 1975）。從公司註冊處的檔案中，可以找到保利工程有限公司的登記文件，李保羅為公司的大股東暨董事，登記地址為尖沙咀金巴利大廈 10 樓 H 座；另一位董事為李郁恩，他的登記住址為旺角亞皆老街 126 號 11 樓 B 座，兩人皆報稱商人，公司主要業務是承建大小地盤工程，特別是打樁工程（"Memorandum and Article of Association of Paul Lee Engineering Company Limited", 11 December 1962）。

重拾老闆身份的李保羅對工作更為認真拚搏。他回憶說當時自己每天工作長達 20 小時，事必躬親。最令他引以為傲的是公司的工程質量「總是一級的」，有口皆碑，很快在行內闖出知名度，

4　不過，關於公司的創立李保羅曾有其他說法。他曾在法庭上指自己 1957 年來港後在一間公司任畫則繪圖員（architectural drafting），六個月後與其叔伯開設了一間打樁公司，1967 年相信因社會事件令公司生意大跌，財務出現困難，其叔伯離港並由他接手公司，後來他成功扭轉局面（*Star*, 8 May 1976; *South China Morning Post*, 8 May 1976）。

生意滔滔。公司不久後更獲得政府發出的「C 牌」，[5] 代表公司獲得政府認可，有資格承接大型政府工程。據他憶述，「當年工程建築的利潤極為豐厚……一份合約的三分一為成本，三分二則為利潤」（*South China Morning Post,* 17 September 1978），因此其身家亦水漲船高。

在保利工程不斷發展、李保羅的財富與社會知名度穩步提升的同時，香港股票市場在 1960 年代末亦出現歷史性的發展。以李福兆為首的年輕華人金融精英經過連番努力，打破一直由英資壟斷的股票市場，在 1969 年創立了遠東交易所（俗稱「遠東會」）。過去，企業上市只能在香港交易所（俗稱「香港會」），資本市場由一家獨攬，大多數華資企業被拒諸門外。至 1960 年代末，香港經濟起飛，華資企業對上市集資的需求也愈來愈大，而「遠東會」主要對象正是這些新崛起的華資公司，故大量華商湧到該會掛牌上市。由於市場反應正面，其他華人金融精英爭相仿效，1971 年胡漢輝等創立的金銀證券交易所（俗稱「金銀會」），一年後陳普芬等再創立九龍證券交易所（俗稱「九龍會」），短短三年間股票交易所由一間增加至四間，華資企業掛牌上市的數目大幅飆升（鄭宏泰、黃紹倫，2006）。

注意到資本市場的重大轉變，野心不少且希望更上層樓的李保羅，顯然亦想透過上市集資，藉吸納更多資本以支持保利拓展

5　即俗稱「大牌」的承建大型工程資格，公司獲發此牌照才能參與投標香港政府公共建築工程。

合和實業公司收購保利工程

保利股將申請上市

合和實業有限公司董事局宣佈該公司經已用現金收購保利工程有限公司（PAUL LEE ENGINEGRING CO.LTD.）（簡稱保利公司）部份股份，該保利公司將申請在遠東證券交易所及金銀證券交易所掛牌上市。

合和實業有限公司將佔有保利公司上市後之百份之二十五股份，本公司董事局深信此項聯系將會為兩公司帶來利益。合和實業有限公司同時宣佈已將該公司最近購入之附屬公司HAWORTH INVESTMENT CO. LTD.（該公司在馬起仙峽道擁有廿一個高級住宅樓宇單位及一座別墅式樓房）全部股份及發威有限公司（該公司在觀塘擁有價值一千九百二十萬元之工廠地皮）百份之十五已發行之股份售予該保利公司。

保利工程有限公司

配售股票啓事

本公司已向遠東證券交易所及金銀證券交易所申請准予將本公司全部股票報價買賣。

現擬將新股四百五十萬股，每股面值港幣一元，以港幣式元式角之價格，交由遠東證券交易所及金銀證券交易所之會員配售，並由WARDLEY LIMITED（獲得利有限公司）包銷。

認購股票之說明書可向香港上海滙豐銀行總行索取，又認購股票之申請書連同說明書，則可向遠東證券交易所及金銀證券交易所領取。

認購之申請書須於一九七二年十一月廿四日下午四時前，連同股欵，一併送交遠東證券交易所及金銀證券交易所各會員，以憑處理。

保利於 1972 年以私人配股方式上市，合和實業成為第二大股東。
引自《華僑日報》，1972 年 11 月 19 日。

業務。在志同道合的友好支持及多番商議與籌備後，保利於 1972 年 12 月以私人配股（private placement）方式上市。上市文件顯示公司的主要業務為承接政府馬路、隧道及天橋等建築工程，登記董事除李保羅及其妻高儒佩外，還有潘惠鈞、李憲武、胡應湘、張貫天、唐天燊和李美俐等人。[6] 公司法定股本為 3,000 萬元，每股面值 1 元，共有 3,000 萬股。

首次集資的金額為 1,800 萬元，其中 1,350 萬元為已認購股份，每股 1 元，故真正放售的的股份只有 450 萬股，每股發行價 1 元，集資額 450 萬元（Paul Lee Engineering Company Limited, 1972）。發行股份的一半由李保羅家族掌控（李保羅夫婦佔 49.44%，其成年的一子一女 Jane 及 William 共佔 0.56%），而早

6　潘惠鈞為李保羅的大學同學，二人相交多年；胡應湘為合和實業主席，李憲武亦為合和董事，張貫天及唐天燊為律師，李美俐為會計師，後退出董事會。

於 11 月時合和實業已購入公司 25%，餘下的 25% 由公眾投資者持有。由此可見，李保羅家族掌控了公司，第二大股東則為合和實業（《華僑日報》，1972 年 11 月 19 日；*South China Morning Post,* 23 August 1974）。

由於當時股票市場氣氛熾熱，公司上市後股價亦節節上揚，在 1973 年 3 月 5 日更一度飆升至每股 25 元的高位，即短短兩個多月間上升了 10 倍多，至於李保羅的身家財富，亦以幾何級數急升，日後有報紙指出，「他的身家暴增至 2 億港元」（《工商日報》，1978 年 9 月 12 日），保利工程則被形容為香港建築界的「王國」（empire）（*South China Morning Post,* 16 December 1975），亦獲「天橋專家」的讚譽（《工商日報》，1974 年 11 月 7 日），為業界的龍頭。

股災與醜聞

對企業家與投資者而言，股票市場可說是一個令他們又愛又恨的平台。之所以愛，是因為這個市場可以讓其獲得巨大的發展能量，讓他們可以闖天下、攀高峰，從而建基立業，書寫傳奇；之所以恨，是因為這個市場風高浪急，弄潮兒一時不慎，投資失誤，可以瞬間被吞噬，傾家蕩產。若然他們因此心有不甘，或是一時被利益蒙蔽，鋌而走險，弄虛作假，結果更可能是飲恨終生。

1973 年初，恒生指數因置地與牛奶公司的收購戰不斷急升，在 3 月 9 日升至歷史性高位 1774.96 點，可是之後置地股份除淨，股價隨之調整，市場又出現假冒的合和股票等事件，引起市場恐慌，紛紛拋售股票。之後恒生指數不斷下跌，至7月時更跌穿500點，在四個月間下挫超過七成（鄭宏泰、黃紹倫，2006）。保利工程的股價亦隨股市泡沫爆破大幅回落，之後一蹶不振，1974年5月股價更跌至只有1.61元的最低點，交投極度疏落（《工商日報》，1974年8月31日；《星島晚報》，1974年11月7日）。

1974年8月22日下午，遠東會及金銀會突然宣佈，應保利的要求暫停該公司的股票交易直至另行通知，停牌前股價收報1.67元。雖然保利的股票於兩三個月前已開始沒有任何成交，但停牌消息仍震動市場，當日恒生指數跌至282.67，是三年來的最低點（《大公報》，1974年8月23日；*Hong Kong Standard,* 23 August 1974）。同日，保利發出通告，指出公司是自動請求停牌，董事會已委任胡應湘代理董事會主席職務，並邀請債權人及股東於8月27日出席會議，屆時將報告公司狀況及將採取的處理方法（《華僑日報》，1974年8月23日）。

公司停牌的同時，李保羅、高儒佩和潘惠鈞三名董事宣佈辭職，其他董事則留任，並委任新的會計師事務所就賬目作深入調查。一日後，胡應湘接受記者訪問，指出公司財政上有「若干不正常行為」，導致公司財政困難需要停牌，又表示進行中的工程亦要暫停一段「短時間」才能復工。證券業務監理專員亦首度開腔回應事件，表示已密切注意事態發展，但暫不會採取任何行動（《工商日報》，1974年8月24日）。顯然，若非保利主動揭露，交易所及監管機構對其賬目和營運等諸多問題仍懵然不知。

8 月 27 日正午，會議如期召開，據報道當日出席的約有 200 人，當中包括 158 家債權公司代表及工務局的官員，李保羅則未見現身。胡應湘以全權處理人身份主持會議，並在會上指出由於核數師尚未完成對保利的賬目審查稽核，請各人再耐心等待進一步消息，隨即宣佈散會，前後不過十分鐘。會後胡應湘再接受記者訪問，稱在 8 月 19 日包括他在內的四名非執行董事，[7] 獲悉保利一筆高達 1,000 萬元的款項在該年 6 月被不正常提取，導致公司財政出現問題，其後李保羅等三人辭職並獲接納，公司已委託律師研究處理方法。其言論接近直指李保羅等人提走了公司大筆資金，是事件的始作俑者。

為了增加公眾的信心，胡應湘表示雖然目前所有工程已暫停，但強調公司有一億多萬元的工程合約，正研究繼續進行是否符合公司利益，港府會等待研究結果，暫不會收回合約。另外，公司獲得滙豐、渣打及萬國寶通等債權銀行支持，暫不會追討欠債。他表示已聘請專業人士對保利的管理、財政進行通盤審查，三星期後將向董事會提交，屆時將決定未來安排。他稱待一切圓滿解決後，公司股票即可恢復買賣（《華僑日報》，1974 年 8 月 28 日；《工商日報》，1974 年 8 月 28 日）。

7　該四名非執行董事包括胡應湘、李憲武、張貫天及唐天燊。

胡應湘提到的一億多元工程合約，絕大部分與政府相關，[8] 在展開工程前的 1973 年初，保利才剛從政府手中收取一億元的首期款項，因此，工程延誤不但影響附近居民生活及社會發展規劃，且牽涉大筆公帑，加上保利聘用了多達三千名地盤工人，故事件不止是公司內部事務，更牽涉到公眾利益，所以除證券監管當局外，其他相關的政府部門亦表示密切關注事件（*Hong Kong Standard,* 23 August 1974; *The Star,* 27 August 1974）。

財困之事尚未解決，保利的董事會又出現嚴重分歧，主要涉及新舊主席之間的權力爭奪。在李保羅退任主席後數天，有報道指保利旗下的地盤工人「集資萬餘元請李復出」（《華僑日報》，1974 年 8 月 24 日），又有消息稱「被不正常支去」的一千萬元問題已解決，李保羅將重掌公司，地盤亦復工在即，李保羅更曾以個人名義在報章發出通告，「報告」曾與政府及主要往來銀行商討。李氏的通告刊登後三天，胡應湘以代主席身份刊登告示，再邀債權人出席會議商討解決方案（《工商日報》，1974 年 8 月 28 日、1974 年 9 月 6 日、1974 年 9 月 9 日），反映雙方除多次在董事會閉門會議內交鋒外，還透過傳媒隔空出招，你來我往，火藥味甚濃。

---

8 保利當時手上有十一項政府工程，總值 17,866,398 元，其細目為：啟德機場主要隧道（5,670 萬元）、呈祥道擴建（2,903 萬元）、太子道、荔枝角道及洗衣街之間的天橋（2,498 萬元）、柯士甸道（1,162 萬元）、鳳舞街交匯處及沙田峽道行人天橋（543 萬元）、南昌街交匯處（1,172 萬元）、羅便臣道及衛城道交界（589 萬元）、大窩墟交匯處（1,198 萬元）、新浦崗交匯處（1,175 萬元）、柴灣道下水道（405 萬元），以及分層出入機場道路（553 萬元）（*Interim Report of Inspectors Appointed by the Financial Secretary into the Affairs of Paul Lee Engineering Company Limited,* October 1974）。

千萬元被提去　李保羅等辭職

保利公司工程已暫停

股東與債權人昨開會

胡應湘在會上表示正稽核賬目

當局暫不取消合約　銀行亦未採取行動

【本報訊】保利工程公司董事局，昨日中午在德輔道上海商業銀行大廈該公司會址召開股東及債權人閉門會議，由該公司代董事長兼代總經理胡應湘等主持。數十名債權人出席了會議。

據悉，涉及與該公司有業務關係的債權人或公司共約一百五十多間，包括建築、運輸、機器、水泥、五金等行業。據透露，這些公司與保利工程公司的業務往來，行的多達千餘萬元，最少也逾四、五十萬元。

會議在中午十二時十分左右舉行，該公司的代董事長兼代總經理胡應湘，執行董事李寵武、張賢天及蔡天榮出席了會議。會議舉行了約十五分鐘。據債權人對記者說，胡應湘在會上對股東及債權人表示，該公司的賬目現時尚未審核完畢，他要求各人耐心等待。估計在三星期後，再另行通知開會。

會後，胡應湘等舉行了記者招待會。

胡應湘說，本月二十日，保利工程公司的董事長兼總經理李保羅，董事潘惠珍、高衛佩三人向公司董事局辭職。二十二日，公司董事局接納了他們的要求，並且委任胡應湘等四人爲執行董事。

他說，八月十九日晚上，公司四名非執行董事首次獲悉保利公司在一間銀行的一千萬元款項被人提出。這是今年六月的事情。這一千萬元是在不正常的情況下提取的，影響了該公司的財政。正因如此，該公司便委託一家核數師樓作詳細研究，研究該公司與港府所簽訂的一億零七百萬元的工程是否化算，同時委託一家律師樓追究那一千萬元款項問題。他表示，以上兩個問題均在研究中，估計要在三個星期內完成。

他說，該公司的工程暫有時停頓。

他表示，在這次事件中，銀行及工務局非常合作。港府當局同意暫時不會取消合約，銀行（包括滙豐、渣打、萬國寶通）亦表示暫時不會採取行動。目前，該公司在等待有關調查報告。

胡應湘在答覆一位記者的提問時稱，李保羅目前仍在本港，他只是辭去了該公司的董事長兼總經理的職務，但仍在公司內擔任工作。

該項調查在上周日（廿二日）開始。胡應湘說，希望在三周後接獲報告然後盡快作出決定。

又訊：李保羅日前仍未能透露他辭退保利工程公司董事局主席之職的原因，只強調他的辭職是爲該公司的利益着想。他表示，保利工程公司是以其名字命名的，他希望該公司能繼續維持經營下去。

他表示希望能看到該公司與當局所簽署的合約工程完成。他又表示如果需要的話，他是會重新當該公司董事會主席的工作的。

有關李保羅請辭的新聞，引自《大公報》，1974 年 8 月 28 日。

啓事

查一九七四年九月五日中英文報章所載有關保利工程有限公司各項消息，迄至目前爲止，該公司董事同人與及李保羅先生僅能奉告如下：

本年九月四日會晤本港政府及該公司主要來往銀行之代表并有所商討。

一九七四年九月五日

保利工程有限公司李保羅啓

澄清市場不利傳聞的啟事，引自《工商日報》，1974 年 9 月 5 日。

保利工程有限公司
召開債權人會議通告

本公司董事同人特邀請所有債權人於一九七四年九月十日星期二正午十二時到九龍彌敦道六六六號上海商業銀行大廈十一樓本公司辦事處出席債權人會議，以便商討接納本公司所提出之若干建議，俾使本公司各地盤得立即全面復工。

董事會代主席
胡應湘啓

一九七四年九月六日

李保羅與胡應湘分別在報章刊登通告，反映董事會因新舊主席的權力爭奪出現分歧。《工商日報》，1974 年 9 月 6 日。

至 9 月 10 日的債權人會議上，因李保羅復職爭端令會議兩度中止，最後董事會先通過讓李氏重任主席，胡應湘被趕下台，他與李憲武、張貫天及唐天燊四人表示待李氏重組董事會後將辭職。會上透露公司未計算銀行債務，欠款已達 1,800 萬元，李保羅建議以發行新股、緊縮開支及私人注資等方法解決，並表示已獲政府預付 300 萬元令工程繼續進行，他有信心能挽救公司，走出困境（《華僑日報》，1974 年 9 月 11 日；*South China Morning Post,* 11 September 1974）。

雖然李保羅信心滿滿，但保利的情況並沒有好轉，先是公司復工後進度緩慢，同時為了削減支出，不斷裁減人手，半數散工及四成地盤職員被裁，引起工人抗議及社會關注（《工商日報》，1974 年 9 月 27 日）。事件拖延擾攘近一個月後，工務司署於 10 月 22 日向保利發出最後通牒，表示公司一直未能履行合約，如果情況未能改善至令政府滿意，兩星期後將收回全部工程合約，接管相關地盤，並充公地盤所有設備及物料（《華僑日報》，1974 年 10 月 23 日）。兩日後，財政司再委派兩名視察員進入公司調查事件始末及財政情況（《工商日報》，1974 年 10 月 25 日）。[9]

在保利接獲死亡預告的同時，胡應湘亦再度開腔評論事件，表示自己知道是誰提走那 1,000 萬元，更稱希望目睹對方受到法律制裁。當記者問及有傳言指出合和有意吞併保利時，胡氏斷然否認，表示就算要接收一間公司，也會找信譽良好財政健全的，

9 兩名視察員分別為羅兵咸的會計師及一名大律師。

但最後又反口稱如果李保羅願意完全放棄公司，且能取回政府的工程合約，合和及其他債權人或會考慮接收並重組公司（《工商晚報》，1974 年 10 月 24 日）。顯然，胡應湘仍對當日被請下台之事耿耿於懷，同時亦相信只要解決眼前財困，保利其實仍有可為，不用走上倒閉之路。

由於政府給予的期限只有兩星期，李保羅繼續多方奔走試圖挽救公司，其間董事會兩派人馬亦各有動作，不斷召開會議，又各自會見媒體對外發佈消息。至 11 月 1 日，董事會會議後胡應湘會見記者，表示羅兵咸會計師樓已完成調查，指出是李保羅以不正當方式取走了 900 多萬元，但據他所知李保羅否認指控。胡氏又補充說，如果公司能滿足政府提出的三項要求，包括獲得全體債權人支持、籌得 700 萬元營運現金以及改組公司，便可避過被接管的命運，他稱雖然第一項要求已完成，資金亦籌集超過一半，但他對公司前景仍不樂觀，因為有人一直反對改組公司（《華僑日報》，1974 年 11 月 2 日；《工商日報》，1974 年 11 月 5 日）。

至 11 月 6 日，即接收期限屆滿當天，董事會成員上午與工務司署會面，港府之後宣佈接收行動將延期兩天，正當眾人以為事件現出一線曙光時，財政司突於下午簽署清盤令，並入稟法庭要求將保利清盤，同時即時收回保利手上所有政府工程合約。據胡應湘接受訪問時透露，無抵押債權人的欠款約為 2,000 多萬元，最大苦主為青洲英坭公司，另欠各銀行 700 多萬元，他個人及合和在事件中損失亦高達 1,100 萬元。至於事件另一主角李保羅則沒有出現，據胡氏指當天 4 時後已無法與他聯絡（《工商日報》，1974 年 11 月 7 日）。

對於政府這個「朝令夕改」的決定，一眾無抵押債權人及保利員工自然大力反對，財政司則表示決定是根據視察員的專業評估報告，經縝密考慮而作出的。相關報告於 11 月 11 日發表，這份長達 19 頁的中期報告（*Interim Report of Inspectors Appointed by the Financial Secretary into the Affairs of Paul Lee Engineering Company Limited*）詳細交待了保利財政出問題的前因後果。當中最引人注目的重點，是公司在 1972 年底原本有大量流動現金，但大股東兼董事局主席的李保羅在未得董事局同意下，挪用公司 900 多萬元資金購買股票。有報紙這樣報道：

> **李保羅於 1972 年 12 月與 1973 年 1 月間，以該公名義購買總值 9,415,670.80 元股票，而其中 6,960,000 元係李保羅要求他以保利公司名義購買和記及合和的股票，其餘 2,456,000 元的股票，則是李保羅透過他人買入。同時，該公司另外兩名董事張貫天及唐天燊表示，對於上述投資均未有所聞，而投資亦未有獲得董事局授權。（《星島晚報》，1974 年 11 月 12 日）**

報告提到眾董事至 1973 年商討派發中期息時才得知此事，當時股票已蝕了 290 萬元，李保羅在會上曾承諾會負責，並將 1,000 多萬元存進公司在永安銀行的戶口，但後來又私下將之取走。視察員綜合各董事意見，知悉這千多萬元已「無法尋回」，而公司截止 11 月 4 日時現金只餘 2,000 多元，甚至不足以應付一日開支。由於公司已藥石罔效，故政府決定將之清盤及收回合約（《工商日報》，1974 年 11 月 12 日）。

訴訟纏身與三度入獄

與世上不少醜聞一樣，剛發生時通常仍屬小範圍內的事，但若掉以輕心、處理不得其法，則會愈演愈烈、不斷蔓延，最後更會產生災難性結果，保利工程的個案亦是如此。保利股票停市後，公司內部非但沒有齊心團結解決當前困難，反而不斷明爭暗鬥，最終引致政府介入調查，結果揭露保利不少造假賬、公款私用及行賄貪污等問題，而且涉及的不止李保羅一人。由於救亡不得其法，令這間本來如旭日東升的企業瞬即敗亡，眾多董事亦要面對法律訴訟，轟動社會。

由財政司入稟清盤至報告期間，李保羅一直沒有露面，其間曾有傳聞指出政府已頒令禁止李保羅離境，但遭政府否認。至報告公開後，面對眾多指控，部分甚至涉及刑事責任，但李保羅仍沒有任何表示，只透過律師表示對賬項「保留解釋權利」（《華僑日報》，1974 年 11 月 9 日及 1974 年 11 月 12 日）。12 月中，李保羅突然被拘捕，不過卻與刑責無關，原來是美國大通銀行因其私人借貸未還而向法庭申請拘捕令，涉款約 140 萬元，他因此坐了兩天「錢債監」，估計事件私下解決了才獲釋（《工商日報》，1974 年 12 月 20 日）。

1975 年 1 月，賬目審計核查人員發表最後一份報告書（*Second Interim Report of Inspectors Appointed by the Financial Secretary into the Affairs of Paul Lee Engineering Company Limited*），揭發了保利眾多「糊塗賬」，包括做假賬、賬目不清、蓄意欺騙股東，以及公司經營不善，出現虧損極為嚴重等問題，更指出原來早在 1972 年公司上市的計劃書已開始做假，將資產多報了 400 萬元，這筆錢其實是李保羅「借予」公司，且於一天後轉走。

報告又指出公司上市時向公眾籌得930萬元，計劃書中稱相關資金是作為添置機器設備、發展土木工程業務等用途，但李保羅卻在十多天後取走700萬元，再透過胡應湘與李憲武出任股東的股票經紀公司，購入合和及和記的股票，稍後李保羅再私下取用其中約270萬元以購入和記股票。股價上升時他曾出售部分並獲利200多萬元，但沒撥回公司賬戶，餘下的股票大部分作為向銀行借貸的抵押品，現已無法收回，相關款項超過600萬元。

此外，保利向公眾或工程署提交的賬目文件，出現不少誇大公司資產的情況，如有董事先將錢借予公司，令公司存款戶口「見得人」，之後便會將錢取回；隱瞞公司其實出現嚴重虧蝕，負債超過3,000萬元，單在1974年11個月內，業務虧損達23,188,854元，早已是資不抵債（《工商日報》，1975年1月29日；《華僑日報》，1975年1月29日；《星島日報》，1975年1月29日）。

由於這份報告書揭露了保利種種猶如欺詐的行為，且涉及的不單是李保羅一人，故警方商業罪案調查科亦隨即加緊調查。其間，保利清盤案在法院開審，財政司代表在庭上指出這次與一般清盤不同，並非為保障債權人利益而是為了「商業道德與公眾利益」，更表示公司賬目多年來均不盡不實，公司負責人犯了欺騙股東之罪。在沒有任何反對下，保利最終於1975年2月被下令清盤，資產由政府接管，這個工程王國就此走到終局（《工商日報》，1975年2月4日）。

之後，不斷有消息指出警方已完成調查，可能對有關人士提出刑事起訴（《工商晚報》，1975 年 2 月 4 日；《華僑日報》，1975 年 4 月 1 日；*Hong Kong Standard,* 4 June 1975），但卻遲遲未見有行動。超過半年後，李保羅終於被拘捕，但出手的卻是剛成立不久的廉政公署，同時遭拘留的還有保利地盤經理張華添，以及一間汽車行東主朱洪鈞；三日後，再拘捕另一涉案建築商周漢朝。控罪指出四人涉嫌違反防止賄賂條例，向工務局監工人員行賄及造假賬，蓄意導致保利虧蝕（*South China Morning Post,* 16 September 1975；*The Star,* 18 September 1975；《工商日報》，1975 年 9 月 20 日）。

其實在李保羅被捕前，廉政公署已拘捕了多名工務局的職員，包括總工程師、助理測量員、助理督察等，他們均被控收受保利的賄款，部分人亦已於法庭認罪及遭判罰。或許因鐵證如山，張華添在開審之初已經認罪，判囚 21 個月並轉為控方證人（《工商日報》，1975 年 10 月 28 日），其餘三人則否認控罪，堅稱自己不知道公司員工曾向政府官員輸送利益（《星島日報》，1975 年 11 月 12 日）。

其後據張華添及其他證人在庭上透露，保利承接政府工程後，每月要向各地盤監工發放賄款，一年內行賄費高達 44 萬元，一次一名工程督察索取「茶錢」更高達 10 萬元。證人表示若不付款，會被監工挑剔刁難，令工程無法完成。由於賄款無法入賬，故李保羅等會虛構開支，利用「機械費」、「牛扒費」等名義入賬。李保羅則表示自己給予工人的是交際費及打賞，並無向工程監工行賄，稱自己只吩咐工人忍讓或請監工吃飯，但不可以給錢

本港新聞

李保羅案李在答辯時指出

地盤要交際費

當時張華添向彼提出以黃爛鐵欵支付

此欵存張處張曾五次向彼借欵八萬餘

《華僑日報》，1975 年 11 月 19 日。

（《工商日報》，1975 年 10 月 28 日至 1975 年 12 月 12 日）。

經過一輪舌劍唇槍後，案件在 12 月 15 日審結，法庭裁定李保羅三人罪名成立，李保羅被判入獄 30 個月，是四人中刑期最長的，朱洪鈞及周漢朝則分別入獄 21 個月及 9 個月。朱洪鈞及周漢朝先後上訴但被駁回，李保羅則沒有申請上訴。至此，這宗轟動建築界的貪污案總算告一段落。此案反映當時社會及政府人員貪污成風，法官在判詞中亦直指官員向承建商施壓，索取金錢是問題根源，促請日後要派清廉人員督導工程，否則影響建築物安全，損害公眾利益（《工商晚報》，1975 年 12 月 15 日、1975 年 12 月 16 日及 1976 年 5 月 19 日）。

就在保利行賄案裁決後翌日，警察商業罪案調查科突然拘捕了多名保利的董事和員工，當中包括李保羅、伍華瑞、游來煊、胡應湘、李憲武、潘惠鈞、張貫天、唐天燊、高儒佩，以及永安銀行高層郭志勇與郭志匡等人，並指控這 11 人涉嫌串謀行騙、虛報存款、誇大盈利、盜竊股票等 30 項罪名（*South China Morning Post,* 17 December 1975;《大公報》，1975 年 12 月 18 日）。由於當中不少為社會知名或專業人士，加上指控嚴重，事件再次轟動社會。

1976 年 1 月案件開審時，李保羅承認四項串謀行騙罪及轉為控方證人，以換取撤銷其他控罪，其妻亦獲撤控。法官判其入獄四年，但與早前的貪污案同期執行，換言之他要在牢獄中多待一年半。至於其餘 9 名被告全數否認控罪，案件排期於 4 月開審（《工商晚報》，1976 年 1 月 30 日及 1976 年 2 月 2 日）。

4 月 22 日，萬眾矚目的保利工程案開審。由於被告人數眾多且不少大有來頭，吸引不少記者和市民旁聽，加上律師團體亦陣容鼎盛，故審訊轉至地方較大的高等法院進行。[10] 審訊期間，證據及證人的供詞令人更了解為何一間經營有法生意滔滔的公司，會在上市後兩年多便淘空資產，甚至要以犯法手段來維持經營。惟須注意的是，證供只屬一面之詞，亦不排除有人為求自保會掩

10　除潘惠鈞沒有聘請律師外，其餘被告聘用了 16 位大律師，當中 5 名是御用大律師（現稱資深大律師），3 名更是從英國專聘來港，坊間估計單是律師費便高達 700 萬至 800 萬元（《華僑日報》，1976 年 4 月 23 日）。

飾真相，且部分事件發生時沒有第三者在場或沒有正式記錄，故法庭所述雖然甚具參考價值，但不可能是事實的全部。

首先是上市申請書內誇大資產一事。據李保羅稱，負責安排保利上市的會計師伍華瑞表示公司資產不足以支持發行股量，建議他將 400 萬元存入公司戶口，一日後再將之取回，令公司賬面更亮眼。至於擅取公司資金炒股一事，李保羅指出當公司成功上市後，獲得 930 萬元，由於預計半年後才需動用該筆金錢，於是他與胡應湘商量，當時李憲武亦在場。李保羅表示原本提出將錢借給合和，胡應湘初時一口答應，其後卻建議他將錢購買股票並當成借款，稱當時股票升值快，賺得的錢便可當利息及應付那些不能入賬的開支。其後他開出 700 萬元的支票予胡應湘便離港，回來後發現胡應湘將資金購入大量合和股票。至於另外一次 200 多萬元的股票投資，則是他以保利公司名義購入的，但承認沒有事先在董事局商討或獲得批准（《大公報》，1976 年 4 月 29 日；《工商日報》，1976 年 4 月 30 日）。

有關股票的去向方面，李保羅表示初時股市大升時曾放售一部分，賺得的金錢用作收購保利股票，後來股價大跌，他沒有再將之售出，只作為抵押品向銀行借貸，取得資金則用於公司營運。至 1972 年末公司宣佈派息後，其他董事知悉事件，當時股票損失已高達數百萬元，一眾董事開會商討如何善後，為了不想公開損失並取消派息，影響到公司聲譽，張貫天等建議李保羅「捱義氣」（《工商日報》，1976 年 5 月 1 日），承擔一切損失並籌款補回金額，他亦只能如此。

後來公司再舉行董事會，討論到 1973 年底的資產負債表，公司的會計主任游來煊表示，賬面必需有一筆 1,000 萬元的資產，李保羅表示自己已技窮無法應付。兩天後游來煊向他表示，有辦法取得 1,000 萬元借貸，期限為六個月，但這筆錢只能存放在銀行戶口不能動用，且要佣金 45 萬元，李保羅在山窮水盡下亦唯有照辦，並以其妻高儒佩與潘惠鈞名義開立戶口（《華僑日報》，1976 年 5 月 1 日）。原來那筆貸款是永安銀行借出的，因此把銀行負責人郭氏兄弟亦牽扯到此案之中。

導致事件曝光後「被不正常提取」的 1,000 萬元，李保羅亦堅持並非自己所為，他指出在向永安銀行借錢時被要求簽署數張空白支票作抵押，其後才發現有人用支票從銀行將錢提走。他又表示在自己退任主席期間曾返回公司，見會計部職員在塗改賬目，他向游來煊及伍華瑞對質時，二人宣稱只是重謄（重新抄寫），沒有塗改，他之後帶同相關職員及賬目到自己的律師備案（《工商日報》，1976 年 5 月 1 日）。

雖然李保羅堅稱買股票之事多名董事知情，又曾指出呈堂的董事會會議記錄是虛構、公司賬目亦被人動了手腳，不過其說辭並未被法官信納，故當控方舉證完成後的 6 月 13 日，胡應湘、李憲武、唐天燊、張貫天及郭志匡等人因證據不足，控方主動撤回檢控，五人隨即申請由控方支付堂費，但法官以自己無權處理為由而拒絕。之後郭志勇及伍華瑞亦無需答辯，當庭獲釋（*The Star*, 13 June, 1976；《華僑日報》，1976 年 6 月 15 日；*South China Morning Post,* 18 June 1976）。因此，被告只剩下游來煊與潘惠鈞二人。

游來煊於審訊接近尾聲時突然承認部分造假賬控罪，律師求情時指出當時被告發現公司財政出現問題，故以虛假的賬目掩飾，目的只是想挽救公司，自己並無得益。法官則指出被告罪行嚴重，因為專業人士違反誠信，損害的不止是自己及小股東，甚至是香港的商業前途，在考慮各項減刑理由後，判其入獄 18 個月，緩刑 3 年。潘惠鈞則於 6 月 19 日被判部分罪名成立，同樣入獄 18 個月，緩刑 3 年（《華僑日報》，1976 年 6 月 15 日；*South China Morning Post,* 18 June 1976；《星島日報》，1976 年 6 月 20 日）。至此案件全部審結，保利工程有限公司在香港建築界的神話亦走到終結，全案只有被指為主犯的李保羅鋃鐺入獄。

後續還有報章提及游來煊與李保羅的消息。1977 年，會計師公會宣佈革除游來煊的會籍（《東方日報》，1977 年 5 月 7 日），意味其會計師資格被取消，可見他在保利事件犯錯不單要負上刑責、損失巨額金錢及帶來精神壓力，連努力多年才獲得的專業資格亦因此而失去。社會普遍尊重與信任專業人士，亦賦予較高期望，故一旦有人違背信託專業失德，受到的責難自然也更嚴重。

李保羅在 1978 年出獄時被多間傳媒追訪。對於事件及獄中生涯，他一方面說不願多談，但在言談間對自己獨承刑責及被迫令破產似乎仍忿忿不平，更不承認自己行賄，指當時貪污案罪成又要面對保利詐騙案，由於沒有能力再支付律師費才沒有上訴，其後認罪則是為了保護妻子免受牽連。他一方面說「受咗就算，唔打算申冤」，卻同時表示「有關保利事件的真相，政府有責任向市民交代」，揭示他認為真相尚未大白。對於未來，他當時仍表現得信心滿滿，認為自己專業能力尚在，過去接手的工程質量優秀，定能東山再起，並透露已獲中東一間建築公司邀請前往主持一項大工程，計劃數天後便出發，到當地重新開始（《新晚報》，1978年9月12日；《大公報》，1978年9月12日；《工商日報》，1978年9月12日）。

可是，李保羅東山再起之旅尚未開展，卻於9月28日打算出境時在機場再遭拘捕，被押入羈留所，原因是破產管理局指其破產案尚未了結，申請拘捕令將其扣留防止他潛逃。但不知是什麼原因，政府相關部門對李保羅相當刁難，如破產管理局稱其欠款15萬元，但卻要求他付50萬元保釋金；欠債是民事案，他在羈留所卻要穿囚衣，可這樣的做法，只適用於刑事罪行而已；破產管理局表明自己「只管拉人不管放人」，要離開羈留所李保羅須自行向法庭申請，但他已表明沒錢保釋，難道要待至破產案審結才能出獄？但該破產案卻未定下審訊日期（*South China Morning Post,* 29 September 1976；《華僑日報》，1978年10月1日）。

或許李保羅的遭遇太戲劇化，不少人都相當同情其景況，媒體紛紛抨擊政府的做法，指政府差別待遇：「一個名利俱失、想以正當工作重找出路的人，何以遭到這樣冷酷對待？」甚至將他與貪污罪成的葛柏（Peter Godber）相比，當時葛柏出獄後並未歸還410萬元贓款，政府卻「以最快速度專程把他送走」，並白紙黑字解釋，「對於經法庭裁定的債務未有清付的行為，如果政府以囚刑來予對付，則一般而言，屬原則性的錯誤」（《文匯報》，1978年10月26日）。言猶在耳，政府隨即犯下這個「原則性的錯誤」，難怪評論質問這是否便是華人洋人、官員百姓之間的不同對待。

本港新聞

友好周漢朝奔走存保款於銀行

李保羅終獲釋

恐再招口舌之尤昨日避見記者

今晚飛中東負責興建皇宮別墅

李保羅近照

李保羅出獄後欲離港工作，但再遭拘捕羈押，後得輿論支持及友人幫助終獲釋。引自《華僑日報》，1978 年 10 月 15 日。

或許是在強烈輿論壓力下，政府態度軟化，最終批准李保羅以 16 萬元人事擔保出獄，甚至准許其離境，而這筆錢亦無需交予政府，只需要存入政府指定的銀行戶口。在好友周漢朝幫忙下，羈留了 17 日的李保羅終於獲釋，隨即前往中東接受新職位（《大公報》，1978 年 10 月 15 日）。不過，三個月後李保羅卻低調回到香港，他接受訪問時稱是要履行保釋條件，但談到中東工作或未來前景時，與三個月前的態度截然不同，更不反對政府申請其破產，言談不復樂觀且對前途充滿不確定（《工商晚報》，1978 年 12 月 20 日）。始終作為一個年近六十、有犯罪記錄及民事欠債案在身之人，要東山再起談何容易。而他之所以變得低調不願多談，或許是經歷了多次打擊，醒覺自己已非千萬富豪，高調只會招來是非而不是榮耀了。

最後一項與李保羅相關的消息見於 1979 年 6 月，多份報章報道李保羅的破產上訴獲判勝訴，案件發還重審（《工商日報》，1979 年 6 月 2 日；《大公報》，1979 年 6 月 2 日）。但之後不知是他放棄繼續爭辯，還是與政府私下達成協議，再不見任何後續報道，他亦沒再在公開場合露面或接受媒體採訪。這位曾經叱咤一時的工程界巨子，自此消聲匿跡，默默無聞地度過餘生。

時勢逆轉的進退失據

李保羅與其一手創辦的保利工程曾經在建築界享負盛名，但成為公眾公司後不到三年便急速塌陷，其成敗原因與不少個案一樣，既有個人或公司內部的誤判、失職與犯錯，但亦有時勢變幻的不可抗逆力，在兩者交錯角力下，由於未能及時應對或應對失誤，結果無法掙脫漩渦，遭到巨浪淹沒。在討論李保羅個人及公司內部因素前，先說三個令公司崛起及覆亡的時勢因素：一是工程建築業興旺，二是股票市場急升暴跌，三是政府推行反貪廉政的決心。

首先討論工程建築業的興旺這項因素。李保羅在五十年代末身無長物由滬到港時，恰恰是香港工業起飛、人口急速膨漲，而經濟又高速增長的年代，不但對各類房屋需求殷切，就算是對工業廠房及寫字樓的需求亦十分巨大，大小工程建築公司都獲得發展空間。所以他先憑本身專業獲得不錯的工作，後又再與人合組工程公司，取得一定發展，明顯與當時香港建築業生機勃勃有關。

至六十年代，公司業務先跌後升，至 1967 年由其獨自經營後發展甚速，這很大程度上是當時香港社會經濟環境所致。政府經過 1966 年及 1967 年的社會動盪後，一改之前不干預的作風，決定大興土木，改善香港的房屋、交通運輸和基礎設施，一方面修築道路、興建碼頭、橋樑和公共設施等，另一方面則啟動多項穿山跨海的大型工程，其中興建獅子山隧道、紅磡海底隧道，以至俟後籌劃興建地下鐵路等，均令整個工程建築業變得極為熱鬧，大小工程建築公司自然生意滔滔。當然，李保羅本身的能力及專業知識亦是他的事業穩步上揚的重要因素，不應抹煞。

工程建築屬於資本投入高、回報期較長的行業，特別是當公司參與大型建築項目，由動土至完工歷時經年，需要大量穩定且成本較低的資金，雖然可從銀行或財團取得貸款，但利息較高，增加經營成本，因此不少公司都會盡力找尋更理想的資金來源。保利工程在經過六十年代的急速成長後，已由中小型公司變為政府承建商之一，接手的工程項目，金額動輒數百萬元，若公司要再進一步發展，便需要更龐大資金以支持其擴張，搶佔市場佔有率。恰巧就在此時，香港股票市場突然急速開放，而在股票市場集資融資既簡單直接，投資風險亦相對較低。故保利選擇於那時候上市，目的本是擴充規模，想不到卻成了其敗亡的第二個時勢因素。

六十年代末、七十年代初是香港股票市場歷史轉折的時刻，股票交易所由一變四，新成立的華資證券交易所為了爭取市場主導地位、擴大資本及佣金收入，競爭十分激烈，積極爭取更多公司在自己的交易所掛牌上市（鄭宏泰、黃紹倫，2006）。對渴求資本的李保羅而言，自然是大好機會，他立即採取行動，將保利工程重新包裝，然後於 1972 年在「遠東會」和「金銀會」上市，吸納公眾資本支持業務開拓，此舉不但令公司資金變得充裕，同時亦有助提升企業形象，是公司贏得更多政府大型工程合約的關鍵因素之一。換言之，香港股票市場的急速開放及保利成功上市，是打造保利這個「工程王國」的主力支架。

不過，由於證券交易所擴張過急但政府監管不足，對申請掛牌的公司缺乏適當審查，不少空殼公司混水摸魚、借機上市，加上投資股市門檻降低，吸引不少市民以散戶形式大量湧入，連串因素導致股價大幅飆升，形成泡沫，結果，熱火朝天的股票市場因泡沫在短時間內被吹得太大，最終局勢逆轉，在 1973 年 3 月爆破，之後一年間下跌超過九成，不少投資者都傾家蕩產，甚至有人因而賠上性命。

保利工程在 1972 年上市後便輕易籌得 900 多萬元，之後公司股價不斷上升，令李保羅身家倍增，再將資金投入股市，又在短時間內賺到 200 多萬元，這樣輕鬆得來的金錢，自然較揮汗成雨的地盤工程錢更容易賺。事實上，香港股市自 1968 年起不斷上升，1972 年「置地飲牛奶」（即香港置地公司收購牛奶公司）的收購戰，更將恒生指數進一步推高，差不多所有小股民均獲利不菲，故只要有閒錢的人不少會投入市場，形成「全民皆股」的狂熱氣氛。由於當時確實沒有比股票更能獲利的投資，李保羅心動並將「暫時用不上」的資金投入股市亦可以理解，但就如「神欲使其滅亡，必先使其瘋狂」，當他在股票市場瘋狂上漲時入市，他與保利亦因此走上了滅亡之路。

最後一個導致保利建築王國滅亡的時勢因素，便是港英政府整治貪污的決心。由英國奪取香港至 1970 年代初，政府管治一直採取自由放任政策，表面上是任市場無形之手規管市場運作，讓各人自由發揮，實際上是將香港視為賺錢之地，對民生好壞「闊佬懶理」、漠不關心，雖然香港因此成為自由度最高的經濟體，經濟不斷發展，但同時治理素質、民生建設只能維持在低水平。至 1970 年代，由於經歷早前的動亂，政府察覺社會積壓了極嚴重的問題，甚至影響到經濟發展與統治根基，才下定決心改革施政方針，一方面大興土木投資基建、同時全面推行義務教育，更一改過去百多年對貪污的容忍和默許，立志推行廉政，懲處貪污。

眾所周知，香港的貪污問題一直存在，戰後因人口增加、經濟發達而變得更為嚴重，上至高官、下至普通公務員均捲入其中，警隊受賄更是司空慣見（Lethbridge, 1985）。有報紙對 1970 年代貪污風氣以「由上至下均有受賄」的標題作形容，並指出：

> **不少官員，即使是芝麻綠豆，他們憑藉自己職權，作威作福，諸多挑剔留難，不派「鬼錢」，即被「踢檔」。街市一檔雲吞麵，除孝敬「大佬」躲在樓梯間宵夜外，每個星期就得奉獻一百至一百二十元「鬼錢」。然而那不過是貪污的小兒科，破財求財，各得其所，所以相安無事。（《工商日報》，1976 年 12 月 17 日）**

為了煞停貪污陋習，港府於 1971 年 5 月通過了《防止賄賂條例》，邁出打擊貪污腐敗的重要一步。接着的 1972 年，因貪污嫌疑而被停職及要求解釋財富來源的總警司葛柏，輕易繞過出境禁令，攜同妻子及巨資離港返英，[11] 引起市民極度憤怒。其後，一

11 資料顯示，葛柏當時被查出名下擁有 437 萬元資產，數目是他 21 年公職工資收入的 6 倍（Lethbridge, 1985）。

名因貪污罪成正在服刑的前警司於獄中供出葛柏受賄的證據，葛柏貪污的人證物證俱在，如何跟進，自然考驗港府的廉政決心。港府為了顯示建設廉潔社會的堅決意志，於 1974 年 2 月成立廉政公署（Independent Commission Against Corruption, ICAC），更於約兩個月後，與英國警方合作，成功捉拿葛柏，並將之引渡回港受審，最終葛柏被判囚四年，為港府的廉政建設打響了頭炮，轟動中外社會（Lethbridge, 1985）。

如果說葛柏是政府對貪污重災區警隊「打大鱷」的突出例子，那麼，李保羅則相信被政府視為建築業界的另一條「大鱷」。政府之所以於當時對建築業界重鎚出擊，一方面是正開展多項大型工程，牽涉的利益及資金極為龐大，凸顯貪污問題的嚴重，但更重要的是，若工程監督在施工期間因賄賂而「隻眼開隻眼閉」，容許不合格的作業方法或偷工減料，那不單會造成經濟損失，更會嚴重影響樓宇、橋樑、隧道等結構及品質，猶如給社會安全埋下巨大的計時炸彈，一旦爆發後果堪虞。

事實上，工程界貪賄風氣極盛，由來已久，甚至變成「常規」。不單在批出工程或採購合約時有利益輸送，地盤監工、驗收等程序亦有收賄「流程」，如多名保利地盤經理在法庭供稱，會由判頭（地盤的分判商）獲得工務局的監工名單，然後按各人職位高低每月支付，「工程督察，每月一千五百元、工目八百元、見習工目三百元」，條理分明，可見行之經年。若違反「慣例」不繳交「月費」，便會受到工務局人員留難，令工程無法進行。主審李保羅行賄案的艾迪遜法官（Judge Addison）亦承認此情況確實存在（《華僑日報》，1975 年 11 月 13 日），故他在判詞中不只着眼於李保羅等人的不法行為，同時亦指出政府官員貪污成風，甚至暗示這才是問題癥結所在，要求行政當局正視：

> 公務局人員向承造商施壓力，對工程諸多挑剔，來貪污索賄，否則工程不能順利進行……工務局內甚至檢驗樓宇人員，也要收受金錢，此種情況十分嚴重……工務局上至工程師，下至普通職工，均受賄賂。即使實驗室的人員，亦同樣受賄。此舉對市民的生命有嚴重影響，因實驗室人員的工作，最低限度要證明受檢驗的建築物合規格始對，但在受賄風氣下，後果堪危。（《工商日報》，1976 年 12 月 17 日）

至於廉政公署執行署長彭定國（J. V. Prendergast）在回應該案件時亦清楚指出，工程界貪污問題嚴重，影響到樓宇建築等安全，最後可能禍延社會。他說：

> 這些貪污行為「根深蒂固」，積重難返，竟至認為「當然作為」與「當然收入」，實因「私相授受，各得其所」之故，不易於揭發……從該案證供，各被告行賄，工務局內甚至驗樓人員，也要收受金錢，此種情況十分嚴重，因為會影響大眾安全，假使建築物不穩固，而驗樓人員因「收規」（收授利益）關係，不仔細檢驗樓宇材料，這是非常危險的，而損失的將是公眾市民。（《工商日報》，1975 年 12 月 18 日）

由此可見，貪污問題的核心其實出在政府官員身上，但政府此次採取強硬手段，既「管麻鷹又管雞仔」的做法，不單檢控多名政府督工，亦以貪污的罪名起訴李保羅等，相信是想向社會傳達其肅貪倡廉、打擊貪污的堅定決心。沿着此角度看，李保羅和保利明顯撞上政府雷厲風行地打擊貪污的刀尖，成為重點查處和強硬對付的目標，政府亦藉此案整頓業界、煞停政府官員歪風，從而達至殺雞儆猴、一石二鳥之效。

從以上的討論，不難看到李保羅與保利工程的失敗，有部分是「非戰之罪」，只不過是形勢比人強，面對重大時勢轉變，他亦如大多數人一樣無法力挽狂瀾。但是，若將所有責任推作外圍因素，只知抱怨「天亡我也」，不知反省自身錯誤，便永不能從錯誤中學習，吸取教訓。而且，李保羅本身亦犯下連串錯誤，如缺乏危機意識，一心想賺快錢而沉迷股海，可算是親手種下了罪惡與敗亡的種子，責無旁貸。結果當遇到時勢逆轉時，便觸發了環環緊扣的潰敗，最後牽連全局，徒呼奈何。

自身錯誤

雖然說時勢變遷影響了保利的起落盛衰，但李保羅及公司內部亦犯下不少嚴重錯誤，才會令公司破產、個人身敗名裂，甚至拖累了一眾相信他的地盤員工與小投資者。內部導致的敗因可以歸納為以下四項：其一是上市後不務正業，急功近利，沉迷股海；其二是縱容公司賬目不清，公私不明，甚至假公濟私；其三是李保羅執著於一己私利，不能棄車保帥；最後一項是偏聽偏信、識人不明，且能力不足大任。

先說上市後不務正業，沉迷股海此項。七十年代初股市熾烈，恒生指數節節上升，且由於股市開放，參與買賣的門檻下降，吸引了無數股民投身其中。李保羅同樣受到吸引，不但將公司上市，更將集資所得資金分兩次全數投入股市，根據政府於 1975 年 1 月發表的第二份調查報告，指出他在短時間內獲利 2,015,000 元。雖然當年工程建築的利潤已極豐，一份合約有三分二為利潤，但在股市賺錢竟然更快更容易，而且還不像工程生意般回本期長，又要「落手落腳」。或許他自此把大量時間和精力投入到股票市場，只顧留心恒生指數上落波動，忽略了本業，當工程出現困難延誤時未能及時處理，導致成本失控。

坊間常言「輸錢皆因贏錢起」，李保羅無疑是活生生的案例。由於他曾在股票市場中贏了大錢，保利工程上市後又令個人和家族財富在賬面上大幅急升，所以他對股票市場能創造財富深信不疑，實在不難理解。初期，由於股市向好，他仍能從中獲利，所以沒出現什麼問題，還能將股市賺來的錢大手送禮派息，甚至應酬貪官，令工程順利進行。但到股市氣氛逆轉，初時仍可以個人資產名下財產「填數」，但當虧損持續擴大，拖累公司財政時，他仍想着瞞天過海，以借貸來應付派息，而不是坦白公開真相，結果愈陷愈深。即是說，令李保羅和保利工程失敗的始作俑者是他本人，他應負上最大責任，因為歸根究底，從一開始他便不應挪用公司資金投資股票，更不應將集資所得款項全數投入股市，不做任何風險管理，市場爆破後又沒有即時收手止蝕，甚至影響到公司的現金周轉，可謂本末倒置，之後又以各種手段試圖掩飾真相，導致最後全盤皆輸。

李保羅股海失利雖然是公司倒閉的致命傷，但將公司財困的責任全歸在他身上，則明顯有欠公允，亦值得商榷。政府第二份調查報告指出公司在 1974 年的頭 11 個月（截至第二份報告完成前），每月虧損 200 萬元，公司負債逾 3,000 多萬元，扣除李保羅私買股票的賬項後，仍有 2,000 多萬元虧損。由於虧損金額如此巨大，報告發表時已引來社會嘩然，有傳媒呼應政府的批評和指摘，認為李保羅「發財有心，經營無術」，令公司嚴重虧損、負債纍纍（《星島日報》，1975 年 1 月 29 日），更有報紙形容李保羅乃「股票老千」（《新報》，1975 年 1 月 30 日），認為他利用不良手法在股票市場中騙取金錢。

不過若能細心一算，報告中提出的虧損，部分確實跟李保羅炒賣股票有關，部分卻非其所致，因為據估計當時他的股票約虧蝕 400 萬元（《星島日報》，1976 年 5 月 22 日）。就算他在股壇的投資全數賠光，公司損失都只是 900 多萬元，可見導致公司巨額虧損的真正原因，實因不少工程開支超出原來估計，特別是啟德機場隧道工程，而該工程之所以超支，一方面是當時的建築物料與工資急升，令成本增加；另一方面則是工程期間遇上持續大雨，加上該地段的地質亦比預期複雜，令工程進度欠理想及成本急漲（*South China Morning Post,* 23 August 1974）。本來那些預期之外的費用按合約安排或業界常規，大多會由政府承擔，這是常見之事。事實上，當政府收回保利工程合約，再透過「洽談」的方式另找承建商重新承辦時，估計建造費要增加一億元，反映工程難度較預期中大（《大公報》，1974 年 11 月 9 日）。

但政府在前後兩份報告中，花大量篇幅羅列李保羅如何動用保利工程資金，以及調動期票或抵押品以獲取銀行借貸，應對資金短缺問題，卻刻意迴避超支中政府應負的責任，只以資料不足為由，輕描淡寫且十分隱晦地在報告最後一段略有提及：

> **對於公司在 1974 年的首 11 個月內（即截至完成報告前）出現 23,188,854 元巨額工程虧損一事，調查曾深入了解其原因，從已完成的調查工作所見，這必須對公司各種採購、成本和其他會計紀錄與文件有更全面的查檢和評估才能達成。一般來說，由於公司現時的財政及其他紀錄不能從管理和財政資料中被抽取出來，由此產生的成本投入與任何有可能獲取的效益連繫乃顯得不成比例。**（*Second Interim Report of Inspectors Appointed by the Secretary to Investigate the Affairs of Paul Lee Engineering Company Limited,* January 1975: 10）

由是觀之，縱使李保羅沉迷股海導致嚴重虧損是致命錯誤，他亦因此承受苦果，但並非所有問題均與此有關，或應由他全部承擔，其中工程出現龐大超支，實屬無法控制與預期的因素，不能都推到他身上。唯政府報告卻隻字不提，甚至只刻意突出他個人錯誤，引起傳媒大肆炒作，無疑讓人感到政府有意轉移視線、乘機推卸責任，甚至有可能是諉過於人，以便大條道理收回工程合約，避免日後遭到法律索償等手尾。

再說保利的賬目不清，錢銀開支往來公私不分甚至假公濟私這個錯誤。無論是政府兩次調查報告，或是法庭聆訊期間揭露的資料，均可清楚地看到，保利工程的賬目確實由上市之初已有「做假數」的情況，如上市時為了讓人覺得公司資金充裕，令招股書更吸引，李保羅便將私人資金轉入保利戶口，假充作為公司資產；1972 年年報中宣稱有盈利 200 多萬元，同樣只是他的私人財產，這些行為明顯是弄虛作假、偽造賬目。

另一個更明顯屬於公私不分的例子，是李保羅未經董事會或股東會同意，便動用公司資金購買股票。雖然他辯稱贏得的金錢都是用作公司開銷，部分沒有單據的則是作交際應酬費，同樣為了幫助公司業務，其後他將股票抵押，亦是為了籌措資金應付開支，但事實上除了他自己，沒有人清楚資金的走向，若非股價大跌及公司周轉出現困難，他可能已將賺得的金錢全部私吞，袋袋平安。或許，他過往經營公司時早已習慣如此，錢銀調動全由他一人決定，但他忘了作為一間上市公司，他不是唯一的老闆，資產屬於全體股東，不能隨意調動。

李保羅未能區分公眾公司與私人公司的做法，當時的大小報章頗有不少評論，其中一則頗堪玩味，值得深思：

> **保利工程是一家公眾公司，其所發行的股票，曾申請在兩家交易所掛牌買賣，所以屬於大眾所有，一千股、一萬股，或數萬股，散在每個角落，與一個家族，一團親屬所組成的公司，所發出股票屬於有限數人的完全不同。可惜的是，許多公司將私有化為公有之後，仍採取家族式，或親密夥伴朋友式來處理業務，尤其財務行政方面，更有挪用公款、賬目不明等現象。以至拖垮了公司，使大眾投資人遭受損失。保利工程公司，即屬於此一類別⋯⋯香港新上市的股票，很多屬於家族或集團所有之公司。為了防止保利事件的重演，各公司董事，應了解本身所應負的責任，要為大眾利益着想，不可為單方面的一小撮人而犧牲公司。（《香港時報》，1974 年 11 月 8 日）**

顯然，李保羅擅取公司資金的做法，在當時不少家族企業中其實相當普遍。如李保羅指出他之所以會買股票，是基於胡應湘的提議，李憲武亦在場，由於李保羅第一次用700萬元買股票是透過胡李二人任股東的經紀公司，且購入的大部分是合和股票，其說法有相當可信度。胡應湘身為合和主席，他卻提出此不合規的建議，不禁令人懷疑擅取公款的做法在其他上市公司是輕鬆平常之事。[12] 這反映在股市開放初期，不少新上市的企業經營者根本不清楚「公眾公司」的真正涵義，仍因循舊方式領導公司，部分或許能成功瞞天過海，在過程中逐步學得「合法」運財的技巧；部分卻如保利一樣，因公私不分而失敗收場。

令人訝異的是，作為新晉上市公司主席，不熟悉上市公司規則尚情有可原，但保利董事局內明明人材濟濟，有其他上市公司主席、有律師有會計師，知道李保羅「炒燶」股票虧損巨大後，做法竟只是合作掩飾問題，而不是收回已公佈卻虛假的中期結賬表，又決定繼續派息。就算會議作出要李保羅承擔責任的決定，卻只是當資金「借」了給李保羅，既沒規定還款期限，亦沒簽署任何文件及要求支付利息，似是打算靠蒙混過關就了事。董事局本應有監察及制衡功能，卻形同虛設，對小投資者及債權人等保障極其不足（齊以正，1981）。

簡而言之，李保羅在保利工程上市後，公司賬目不清，未能分清公（上市公司）私（個人或家族）之間的差別，沒意識到上

12　合和實業在1972年8月上市，只較保利工程早了數月。

市公司已屬於公眾公司，不再是家族全資擁有的公司，不但財務上未能做到公私有別，就算是公司管治和企業問責等方面亦未如人意，忘記上市公司已為社會大眾所有，必須從公眾利益思考問題，反映股票市場開放之初的種種漏洞，政策法規亦未能及時跟上發展的步伐。

第三項致命錯誤，是李保羅執著於一己私利，不能在危機面前及時壯士斷臂，或是棄車保帥，以保存公司及公眾利益，尤其未有及時將公司與個人的關係切割，結果錯過了一閃即逝的救亡時機。李保羅公款私用炒作股票的舉動在 1974 年 8 月中被揭發後，一度同意退下火線，將領導公司的大權交出，由副主席胡應湘接任，相關安排本來有助利害切割，讓問題不致繼續惡化，對於維持公司運作、爭取投資者信心，具正面作用。

事實上，保利擁有建築工程的「C 牌」，那是不容易取得的重要資格，屬相當珍貴的無形資產，代表公司具一定實力，同時它手上又有 11 項政府工程合約，工程總金額接近 1.8 億元，如能在短期內籌得資金先行復工，資金困難是有辦法解決的。因此在停牌初期，不但債權人仍願意支持，給予時間讓公司重回正軌，政府亦沒起疑心，只表示會密切觀察其狀況，沒收回合約，反映相關官員覺得公司財困只是一時問題，甚至願意預支 300 萬元工程費協助其渡過難關，基本上是留有餘地的。

可惜，李保羅未能參透以退為進，收窄負面衝擊保存公司利益的重要性，不久即對退任主席之事反悔，然後發動支持者奪回公司的管理大權。而且，當政府頒下兩星期的接管通知後，保利其實仍有一線生機。據胡應湘所言，要政府收回成命，需符合三項條件：獲全體債權人同意、籌得 700 萬元現金作營運開支、改組公司，他表示第一項條件已達成，資金在銀行貸款及合和購入公司物業後共獲近 600 萬元，即第二項亦接近完成目標，唯改組公司則遭一名董事反對，故他對公司前景「並不樂觀」(《工商日報》，1974 年 11 月 5 日)。胡氏口中的董事是誰，答案呼之欲出。顯然，到了最後關頭，重新出任主席的李保羅仍想抓緊大權不放，反映他執著私利，缺乏審時度勢的能力。

由於董事間的權力鬥爭令「家醜」愈揭愈多，本來有望內部解決的賬目問題引起更多關注，最終導致政府介入調查，才發現公司問題遠超原先估計，最後使出殺手鐧接管所有地盤、收回所有工程合約，甚至以公眾利益為由申請把公司清盤，將保利趕上了絕路。而且在搜證過程中，除擅取公款、偽造賬目等罪行外，政府亦找到公司貪污行賄的資料，再引來廉政公署加入調查。兩罪並發，李保羅自然難以翻身。

著名財經評論人林行止對李保羅做法便有如下批評：

> (1974 年) 9 月 10 日，該公司召開股東及債權人大會，李保羅在一批熱心但缺乏遠見和深思熟慮的工人的支持下，公開「奪權」，將公司主席職位從胡應湘先生手上搶回。表面上看來，李保羅何等威風，但他不知道從此保利的「麻煩」又獨攬上身，當時他在群眾的擁護下，一定沒有想到他是無法解決這些困難的。如果當時不發生此事，保利由胡應湘等「接管」，或能闖出一個新局面亦說不定。我們不是說胡勝於李，但我們認為李

保羅應退居後台，由胡應湘出面收拾殘局，則納保利於正軌的機會甚高！（《信報》，1974 年 10 月 23 日）

換言之，若李保羅在 1974 年 8 月退任保利工程主席一職後不策動支持者奪權，捲土重來，而是順其自然地退下火線，由胡應湘收拾殘局，雖然他很大機會要賠上巨款甚至破產收場，但因政府沒介入，或許他能逃過刑責；雖然保利工程很大機會會被人吞併，但至少仍能經營，並或許在「經一事、長一智」後逐步成長。李保羅曾對記者說過，保利是以其名字命名的，他希望公司能繼續經營下去（《大公報》，1974 年 8 月 28 日），但他顯然沒想到，要保利繼續存在，他最應做的是放手，將自己與公司切割，而非將公司抓緊不放，扼殺公司最後一線生機。

李保羅最後一項錯誤是偏聽偏信、識人不明，且能力不足大任。李保羅在法庭上多次強調自己所犯的罪行是受人教唆，雖然當中不少相信是屬於諉過他人之辭，但部分是有事實根據，反映其決定是在他人影響下作出的。如上市時怎樣將資金調動來「造靚盤數」、出現赤字時賬目怎樣寫才不會被人發現、怎樣從銀行取得虛構貸款來支持門面等等，這些操作已超出他的工程專業或從商經驗，若非背後有人指點，他根本不會懂得箇中竅門。至於胡應湘建議他購買股票，甚至將購買大權全交予對方決定，結果購入絕大部分合和股票，等如用真金白銀為對方抬轎，亦可以看到他人干預的「手筆」。

保利事件另一件小插曲亦反映李保羅誤信人言之弊。在李保羅重掌保利時，曾與和記商討換股之事，按照他的如意算盤，他有意將自己手上的保利股票與和記互換，成功後再將和記的股票出售，便能獲得一千多萬元，足以解決當時的債務。但當他將想法與胡應湘商討時，卻被對方阻止，反建議他用發行新股的方式來換股（《工商日報》，1976 年 5 月 4 日）。坦白說，發行新股等如將保利股份稀釋，價值自然下跌，和記主席祈德尊（John Clague）可是「眉精眼企」的商場老手，當然不會看不穿這種雕蟲小技，導致換股之事成空，李保羅亦錯過了最後的救亡機會。

當然，以上的討論並非為李保羅開脫，擅取公款買股票或放棄換股都是他自己下的決定，就如俗語所謂，沒人拿槍指頭迫他就範，故他絕對應承擔最大責任。不過，就算身邊人是出於好意指點他，甚至是想方法為他解難紓困，但李保羅始終只是一名剛升格的上市公司主席，當有經驗或有專業知識的人都告訴他沒問題，大家都是這樣做，跟足規矩便不夠靈活變通，賺不了大錢。在周遭都充斥着賺快錢的氣氛下，他因此受不住誘惑而走上歪路，亦不足為奇。

而且，從政府日後並非單獨檢控李保羅一人，而是對保利全體董事提出起訴的做法，可推斷當政府插手調查後，找到的表面證據證明各人都有一定責任。雖然最後大部分人都因證據不足而撤罪，但仍反映一開始控方有足夠理由相信各人都有刑事嫌疑，否則以政府對商業行為向來放任自流的作風，理應不會自找麻煩提出檢控。

李保羅在建築工程方面具專業能力和經驗，又能與下屬工頭打成一遍，深受愛戴，公司規模尚小時他亦管理得頭頭是道，這都是他事業穩步上揚的重要因素。從保利申請上市時，他能隨手調動 400 萬元的資金，可見當時公司業務興旺、財源滾滾。不過，至保利上市後，他的經營明顯出現巨大失誤，因為據 1972 年上市招股書所言，公司法定股本為 3,000 萬元，但破產時負債竟超過 3,000 萬元，就算扣除他私買股票那 900 萬元，公司在兩年間賬目上虧蝕高達 5,000 多萬元，不可謂不驚人。

胡應湘曾在一次訪問中提到保利工程的敗因，指出主要是管理不善及財政調度失當，包括公司與地盤之間溝通欠佳，機械設備調度失當，造成浪費。他又提到公司在 1973 年用了 2,000 萬元添置設備，三個月的保養費花了近 400 萬元（《工商日報》，1974 年 11 月 5 日）。或許因公司膨漲速度過急，同時間又接下太多工程，已遠超李保羅的應付能力，再加上要重新學習上市公司的規則及經營方法，身邊又缺乏可信託之人，結果顧此失彼，最終兵敗如山倒。毫無疑問，李保羅在工程建築上經驗豐富，但或許是成功沖昏了頭腦，以為管理上市公司與管理私人公司不過是規模有別，在作決定前只聽自己想聽的、信自己想信的，不多走一步多問一句，結果犯下難以挽回的錯誤，令辛苦打拚多年的公司與自己在建築界的成就，全部化為灰燼。

所謂「往事不堪回首」，受過牢獄之災的李保羅，在 1978 年 9 月 11 日刑滿出獄。他在接受傳媒追訪時說出「我沒有偷、呃、拐、騙」、「受咗（坐了牢）就算，唔打算申冤」的話（《新晚報》，1978 年 9 月 12 日），反映他對自己的遭遇仍感不平，更沒確切反省自身犯下的過錯，甚至仍弄不清楚挪用公眾公司資產、公佈不實財務報表等行為，已經是「偷呃拐騙」。不過，或許真正令他

渴望從頭開始不願重提過去

李保羅順利飛中東

保利老工人送別真情畢露

李保羅試圖在中東重新開始，可惜再起無力，此後低調渡日，報章鮮少見其踪影。引自《工商晚報》，1978 年 10 月 16 日。

感到不忿的，是明明當時不少人都做着相同的事：向監工付「茶錢」、在財務報表上動手腳以粉飾櫥窗、取公司資金作短暫投資等等，理應罪不責眾，為何只有他一人受罰，身敗名裂且家財耗盡，就算出獄後仍受到諸多留難。

就如大浪淘沙，1973 年一場前所未見的股災，捲走了大部分盲目投資者的生平積蓄，衝擊到香港的工商經濟和資本市場體制，同時也給一眾企業帶來嚴峻考驗，就如「股神」巴菲特的名言：「潮退後便知誰沒穿泳褲」（After all, you only find out who is swimming naked when the tide goes out），浪潮過後，誰是真材實料、誰是濫竽充數都一覽無遺。李保羅與其一手創立的保利工程顯然是經不起考驗的例子，在風浪中進退失據，結果這個建築界王國就如沙堆成的堡壘，海浪過後，再找不到半點痕跡。

小結

李保羅於 1957 年時身無分文到達香港，與人合夥創立保利工程，大展拳腳，然後 1972 年底在股票交易所上市，變成公眾公司，身家一度逾億，更是當時數一數二的建築界龍頭企業。若其後公司穩步發展，便會成為受人稱頌、白手興家的成功人士。可惜，或是被成功沖昏了頭腦，或身邊缺乏能輔弼之人，他其後犯下連串學術界經常談及的錯誤：企業發展過急、低估投資風險、忘卻債務累積、企業發展被股價牽着鼻子走等（Ingebrestsen, 2003），再加上受大環境影響，經營時未有依法守規，結果在事業如日中天時由天堂跌進地獄，不但富貴如黃粱一夢，更多次遭受牢獄之災，如此慘痛的結局，不但對他而言猶如墜入無間，就算是旁觀者亦覺得膽戰心驚。

更發人深省的是，就算企業長時間在某些範疇辦得成功，領導人想乘勝追擊，透過股票市場大舉擴張，以為「一理通百理明」，忘記建立事業就如興建橋樑房屋，需要根基穩固，不能弄虛作假、偷工減料的基本道理，更忽略了股海既能載舟亦能覆舟的風險，結果當環境逆轉，只會招來災難性的後果。因此，決定企業要穩守還是突擊前，領導人需要對環境時勢的全面評估，充分掌握行業發展周期，亦要認清自己以及身邊團隊的能力與缺點，而企業一旦揚帆出海後，更要時刻警醒，不可忽略任何一道暗流或漩渦。「一將功成萬骨枯」，戰場如是，商場亦如是。

第6章

大大百貨

楊撫生家族的黯然退出

- 時刻求變、不斷創新，是推動企業持續發展的核心力量。

- 洞悉時局變幻，能夠乘時而起開拓市場空間，是企業家開啟成功大門的鑰匙。

- 哪怕商場上敗陣，只要知所進退，保住聲譽，便不會遭人落井下石。

引言

1985 年 7 月 24 日，中英文報章大篇幅報道，由楊撫生家族持有、被稱為「香港最大的百貨零售集團」的大大百貨公司（鴻碩，1986：166），因資金周轉不靈、無法償還債務，被債權人之一的滙豐銀行接管，集團瀕於清盤結業邊緣，其中《華僑日報》有如下扼要介紹：

> **創業十一年的大大百貨公司集團，因無法清還債項已被主要債權人香港滙豐銀行接管和委託安達臣會計師行繼續經營。集團屬下九間百貨公司，包括大大百貨公司、大元百貨公司及大人百貨公司，在港九新界的分店，昨日如常營業，沒有受到今次接管行動的影響，同時六百多位員工亦繼續獲得留任……滙豐銀行發言人胡鎮西亦解釋，今次接管主要是大大集團資金周轉有困難，未能清還債項……（《華僑日報》，1985 年 7 月 24 日）**

即是說，哪怕被稱為「香港最大的百貨零售集團」，在香港百貨市場上佔有十分吃重地位、過去曾有輝煌發展的大大百貨集團，因資不抵債掉進了經營泥沼，債權人接管後仍維持公司經營，宣之於口的理由是為了尋求債務重組，減少各方損失。

後來，由於楊撫生家族無法與大小債權人達成協議，不願注資減債，大大百貨集團最終走上了清盤結業之路（*South China Morning Post,* 13 March, 6 August and 23 September 1986），作為集團最大股東的楊撫生家族，更因此遭大小債權人控告，追討借貸損失（*South China Morning Post,* 4-6 October 1986）。這一挫折，應令那時已進入七十歲高齡的楊撫生感到氣餒，甚至覺得面目無光。

沒遭落井下石的「楊撫生現象」

大大百貨集團的業務，只是楊撫生家族投資的其中一個部分，其他生意如飲食及物業地產投資等，那時其實亦處於水深火熱之中，而大大百貨集團的困局，更觸動了其他生意投資兵敗如山倒，令楊撫生歷經數十年辛勞才建立起來的心血毀於一旦。受此沉重投資失利的打擊，於 1940 年代末把生意重心由上海轉到香港，再憑個人才華把生意做大做強的楊撫生，那時明顯已沒當年仍處而立之年般的雄心壯志，加上那時候香港已進入回歸祖國的「後過渡期」，家族在香港的生意與投資於是順勢收縮，楊撫生隨後更決定離開香港，移民美國，到 2001 年去世（Lo, 2018）。按他約生於 1914 年計，享年 87 歲。

對於大大百貨集團的轟然倒下，加上家族其他生意投資的先後結業，難免給債權人、供貨商及員工等造成重大損失，一般均會遭到社會輿論的批評鞭撻，尤其會口誅筆伐，揭露各種不良營商行為。然而，對於楊撫生所經營的大大百貨集團，那時遭遇的變故，文化界及大眾傳媒卻表現出少見的「寬容」，不但對其生意失敗表達了惋惜同情，亦甚少作出批評，就算有批評，亦留情三分。

為何楊撫生能深得文化人「厚愛」？文筆一向辛辣的文化人齊以正以「有書卷氣，擅長宣傳」作扼要形容，指他生活簡單，沒什麼嗜好，與近代中國書畫家如齊白石、張大千等有交往，不但收藏不少書畫，亦有相關鑽研，並強調「他對事物的見解也就不是一般商賈可以比擬的」（齊以正，1986：181）。

《信報》財經專欄作家陳逸，更以〈高手躓低〉為題，說明楊撫生經營大大百貨集團的「老貓燒鬚」遭遇，着眼點是楊撫生在廣告宣傳上「能維持其獨有之新穎創作構思力，令到專業廣告大師亦甘拜下風」，進而指出楊撫生「確是位商界奇才，比人才更高一級」（引自齊以正，1986：181）。由是觀之，楊撫生不但有文化藝術修養與研究，更具突出才華，廣告創作新穎尤其反映了他屬「奇才」的特點。

另一位報界具份量實力派作家王亭之亦對楊撫生廣告宣傳與營銷方面的才華甚為欣賞，尤其定價方面，指其「甚有特色，『二十九元九』、『三十九元九』、永遠不會標『三十』、『四十』。這種標價，甚有心理學問，因為二十九個九在心理上還是『廿幾皮』（廿多元），與三十即有一級的差別也」，並盛讚楊撫生「實在是一流廣告撰稿設計人材」（引自齊以正，1986：181）。

當然，正如前述，由於生意失敗給不少人帶來損失，坊間亦有一些批評聲音，如有評論指出大大百貨集團是「扮日本樣、架頭（日本）款」的公司，在日本百貨公司大舉到港發展下「落下風了」。亦有評論指出大大百貨「大而不當」，沒有太大資本，卻做太大生意，「多做濫做⋯⋯借貸多了，利息便厚⋯⋯一但利潤太薄，則變了無利可圖⋯⋯商業巨人的倒閉，多是由於上述原因」（引自齊以正，1986：182）。

無論是惋惜同情之評，或是留情三分之論，因大大百貨集團倒閉而帶出的背後老闆楊撫生，無疑吸引了社會高度注視，這個特殊現象的背後，不但是書生奇才下海經商的故事，其人生事業發展亦見證了中國近代歷史崎嶇曲折，而尤須注視的是，哪怕楊撫生屬「奇才」，人生閱歷豐富，晚年時亦遭遇滑鐵盧，說明生意失敗、人生逆境隨時隨地會出現，任何人均不能「免疫」，所以時刻均不應掉以輕心。在今時今日的社會，儘管已沒多少人聽過楊撫生或大大百貨公司的名字，梳理其人生故事及企業發展進程畢竟可成為後來之鑒，有助吸取當中教訓。下文透過對不同文獻與檔案的鈎沉，拼湊出楊撫生與大大百貨集團的發展故事。

鶴鳴鞋帽商店的一鳴驚人

儘管楊撫生好書畫，又結交了不少文化藝術界名人，但因為人低調、生活簡單，「不尚虛名，從不接受記者訪問或拍攝照片」（齊以正，1986：183），除藝術與收藏外沒什麼其他嗜好，有關其生平等資料甚缺。綜合不同資料顯示，楊撫生又名楊定齋，約生於 1914 年，祖籍寧波。[1] 童年時，楊撫生曾在上海一家較有名氣的學校 —— 市立旦華國民學校 —— 就讀，該校位於上海老城區九畝地大境路口十五號（即現在黃浦區），[2] 按此推斷，其家應住在九畝地附近。據說，他曾患過肺病，早年健康欠佳。[3]

由於市立旦華國民學校擁有較佳師資與環境，吸引家長想盡辦法把子弟送到那裏就讀，楊撫生那時能進入該校就讀，應經歷一定競爭，而從他日後在該校創立校友會，且出任該會主席的舉動看，他在校期間應較活躍，學習上應有一番表現。完成小學教育之後，有關楊撫生中學及以後的求學記錄，未能找到資料，惟從他日後以 Jefferson Young 的英文姓名「行走江湖」，兩位太太及十一名子女都如他般常用英文名字，行為舉止甚為西化，對現代商業宣傳和推廣又甚有認識，且結交不少文化界名人等多重面向資料推斷，他的學歷背景應該不差，因他後來曾聘有不少上海聖約翰大學畢業的學生，出任公司旗下高級職員，其中一個可能，應是他於聖約翰大學畢業。

求學與成長背景資料儘管並不全面，但有關他事業的起步和發展，則有較為清晰一致的說法。扼要而言是，揚撫生之父為楊月光（出生年份不詳），於 1936 年在八仙橋（黃浦區）創立

1 由於楊撫生在 1946 年間曾擔任鄞縣樂華小學主席校董之職，報稱時年 32 歲（《申報上海市民手冊》，1946：F20），據此推斷他的祖籍及出生年份。

2 該校創立於 1917 年 12 月 16 日，屬政府資助學校，所以稱市立旦華國民學校，在那個年代屬於上海擁有較好教育條件的小學之一（《上海市學校調查錄》，1948）。

3 由於曾患肺病，他常有「免得以病誤人」之說（《大風報》，1947 年 7 月 4 日）。

鶴鳴鞋帽商店，惟他不久去世（沒指明年份），另指他去世前雙目失明，生意因此由年紀輕輕只有二十出頭的楊撫生接手（Lo, 2018），他臨危受命，不但沒令父親心血付諸東流，反而一鳴驚人，鶴鳴鞋帽商店的生意愈做愈旺，分店愈開愈多。令他得以突圍的原因，除了善用廣告宣傳，亦與時局發展有關。

對於那個走出人生事業關鍵一步的發展進程，儘管日後曾有一些粗略介紹，但多語焉不詳，且有反覆轉引自單一源頭的跡象，反而一則早於 1946 年刊登在上海《誠報》上有關楊撫生人生事業為何能夠那麼風光的資料，可提供寶貴參考，雖然那篇文章的筆觸用語帶有不屑的漫罵口吻：

> 楊老闆在戰前只是八仙橋鶴鳴老店的小開，老老闆做事墨守舊法，只求穩健，不尚發展，但楊小開膽子潑、肯冒險，在戰時眼看皮革喫香，便着眼於囤積方面，並大事登載廣告，發展業務，他以為要擺噱頭非搬到南京路上不可，於是他第一步把所有的資產，全部「沙蟹」甩出，在南京路冠生園對過訂下一間門面，大事裝修，同時以巨幅廣告刊於大小日夜各報，那時只有他自己心裏有數，他的老子由此急得一命嗚乎。可是不多幾時，居然被他噱頭成功，上海「一窩風」，竟然喫這一記，從此總分店生意興隆，他也儼然暴發首富……（《誠報》，1946 年 11 月 6 日）

這裏的「戰前」，指 1937 年爆發抗日戰爭之前，即 1936 年鶴鳴鞋帽商店開業後的一段時間內，「戰時」則是抗日戰爭爆發但上海租界仍能維持和平之時。按此時段區分，鶴鳴鞋帽商店開業之初，仍由楊撫生父親負責打理，因其作風保守，「只求穩健，不尚發展」，反映他可能出身工匠，而從他晚年失明、視力不好的情況看，可能亦與工匠工作有關，或者其父為鞋帽行業中的「老行尊」，具有一定江湖地位。

到戰爭爆發後，楊撫生的父親應已把生意交到楊撫生手中，這或許與其視力退化及健康轉差有關，而楊撫生接手後則採取連串重大舉動：其一是入貨「囤積」，善價而沽，這是市場波動時多數商人常見做法；其二是因應本身手上持貨不少，大做廣告促銷，這種藉宣傳促銷產品的做法，在那個風險較大的環境下無疑十分進取，更不用說那時的廣告與促銷手法十分新穎；其三是在租界內核心商業區南京路上開分店，擴大銷售網，尤其投入不少資金於門店氣派與裝修之上，再配合廣告促銷。

文章指出楊撫生父親「由此急得一命嗚乎」，此點雖有把父親之死推到楊撫生過於進取開拓策略身上之嫌，卻帶出一個不爭事實，其父在那段時期辭世，鶴鳴鞋帽商店因此由楊撫生繼承，打點一切，而隨後的生意則因中華大地無數地方淪於日軍鐵蹄之下，不少民眾與資金湧到上海租界，令被稱為「孤島時期」的上海租界在人口與資金大量聚集下呈現畸型繁華（上海市工商行政管理局，1963），鶴鳴鞋帽商店的生意亦興旺起來，「從此總分店生意興隆」，楊撫生的身家財富亦水漲船高。

由此可見，鶴鳴鞋帽商店應是戰火中崛起的公司，亦可說是因為戰爭而發達，主要原因是能緊抓租界內獨享和平的時機，並以積極進取的營銷手法擴大市場，那時只有二十多歲的楊撫生既

不同時期不同手法的鶴鳴鞋帽商店各種廣告，反映其甚有創意，句子及用字甚為精練，且具文彩。

能在父親突然離世下成功接班，又能看到戰亂中的發展機會，且能以不同方法擷取亂局中的機會，因此不但反映了個人確實擁有卓越才華，亦凸現了過人膽色與生意目光。事實上，由於楊撫生在開拓業務上採取了藉廣告宣傳推銷產品的策略，不同報刊中留下的不少廣告記錄，可讓人粗略看到鶴鳴鞋帽商店曾經走過的發展軌跡，因而可印證上文所引在 1946 年底的評論內容。

通過對不同文獻資料的搜尋，最早能找到與鶴鳴鞋帽商店相關的廣告，出現在一位稱為「綠芳紅蕤樓主」所著、於 1938 年出版的《安邦定國志彈詞》一書，該書的第三頁刊登了鶴鳴鞋帽商店的廣告，注明：「用料無羼次之弊！做工有獨到之處！」那時沒寫明具體店址，只以「黃金大戲院對面」作介紹，電話號碼為 83537。所謂「黃金大戲院對面」，確實地址即為金陵東路 486 號，此門店後來被稱為「門市店第一店」。即是說，自 1936 年創業到 1938 年，鶴鳴鞋帽商店仍只維持一家，地點在金陵東路，那時楊撫生父親應仍在生，貨品強調「做工獨到」，反映了對自家製造技藝的信心和特點，而廣告出現在一本戲曲書籍上，則揭示楊撫生或其父親對演唱或戲曲有一定興趣或接觸，楊撫生日後亦確實與不少演藝界人士有深入交往。

到了 1939 年 5 月 7 日，鶴鳴鞋帽商店開了第一分店，落腳點在南京路中，即租界內的核心地區內，且在開張前已有連串宣傳，又舉辦盛大宴會，邀請「名伶與明星」如章遏雲、楊寶森、葉盛蘭、高百歲、芙蓉草、張文娟、談瑛、白燕等出席，開幕儀式原由虞洽卿（上海著名買辦、實業家）主持，後對方因事不能出席，改由袁履登（又名袁禮敦[4]，大商家，曾任大華銀行總經理）代表，氣氛熱鬧，反映楊撫生與名伶明星及社會賢達甚多交往，當中多為寧波籍人士，且推行「開幕期內舉行大廉價大贈品三天」及「買二元送二元」等促銷活動，反映其深懂推銷之道（《力報》，1939 年 5 月 5 日及 8 日；《生報》，1939 年 5 月 6 日；《新聞報》，1939 年 5 月 6 日；《迅報》，1939 年 5 月 7 日；《晶報》，1939 年 5 月 9 日）。

由於連串活動均沒提及楊撫生父親，若然他仍在生，以他作為老闆的身份或輩份，沒可能不出席該活動，也不應不被提及，推斷那時他應已去世。另一方面，以楊撫生踏足社會只有短短數年，便能聘得眾多社會賢達及演藝名人為座上客，給他撐場，雖然反映了他海派作風的長袖善舞，但亦說明他的人脈關係並不簡

4 抗戰時期，袁履登與著名金融家、上海市商會會長林康侯及紗業鉅子、曾任上海交易所聯合會會長的聞蘭亭合稱「上海三老」，抗日勝利後「上海三老」曾被控漢奸罪。

單，可能亦與父輩在社會或行業中有一定地位與名聲有關，惟因資料有限，難下準確定論。

在第一分店開幕經營不久的 1939 年 8 月 1 日，楊撫生又迅速在靜安寺路百樂商場開設鶴鳴鞋帽商店的第二分店，該分店同樣裝修富麗堂煌，地點人流暢旺，而開幕儀式亦同樣衣香鬢影、場面熱鬧，名流如袁履登（同樣原本由虞洽卿主持，但他後來又爽約）、林康侯（著名金融家，上海市商會會長）、周邦俊等，演藝明星則有朱秋痕、胡蓉蓉等。其中一個特點是，當時報紙形容楊撫生為「年少英俊、才識卓絕……富有創造之思想、奮鬥之精神」（《力報》，1939 年 8 月 3 日），可見楊撫生已吸引傳媒注視，樹立了年輕有為且具奮鬥創新精神的企業家形象。

當中華大地不少地方已在日軍鐵蹄之下，楊撫生卻能在三個月內連開兩家分店，開幕儀式又十分盛大，那無疑是十分引人注視的事情。正因業務急速發展，在 1939 年出版的《寧波旅滬同鄉會第十一屆徵求會員大會特刊》中，所刊登的鶴鳴鞋帽商店廣告，便聲稱為「滬上唯一大規模的鞋帽商店」，且列出多家商店的地址，包括總店在法大馬路八仙橋口，第一支店在南京路中，第二支店在靜安寺路百樂商場。同年出版的《上海萬業錄》中，鶴鳴鞋帽商店的廣告以寫得不甚好看的毛筆字寫着：「願天下的大頭大腳、小頭小腳都來歸我」，並稱：「別人家買不到，我們一定有！別人家買得到，我們特別多！」這些用詞特別的廣告用語，屬於鶴鳴鞋帽商店廣告的一大特色，一直被認為出自楊撫生手筆，反映了他廣告推銷方面的才華，亦說明他的學歷不低。

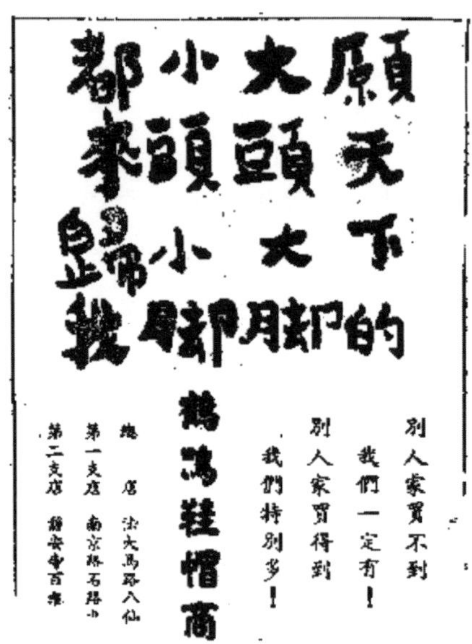

不知此廣告的字體，是否出自楊撫生本人的手筆。

正因生意不斷發展，身家財富同步提升，楊撫生開始參與社會事務，且曾在不同層面上作出捐獻，尤其曾在一些社會團體與組織的紀念特刊上，刊登一些類似慈善捐獻、社會公益的贊助廣告，例如在上海救濟難民兒童教養醫院的紀念刊，便有鶴鳴鞋帽商店的廣告（林康侯，1939），揭示楊撫生應給一些社會公益機構捐出善款，而相關機構的紀念刊物則刊登了鶴鳴鞋帽商店的廣告，作為答謝，或者出資刊登廣告，本身便是一種支持。

除了上海市場，到了 1941 年 6 月，楊撫生更踏足香港，原因是為了在香港籌設分店，擴張業務。據說，該舉動獲得「旅港聞人杜月笙、林康侯、潘仰堯諸君之贊助」，惟不知這裏所說的「贊助」，是否指他們是香港分店的投資股東。該分店擇吉於該年

6 月 18 日開幕，落腳點在德輔道 163 號。[5] 為了慶祝香港分店開業，公司更大事宣傳：「港滬總支三店聯合舉行大廉價大贈品三天」（《大美晚報》，1941 年 6 月 17 日），手法與早年開設其他分店時相若。

同年 8 月 15 日，楊撫生以鶴鳴鞋帽商店主人身份，在大華飯店「招待各界來賓，到有張一麐、虞洽卿、王曉籟、林康侯、鄔志豪、梅蘭芳等百餘人，觥籌交錯，頗為熱鬧，十時許賓主盡歡而散」（《大公報》，1941 年 8 月 16 日）。且不要說賓客人數多達「百餘人」的場面盛大，所列舉的諸人，除前文提及名人如虞洽卿、林康侯等，還有曾任北洋政府教育總長和總統府秘書長的張一麐、京劇四大名旦之首的梅蘭芳、上海市商會會長王曉籟、「衣莊大王」鄔志豪等，[6] 位位皆是滬港名人，可見經歷數年發展，楊撫生與鶴鳴鞋帽商店已名揚上海，且把分店開到了香港，實在已非往昔吳下阿蒙了。

日佔時期的繼續經營

1941 年 12 月 8 日，日軍偷襲珍珠港，同時揮軍入侵上海租界與香港，兩地無法抵抗，隨即落入日軍之手。日佔時期，上海鶴鳴鞋帽商店的三家門店繼續經營，仍強調乃「滬上規模最大

5　刊於《平劇義演特刊》（1941）上的廣告強調「請認明上海分此」（原文如此，應為「分店」之誤植）。

6　鄔志豪是香港名醫鄔維庸之父。

之商店」(《中國商報》，1942年5月11日)。1943年則以「一樣一雙底皮，厚薄相差邪氣」作廣告標語(《商業晚報年刊》，1943)，令人看起來覺得意有所指，但不明真正用意。

1943年5月，為響應華北賑災，籌集善款，袁履登捐出手上名煙，並非煙民的楊撫生，「願出資一萬元購此名煙」，等於捐款一萬元，然後將那些名煙作「公開拍賣，最低價為原價一萬元，競賣所得，悉數助賑」(《申報為華北災民向全國呼籲急賑》，1943)。為爭取更多善眾捐獻，其手法之新穎，與其創作廣告般常令人耳目一新，反映他確實頭腦靈活，點子甚多。另外，楊撫生那時亦曾推出「鶴鳴鞋帽雖耐穿，物力維艱須愛惜」的廣告，既凸顯戰爭時期物資十分匱乏，呼籲社會節儉，亦宣揚鶴鳴鞋帽商店所售貨物的品質上乘，語帶相關。

從後來的資料看，日佔時期，身在上海的楊撫生，應曾在日軍掌控的地方組織中擔任一些掛名職位，那便是擔任「保甲委員」(《神州日報》，1946年10月8日)，作為維持地區治安的代表，此一身份或頭銜，成為二戰結束後楊撫生被指為「漢奸」的罪證，給他的名聲、事業和生意帶來一定影響。與他有交往的袁履登和林康侯等，因曾在更多層面上配合了日偽政府統治，戰後遭到追究，被治以漢奸罪。

香港方面，在1941年6月才開幕的鶴鳴鞋帽商店分店，同樣在日佔時期繼續經營，此點可從1943年出版的《電話番號簿》中找到一些證明，因鶴鳴鞋帽商店的登記，出現在《電話番號簿》中，所注明的地址仍在德輔道163號，惟那時的德輔道街名，已按日軍規定改名東昭和通，電話號碼為 30032（《電話番號簿》，1943：169）。即是說，一如上海的多家門店，在日佔時期，作為經營民生必需品的鶴鳴鞋帽商店並沒停業，而是仍在營運，惟不能肯定楊撫生那時曾否踏足香港，巡察業務。

抗戰勝利後的更上層樓

抗戰勝利後，在社會進入重建、恢復生產的期許中，楊撫生爭取時機推進鶴鳴鞋帽商店的生意，其在鞋帽業中的領導地位更獲重視。在 1945 年 10 月上海社會局發出的「各同業公會成立整理委員會」通告上，列出政府要求成立的十六個「整理委員會名單」，楊撫生的名字列於履（鞋）業中的首位（《文匯報》，1945 年 10 月 21 日），可見地位已甚突出，那時他剛三十出頭，隨後亦擔任上海市鞋商業同業公會主席之職。由此可見，無論是抗日戰爭爆發、日軍入侵上海租界和香港，經歷日佔時期，楊撫生與他的鶴鳴鞋帽商店均保持發展，到抗戰勝利後，又迎來另一發展勢頭，他看來又能及早作出應對，爭取能盡快開拓業務。

為了爭取在和平時期社會進行重建中的先機，更好地推進業務，鶴鳴鞋帽商店那時的廣告強調「服務比人家先，牟利比人家後」（湯心儀、潘吟閣、朱斯湟等，1945：219）。廣告標語一如既往的令人印象深刻。同年底，位於八仙橋的總店進行「擴充店面」，然後於 1945 年 12 月 15 日舉行揭幕儀式，請來王曉籟、黃金榮、孫芹池、徐奇廎、周學湘等上海名人百餘位（《文匯報》，1945 年 12 月 16 日），場面十分熱鬧，亦吸引傳媒報道，代其作免費宣傳。

難得一見的青壯年時期楊撫生個人照，引自 1946 年出版《申報上海市民手冊》（上海：申報館）。

或者是日佔時期擔任「保甲委員」時對社會治安問題發生興趣，加上成為業界領導周旋於政府不同部門等因素牽引，到 1946 年 5 月，楊撫生作出人生事業方向的重大調整，參與當時上海市參議員的競選，並成功獲選為嵩山區市參議員（《神州日報》，1946 年 5 月 3 日；《上海反動政治機構人名錄》，1949），反映他開始了議政論政的新嘗試。正因這一人生事業上的重大方向變化，在 1946 年出版的《申報上海市民手冊》中，可找到楊撫生人生中罕見的照片，當時剛 32 歲，報稱為鄞縣樂華小學主席校董、鶴鳴鞋帽店總經理（《申報上海市民手冊》，1946：F20）。

另一方面，就在該月底，楊撫生曾以上海市鞋商業同業公會主席身份接受記者訪問，提及鞋業發展前景，指出在過去一年間，鞋匠工資增幅僅次於金銀匠，工資急漲，因此增加了生產成本，給行業發展帶來壓力，所以有了「踏破皮鞋添愁思」之嘆。該訪問更刊登了楊撫生「為國家民族努力以達輿論救國目的」的墨寶（《聯合晚報》，1946 年 5 月 30 日），言論舉止反映了個人對行業及國家發展前景的思慮與綢繆，不再如過去般只聚焦於自己的生意。

到了 8 月份，上海市內一班如復旦大學校長章益、永安公司經理郭琳爽及《大公報》經理費彝民等名人，發起把每年八月八日定為父親節的運動，[7] 楊撫生亦成為發起人及贊助人之一，支持應把該日設為父親節，亦曾以捐款資助該項活動方式，換取《父親節紀念冊》內刊登鶴鳴鞋帽商店的廣告。

接着的 9 月份，在市參議員會議上，有參議員提出派代表赴京請願，要求政府改善金融及經濟政策的議案，最後獲議會大比數通過，作為實業家的楊撫生，獲挑選為赴京代表團 11 名成員之一（《神州日報》，1946 年 9 月 21 日；《文匯報》，1946 年 9 月 22 日）。此點不但反映他屬活躍參議員之一，亦具行業翹楚地位，並非尸位素餐、沽名釣譽者。

7　挑選八月八日作為父親節的原因，其一因「八月八日」發音與「爸爸」近似，顧名思義，便於記憶，其二是「八八連綴形成父字」（黃寄萍，1948：4）。

因應那個議會決定，到 9 月底，被報紙稱為「市參議會工商請願團」的一行人，在徐寄廎帶領下赴京，「要求政府改善經濟措施」(《北方日報》，1946 年 9 月 30 日)。行程中，楊撫生曾接受記者訪問，談及個人看法，重點在於強調「祛除苛雜，整肅官方，調整關稅」，以恢復經濟與商業活力(《中華時報》，1946 年 9 月 30 日;《益世報》，1946 年 9 月 30 日)。而那次行程，除「晉謁蔣主席，面陳上海工商危機之實際情形」，還先後獲宋子文、俞鴻鈞等高層接見(《神州日報》，1946 年 10 月 4 日)，可見其不單受重視，接待規格也極高。

不過，當他在政治參與上嶄露頭角之時，圍繞着他的是非亦逐漸湧現，其中較受注視且為大小傳媒爭相轉載的，是楊撫生曾被「檢舉」在日佔時期為日偽政權的「附逆」(《大眾夜報》，1946 年 10 月 5 日)，甚至稱其為「漢奸」(《新華日報》，1946 年 10 月 7 日)，主要指楊撫生曾在日佔時期擔任「保甲委員」一職(《神州日報》，1946 年 10 月 8 日)，儘管那職位只屬日偽政府裝飾「吸納民意」的虛銜而已。從指控後來不了了之看，應找不到實質指控證據。

另一方面，由於那時營商環境低迷，出現不少企業難以維持的情況，鶴鳴鞋帽商店亦傳出了「不能支持」之聲，其中說法是訂自美國的四千雙鞋尺寸過大，不合國人尺寸，有了「存貨充斥實銷欠暢」的問題(《文匯報》，1946 年 11 月 3 日)。另外，亦有評論認為鶴鳴鞋帽商店已「搖搖欲倒」(《誠報》，1946 年 11 月 6 日)。其他報道還指出鶴鳴鞋帽店「負債達十三萬萬元，楊撫生有難言之痛」，而鶴鳴鞋帽店正在「談判易主」(《滬報》，

1946 年 11 月 7 日）。對此，楊撫生在回應記者查詢時曾反問：「負債誠有之，但債權人何在？請記者詳訪之，亦能舉其名，請其過來談談否？」並因這樣直接了當的回應而「一記退記者」，楊撫生被形容為「足智多謀」（《飛報》，1946 年 11 月 10 日）。

儘管如此，圍繞着楊撫生和鶴鳴鞋帽商店的是非仍持續出現。當然，由於他能沉着應對，業務又能保持發展，哪怕經營大環境欠佳時難以獨善其身，生意會受到一些打擊，但當上海經濟在 1947 年逐步走出低谷，鶴鳴鞋帽商店的生意又再興旺起來，他在社交場合與社會參與上又再轉趨活躍，廣告宣傳亦陸續不絕，並能屢見創新，吸引大眾視野，因此能推動業務上揚。

肯花巨資於廣告宣傳上促銷產品，屬積極開拓市場的表現。哪怕在 1947 年時國民黨與共產黨已再次爆發內戰，市場與商業環境有了更大波動和風險，惟正如前文提及，戰爭帶來的市場波動，不一定是百業蕭條，相反是百物騰貴，掌握貨品供應、擁有龐大貨源者，自可財源滾滾，楊撫生對此應有深刻體會，亦曾獲益，因為鶴鳴鞋帽商店便是在抗日戰爭爆發的環境中成長壯大起來，因此雖然那時戰火已在燃燒，但各種媒體上鶴鳴鞋帽商店的廣告仍然不絕。

舉例說，如在足球、籃球刊物《足籃球手冊》上的廣告，以「新相對論」作吸引，稱「人家就近，我們圖遠」，後又有「人家好利，我們愛名」（沈鎮潮，1947），突出鶴鳴鞋帽店的與別不同之處。對於楊撫生大力推出廣告的舉動，廣告業界的分析指出，那時「鶴鳴鞋帽店一家的廣告，可抵十餘家的廣告額」（如來生，

1948：32），可見楊撫生不但對廣告宣傳十分重視，相信其在促銷方面的威力，亦劍及履及，投入大量資源大做廣告。

除了從廣告促銷中可以看到鶴鳴鞋帽商店的持續擴張，在《上海時人志》記載中，又可看到那時楊撫生人生事業的發展狀況。據該書介紹，楊撫生時年 33 歲，「現任大上海都市計劃委員會委員，上海鞋業小學董事長，上海市參議會參議員，上海市鞋商業同業公會理事長、上海鶴鳴鞋帽商店總經理及上海鶴鳴鞋料商店總經理」（戚再玉，1947）。政府與社會公職不論，就生意而言，那時楊撫生掌控的企業，已新增一家上海鶴鳴鞋料商店，此公司明顯是配合鶴鳴鞋帽商店的銷售，提供原料與生產，揭示其生意已不只有橫向擴張，亦有縱向發展。

由於少年時期曾在市立旦華國民學校求學，該校校舍日佔時期曾受破毀，到 1946 年乃籌劃修建，適值 1947 年是該校創校三十周年紀念，作為該校舊生，且已在社會上闖出名堂的楊撫生，牽頭成立校友會，且成為主席，他不但個人作出巨額捐獻，亦發起籌款，最後得 1,312 萬元用於修建校舍及增添設施，獲得校方稱譽，該校更因此出版了紀念特刊，楊撫生不但在該特刊上刊登鶴鳴鞋帽商店的廣告，更作了一首詩送給母校。該詩文筆甚佳，可作為少年求學時的一個註腳，值得引述如下：「卅載韶華景物遷，程門立雪憶當年；兒童竹馬天真甚，桃李春風教澤綿；喪亂飽經傷往事，絃歌未輟賴群賢，旦華名美須思義，起舞聞雞共着鞭」（《旦華國民學校立校三十周年紀念特刊》，1947：沒頁碼）。

無論生意或社會參與，楊撫生的一舉一動均甚受媒體注視，有報紙因此亦關注起他的婚姻與家庭問題，因為作為商業精英，年輕有為，他應早已成家立室，惟他卻常在不同場合以「初患肺病」為由，「至今猶口口聲聲抱獨身到底，免得以病害人」。即是楊撫生曾以自己曾患肺病、健康不好之故，不想結婚，以免連累身邊人。傳媒在 1947 年前一直以為他是王老五，仍保持單身。不過，在 1947 年 7 月的一則「花邊新聞」，則證實他「暗地裏早有家室，且育有小撫生小小撫生，不知底蘊者常為楊執柯說親」（《大風報》，1947 年 7 月 4 日）。由此可見，早在 1947 年前，楊撫生已結婚，且應已育有兩名子女。[8]

鞋業大王的樹大招風

抗戰勝利後，中華大地的政治形勢無疑瞬間萬變，當作為商人的楊撫生全心全力投入到開拓生意之時，政治形勢亦發生巨大變化，關鍵所在是原本處於絕對優勢的中國國民黨，面對中國共產黨的挑戰中竟然節節敗退，在爆發新一輪軍事衝突的內戰後變得不堪一擊，屢吃敗仗，因此遭遇了管治領土日減、物價不斷飆升的困局。為此，中國國民黨乃採取了控制物價的市場管理政策，尤其在上海、南京等大城市採取了雷厲風行、嚴格打擊的手法，過去在開拓市場上不斷取得突破的楊撫生，顯然低估了那次政府打擊物價飆升的決心，結果碰到一鼻子灰，令他因此有了人

8　從日後楊撫生子女數目及部分子女年齡等情況推論，楊撫生在 1947 年前已結婚，且育有不只兩名子女，而可能更早前已有另一段婚姻，那段婚姻應育有三名女兒，隨後那名太太應因病去世，因為此一變故，楊撫生日後才有了「免得以病害人」之說，且會「口口聲聲抱獨身到底」。有關此點，參考家族樹及另一節討論。

生新體會，發展策略也有另一次重大調查。

從業務發展進程上看，自 1947 年起，鶴鳴鞋帽商店的生意不斷上揚，楊撫生因此籌劃另一波門店擴張，並於 1948 年初開展各項實際行動，主要是籌劃在廣州開設新分店，並於同年 9 月開幕，投入營運，落腳點在廣州下九路 102 號。對於那家分店及開幕儀式，報紙上的簡單介紹是：「四層大廈，巍峨堂皇，現已裝修完竣，決於今日開幕，恭請廣東省參議會議長林翼中先生揭幕及香港小姐司馬音剪綵，同時各地商店均舉行大廉價三天云。」（《華僑日報》，1948 年 9 月 9 日）無論是門店裝修、開幕儀式安排、促銷手法，基本上與過去情況沒有兩樣。

自廣州分店開設後，鶴鳴鞋帽商店已擁有八家門店，分別為上海金陵東路的第一店，上海南京東路的第二店，上海梵王渡路的第三店，香港德輔道的第四店，上海雲南南路的第五店，南京中山路的第六店，上海南京西路的第七店，廣州下九路的第八店（《上海市五十一業工廠勞工統計》，1948：33），加上公司擁有鞋料商店，楊撫生因此被稱為「上海鞋業大王」（《華僑日報》，1948 年 9 月 9 日）。

為人要力求向上
作事須腳踏實地
鶴鳴鞋帽商店
上海・南京・廣州・香港

然而，就在楊撫生馬不停蹄四出開拓之時，由於政治形勢急變，生活物價急漲導致民怨四起，衝擊政府管治，營銷策略表現進取的鶴鳴鞋帽商店，顯然因為過於突出而成為出頭鳥，招來重點打擊，原因是國民黨政府因應那時物價飛漲，實行「管制市場、雷厲風行」政策，尤其在「各地續捕奸商」，其中南京鶴鳴鞋帽店經理朱恩敬，早於廣州分店開幕前的 1948 年 8 月下旬，便被警方拘捕，「轉送特刑庭法辦」（《日報新報》，1948 年 8 月 28 日），主要是不遵守限價令，「於改金圓標價時擅予抬價，被檢舉後已由當局⋯⋯拘捕」（《和平日報》，1948 年 8 月 29 日）。

事件發生後，報章上曾出現鶴鳴鞋帽商店作出否認的消息，並表示「楊本人現並未在滬，已於八月十六日飛港，轉廣州」（《辛報》，1948 年 8 月 31 日），原因是那時楊撫生為籌設廣州分店與開幕儀式作最後努力，奔走於香港及廣州之間，而楊撫生或鶴鳴鞋帽商店或者因為樹大招風關係，成為國民黨政府打擊對象，同時間或者正在尋求與楊撫生對話，按照政府指示行事，而某些報紙尤其出現一些針對楊撫生的閒言閒語，如因為楊撫生曾到香港，邀請那時香港小姐司馬音到廣州為分店開幕剪綵，便被渲染為「司馬音香島遇恩客」，直指楊撫生與司馬音「相識未幾，打得一般火熱」（《導報》，1948 年 9 月 5 日），藉此大做文章，針對意味濃烈。

到了廣州分店開幕後的 9 月中，《力報》以「致楊撫生」為題發表了社評，主要還是針對鶴鳴鞋帽商店早前「抬高售價」問題，指楊撫生為「奸商」，是個「沒有國家民族，祇顧自己私利的守財虜」，並以捷克著名鞋商拔佳鞋店（Bata Shoes Co.）[9]為例子，說明當沒有國家，企業難以存活，要求楊撫生為國家大局着想，嚴守限價法令，不要再抬高售價（《力報》，1948年9月15日及18日）。

就算在限價政策下，「鶴鳴鞋帽商店生意好得『造反』，因為上次『鶴鳴』超越限價而被罰，現在大家以為一定遵守限價而便宜了，反而因禍得福」。即是哪怕政府以強硬手段拘捕了鶴鳴鞋帽店的負責員工，其生意卻沒受影響，主要與百物騰貴下民眾爭先搶購之故，而報紙上仍以謾罵方式評論鶴鳴鞋帽商店的貨品，指出「其實鶴鳴皮鞋非常蹩腳，遵未限價，他不過是以次貨應市而已也」（《真報》，1948年9月21日），藉以淡化市場對其貨品的剛性需求。

由於楊撫生是市參議員，屬具特殊身份的非一般商人，卻不遵守政府法令，抬高售價，報章的評論自然帶有「罪加一等」的意味。因應分店負責人遭政府拘捕一事，楊撫生曾作出營救，尋求以罰款作為代替的方法，惟相關斡旋看來並不成功。1948年10月24日，《華僑日報》轉載一則來自南京的消息，指出「鶴鳴鞋帽店經埋朱恩敬因違反限價，經首都特刑處審結，於（10月23日）上年宣判，處有期徒刑六年，並科罰金金圓券六千元」（《華僑日報》，1948年10月24日）。若以「違反限價」而處以六年牢獄計，刑罰無疑極重，此點相信令楊撫生對那時的營商環境感

9 拔佳鞋店為一間歷史悠久的捷克鞋店，設計、生產、銷售都是自己公司一手包辦。

到失望，因而有了寧可撤資離去的綢繆。

在隨後的日子中，先後出現多種楊撫生有意離滬轉往別處的消息。例如，一踏進 1949 年，便有報紙報道楊撫生與榮鴻元較早前已「申請出國護照，赴歐美各國考察」，但實際是「出國逃難」（《大風報》，1949 年 1 月 1 日）。儘管楊撫生已在綢繆離滬另覓發展，但仍維持鶴鳴鞋帽商店的廣告宣傳，那時的廣告口號為：「為人要力求向上，作事須腳踏實地」。針對他的報紙則常以鶴鳴鞋帽店廣告上強調鞋底「厚皮」而嘲笑楊撫生「厚皮」—— 即揶揄他面皮厚，不知廉恥，如在 1949 年 1 月 8 日上海《東方日報》一則新聞上，便嚴批楊撫生面皮厚：「他的行動並不值得人們大驚小怪的特別注意，可是最近忽然有人傳說，他預備將來歷年在『厚皮』刮來的錢，換成美金」，暗示他快要離滬出走。結果，就在那段新聞刊出前後，楊撫生離開上海，他不是遠赴歐美，而是如不少上海商人般南下香港，開闢新天。

移居香港的另闢新天

無論是 1941 年在香港設立鶴鳴鞋帽分店，或是 1948 年到廣州再設門店，楊撫生對香港的社會制度、營商環境及語言文化等均應有深刻了解和認識，當他一方面本身受到國民黨政府限價政策的打擊，而共產黨又勢如破竹地由北而南橫渡長江，直逼上海時，楊撫生最終選擇離滬，目的地便是中華大地偏南一隅的香港，開展新生活和新事業，至於內地的生意與業務，則交由陸坤元等高級員工負責，而該門店、原料廠及生產廠等，日後在公私合營浪潮中被公有化了（《亦報》，1952 年 2 月 17 日），因此曾給楊撫生帶來巨大損失。

自滬到港後，由於早在約十年前已在香港開設門店，楊撫生對香港無疑並不陌生，而是擁有一定商業與人脈關係網絡，因此能較其他南來的上海商人較容易適應下來，並可更為迅速地邁出發展腳步。那時的香港，已基本走出了二戰時期的頹垣敗瓦，經濟逐步復甦、營商環境穩定，更因吸納了大量移民和資金，有一股蓄勢待發的力量，情況就如抗日戰爭爆發後大量民眾與資金湧到上海租界一樣，因此刺激了對鞋帽的需求，令其門店生活一片興旺，盈利自然同步上揚。

雖然朝鮮半島突然在 1950 年中爆發戰爭，給剛恢復和平的世界帶來巨大挑戰，香港經濟尤其在美國主導的聯合國宣佈對新中國實行「貿易禁運」下掉進困境，令其過去一直高度依賴轉口貿易的經濟戛然而止，商業環境一度十分低沉，社會上人心惶惶，但楊撫生似乎並沒如不少「旅港」上海商人般表現得悲觀退縮，減少投資，而是保持擴張，其中重大舉動是在經過多番籌備後，在 1950 年 9 月 5 日於澳門新馬路中心開設分店，並一如往昔的大事鋪張、大作宣傳，尤其邀請社會賢達及演藝名人參加，當時報紙的報道是「由電影明星白光小姐剪綵」（《華僑日報》，1950 年 9 月 7 日），可見楊撫生藉演藝名星代其開幕剪彩的宣傳手法始終沒變。更為重要的是，楊撫生日後又曾因應香港走上工業化道路之勢擴大業務，開設本身的鞋帽生產線，令鶴鳴鞋帽店變成一家兼具生產與銷售的鞋帽公司，走拔佳公司的道路。

不過，澳門分店似乎並沒維持太久，可能在首個租約到期的

1952 年，便「自動宣佈停業」，情況甚為特殊，引來當地社會注視，店方在記者查詢時以「這次結業的原因是相當複雜的」作回應，而報紙更報道，「現時該店在港九兩地共有三家字號，分設於灣仔、中環及對海彌敦道等數處」（《大公報》，1952 年 11 月 5 日）。由此帶出一個重點，在 1952 年時，撇除澳門分店不論，單在香港境內，除德輔道 163 號的老店外，便已有了灣仔及彌敦道兩個分店，即合共有三家門店了，說明自 1949 年離滬到港重新展業務後，楊撫生除在澳門擴張新店，還在香港境內大展拳腳，絲毫沒有表現出業務與投資方面的後退與收縮。

再過一年多後的 1953 年，鶴鳴鞋帽商店的分店再增多一家。在 1954 年的廣告上，鶴鳴鞋帽商店出現一家新門店，地址在「彌敦道第十六號」，聲稱「擴大為四間門面」的企業，並一如既往地「推行薄利政策，擴充服務範圍」（《華僑日報》，1954 年 1 月 28 日），可見在楊撫生剛進入不惑之年、心思更縝密、體力仍旺盛之時，為了配合業務發展，仍採取擴張策略，並繼續以大量廣告催谷銷售，爭取市場佔有率，例如那時的廣告便聲稱「廉價鞋上市」，強調「工精料美，款式新穎，機會無多，欲購請速」（《華僑日報》，1954 年 7 月 30 日）。

1955 年 5 月底，加拿大多倫多舉行國際貿易展覽會，為期十一天，港府為了開拓該地市場也派出代表團參展，楊撫生以鶴鳴百貨經理的身份隨團前往（*South China Morning Post,* 1 May 1955），進一步說明楊撫生早年應曾受西式教育，並精通英語。更為重要的是，就在那段時間，楊撫生先後在台北、新加坡、檳城、東京和紐約等地開設分店，令鶴鳴鞋帽商店躍升成為可與拔佳鞋業並駕齊驅的跨國鞋帽企業。

正因這種重大發展和變化，在 1956 年的廣告上，鶴鳴鞋帽店的廣告以一個人在打筋斗的漫畫，點出本身業務發展上的特點，其宣傳標語是：「孫行者一個斛（筋）斗，翻了十萬八千里；我們一個斛斗，翻過太平洋，翻到美國的紐約。我們一方面，推銷香港的手工皮鞋（自己生產），一方面將美國的新樣，源源介紹過來。」在廣告漫畫和標記之下，則列出旗下多家分店，除香港及九龍門店，更有台北、星洲（新加坡）、檳城、東京和紐約（《華僑日報》，1956 年 6 月 9 日）。由此可見，自離開上海轉到香港發展後，鶴鳴鞋帽商店的生意不但沒有從此萎縮，走向消亡，而是獲得更好發展空間，除香港業務蒸蒸日上，更先後在眾多國際城市開設分店，令其發展成鞋帽業的跨國集團。

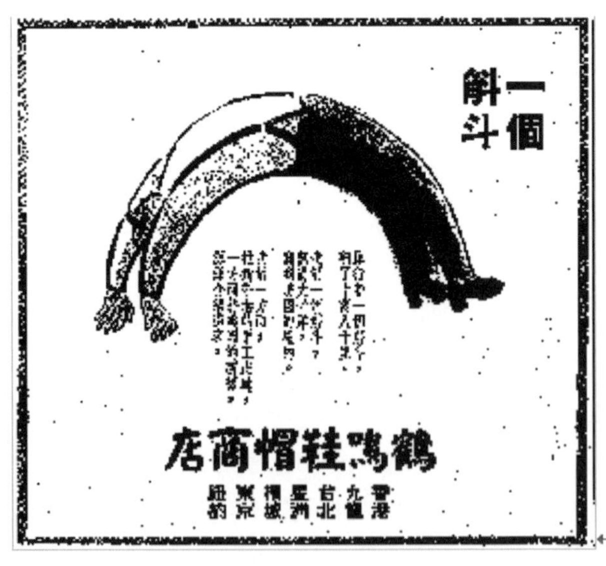

一夫兩妻子女眾多的股權安排

儘管前文提及 1947 年前有報紙指出楊撫生已結婚，育有兩子女，但那種帶有傳聞色彩的報道，並沒獲得他本人的確認，其婚姻與家庭狀況仍甚模糊，沒有太多人知曉。在 1940 年代末至 1950 年代初，由於中華大地及香港的政治與社會環境均急速轉變，加上移民香港後生活與事業環境大變，楊撫生的婚姻與家庭狀況有否轉變，更加缺乏資料，原因既與楊撫生經歷 1947 年至 1948 年的是是非非、人生起落之後更趨低調有關，亦與政經環境紛紜急變下個人、家族及企業舉止難再引人注視有關，因此我們無從了解那時楊撫生家庭狀況的進程和變化。

雖然如此，到了 1950 年代中，楊撫生卻因應本身商業發展與婚姻家庭狀況變化，有了不同謀劃與安排，其中設立不同公司，開拓各種業務，乃至於為妻兒子女作不同股份分配等舉動，則在某層面上既揭示了其婚姻家庭結構與狀況，亦反映他那時候已經有了分家析產、早作分配的思考。正因如此，公司註冊的資料便可作為生意發展及家庭狀況的一些重要說明。

從公司註冊資料看，在 1955 年底，有一家大洋有限公司註冊，英文名稱為 Young and Company (Hong Kong) Limited，[10] 股東共有七人，其中持股量最多的是楊撫生（Jefferson Young）、顧文鏡（Margaret Koo）、沈怡紅（Yvonne Sun）三人，合共

10　由於楊撫生姓氏的英文為 Young，公司的英文名稱反映了楊氏家族的主導地位。

表 6.1　1956 年鶴鳴鞋帽有限公司股份分配表

英文姓名	中文姓名	地址	介紹	股份
Jefferson Young	楊撫生	九龍亞皆老街 155 號	商人	350
Margaret Koo	顧文鏡	同上	已婚婦女	200
Yvonne Sun	沈怡紅	九龍沙福道 9 號	已婚婦女	200
Lee Shiu Pek	李少璧	九龍花墟道 14 號 3 樓	商人	100
Michael Wang	王朝平	九龍衙前衛道 150 號 1 樓	商人	50
Chou Kou Pim	趙嘉斌	九龍譚公道 105 號 1 樓	商人	50
Richard Tung	董紹昌	九龍聯合道 90 號地下	商人	50
總計				1,000

資料來源：Return of allotment of Young and Company (Hong Kong) Limited, 20 January 1956.

750 股，即佔總股份 75%，三人後來證明為夫妻關係。其他四人（李少璧、王朝平、趙嘉斌、董紹昌）佔餘下 25%（250 股），他們是楊撫生的左右手，既是高級員工，亦份屬好友，更可能是大學同學。而顧文鏡和沈怡紅報稱為「已婚婦女」（married woman），顧文鏡更與楊撫生居於同一地址（表 6.1）。

在 1956 年 1 月 4 日的《南華早報》，刊登了 Young and Company (Hong Kong) Limited 註冊成立的通告，指該公司從事「一般商業、出口與入口」生意，並提及兩名小股東李少璧和王朝平（*South China Morning Post*, 4 January 1956），反而沒有提及楊撫生、顧文鏡及沈怡紅等大股東。至於大洋有限公司的主要業務，明顯是為了配合鶴鳴鞋帽有限公司在香港以外地區開拓分店。

其後，李少璧、王朝平、趙嘉斌和董紹昌退出，股份全都轉到楊撫生及妻子和兒女等手中，1967 年 3 月 31 的股份分配資料顯示，公司總股份已增至 10,500 股，其中楊撫生佔 5,320 股，即持股逾一半，顧文鏡和沈怡紅各佔 840 股，相信是其子女的 11 人（楊詠壯、楊詠威、楊詠慕、楊詠軒、楊詠東、楊詠宜、楊詠潔、楊詠馨、楊詠真、楊詠善、楊詠美），[11] 則各佔 140 股至 560 股不等。到 1968 年顧文鏡去世後，她名下的 840 股轉到其中一子（楊詠真，日後俗稱楊占美）一女（楊詠美）名下（見另一節討論）。公司到 1973 年，因沒按法例要求向公司註冊處申報逾三個月，被註銷註冊登記，即從此結束有限公司模式營運。

大洋有限公司以有限債務形式註冊兩年後的 1957 年，那家由父親楊月光一手創立但以無限債務公司模式營運的鶴鳴鞋帽商店，亦改為股份制有限公司，楊撫生因此作出了董事與股權分配的思考和安排，而從那個更改公司組織模式的資料登記上，可看到這家公司的股權全集中於他本人、兩名妻子及 11 名相信是其子女的人士手中（見下一節討論），因此可較為清晰地看到那時的家庭結構。

與大洋有限公司的情況相同，當鶴鳴鞋帽公司改以有限公司註冊後，1957 年底《南華早報》刊登了公告，指鶴鳴鞋帽商店已在 1957 年 12 月 4 日註冊為有限公司，英文名稱 Crane Stores, Shoers

---

11　儘管這 11 人名字上均有「詠」字，在中國傳統文化中帶有屬同一輩份色彩，但沒法證明他們全為沈怡紅與顧文鏡所出。

& Hatters Limited，並列明同時亦是生產商（manufacturers），[12] 主要董事並股東除報稱商人的 Jefferson Young（楊撫生），還有兩位稱為已婚婦女的 Yvonne Sun Young（沈怡紅）和 Margaret Koo Young（顧文鏡），其中沈怡紅與楊撫生報稱的居所相同，均在九龍塘沙福道，顧文鏡則居於亞皆老街 155 號（*South China Morning Post,* 10 December 1957）。雖然沈怡紅和顧文鏡的地址與大洋有限公司相同，但楊撫生則有了改變，主要是由原來與顧文鏡同住改為與沈怡紅同住，情況耐人尋味。

從公司註冊處有關鶴鳴鞋帽有限公司 1958 年股份分配表中（表 6.2），可以看到楊撫生與兩名妻室及其所生子女的中英文名字、居住地址、職業身份及所獲股份的情況，按表格先後次序排列看，楊撫生之下為沈怡紅，下列各人有楊詠壯、楊詠威、楊詠慕、楊詠軒、楊詠東，然後為顧文鏡，下列各人有楊詠宜、楊詠潔、楊詠馨、楊詠真、楊詠善、楊詠美。其中特點是，沈怡紅之下各人，居住地址與沈怡紅相同，顧文鏡之下各人，居住地址與顧文鏡相同。按一般情況推斷，沈怡紅和顧文鏡名字之下又居於相同地址者，應為其所生子女，即沈怡紅應育有四子一女，顧文鏡應育有一子五女，但從日後資料看來，情況卻非如此。

由於沈怡紅之下的子女都屬學生，顧文鏡之下的子女中則有

12 到 1963 年 12 月 30 日，公司名字又精簡為鶴鳴有限公司（Crane Stores Limited），後來又增闢了鞋帽生產廠，朝生產商方向擴展。1997 年 4 月 27 日，公司遭「強令清盤方式解散」（dissolved by compulsory winding up）。

表 6.2　1958 年鶴鳴鞋帽有限公司股份分配表

英文姓名	中文姓名	地址	介紹	股份
Jefferson Young	楊撫生	九龍沙福道 9 號	商人	75
Yvonne Sun	沈怡紅	同上	已婚婦女	11
John Young	楊詠壯	同上	學生	8
Wise Young	楊詠威	同上	同上	4
Morley Young	楊詠慕	同上	同上	4
Shirley Young	楊詠軒	同上	同上	2
Tom Young	楊詠東	同上	同上	4
Margaret Koo	顧文鏡	九龍亞皆老街 155 號	已婚婦女	11
Vivien Young	楊詠宜	同上	同上	8
Lydia Young	楊詠潔	同上	同上	4
Cynthia Young	楊詠馨	同上	同上	4
James Young	楊詠真	同上	學生	8
Susan Young	楊詠善	同上	同上	2
May Young	楊詠美	同上	同上	2
總計				147*

* 1958 年 12 月 30 日，楊撫生、沈怡紅和顧文鏡各增加 1 股，令總數增至 150 股，日後又多次增加股份，且基本上按原比例調整。

資料來源：Return of allotment of Crane Stores, Shoers & Hatters Limited, 28 February 1958

三女屬已婚婦女 —— 楊詠宜、楊詠潔、楊詠馨，[13] 按一般情況推斷，顧文鏡應年長於沈怡紅，不過，此點在日後有關顧文鏡的死

13　到了 1960 年，這三名早前填報屬「已婚婦女」的女兒，又一度改為「學生」，令人覺得甚為混亂，且報稱為英國籍，直至 1970 年代亦如此，揭示那些申報或屬搬字過紙，「筆誤」不少。

亡證資料中得不到支持，揭示真實情況不如推測中簡單。[14] 若以那三名已嫁作人婦的女兒到年屆 20 歲才出嫁論，她們應在 1938 年或之前已出生，進一步反映楊撫生應於父親在生時結婚，甚至早於創立鶴鳴鞋帽商店之前。事實上，生於 1914 年的楊撫生，到 1930 年代初已成年了，在 1938 年前結婚實在甚為平常，父親若以他眼力不好，甚至健康欠佳，催促他早日結婚，在那個年代應甚為平常。

在文件編排上看，沈怡紅排在顧文鏡之前，這與大洋有限公司位置排列不同，惟兩人的股份分配則仍是均等，各有 11 股，由於子女數目不同，亦不肯定兩人各有多少子女，不作兩人子女合計股份數目統計，惟可看到股份分配並非傳統安排上的子多女少，或傳子不傳女。另一較明顯的特點是：後來證明分別為沈怡紅和顧文鏡長子的楊詠壯和楊詠真各有 8 股，另一名相信乃長女的楊詠宜，亦有 8 股，反映這三人或是由不同太太所出，亦屬年紀較長者；至於其他子女，則各得 2 股至 4 股不等，反映他們較年幼或位置略低。

這裏可補充一些有關顧文鏡的資料。1955 年 10 月 20 日，《南華早報》刊出公告，顧文鏡申請歸化英國籍，填報的地址亦在亞皆老街 155 號（*South China Morning Post,* 20 October 1955）。不過，從公司註冊文件看，她的國籍卻一直維持中國

14 由於顧文鏡後來證實生於 1927 年，且只生一子一女，那三名已嫁作人婦的女兒，很可能是早於 1938 年前的婚姻所出，而那位太太或者早年因病去世。

籍，與楊撫生及沈怡紅相同，估計應是填報公司註冊文件時沒有作出更新之故，這種沒作更新的情況甚為常見。另一方面，從日後一些公司註冊文件看，顧文鏡曾以鶴鳴有限公司主席或董事身份，以英文 Margaret K. Young 十分流暢地簽名，反映她的教育學歷——尤其英文水平——不低，沈怡紅則沒這方面資料。

另一點須指出的是，早年公司註冊處的資料，基本上採取「誠實申報」方法，呈報資料沒經深入核查，同時亦有逐年填報時的搬字過紙，沒作更新的情況，資料真確性存疑，故此在引用分析時須格外小心，不能盡信。例如有關楊撫生、沈怡紅和顧文鏡各子女的介紹，十數年均填報為學生，哪怕到了 1970 年代，不少子女已進入社會工作，不再是學生，可見相關資料一直沒有更新。

生意與家族發展的同步變遷

回到公司發展進程上看，就在變更鶴鳴鞋帽公司組織模式之時，台灣分店出現經營問題。據《大公報》在 1957 年 12 月報道，「港商投資台灣悲慘下場，鶴鳴鞋帽店遭拍賣」，並指出位於台北市博愛路 85 號的門店，「開設數年，終於血本無歸」(《大公報》，1957 年 12 月 26 日)。雖然消息傳出後並沒其他跟進報道，但公司後來的廣告則再沒有提及台北分店，揭示自那時之後應結束了當地投資。

到了落腳香港將屆十年的日子，一直在廣告創作上屢有新創意的楊撫生，因應本身喜用文藝方式為鶴鳴鞋帽店作宣傳，同時亦結交了不少文藝人士的優勢，於 1958 年想出了「徵聯贈獎」的宣傳方式，吸引支持者參加，引來傳媒報道，例如有報紙以「為宣揚平價、提倡薄利，特舉行徵聯贈獎」為題，廣為宣傳那次「徵求對聯比賽」活動，先登出上聯是「零售平過批發」，徵求下聯。比賽活動更請來著名文化界人士如陳夢因、潘小磐、賈納夫等作評判，結果頭獎由提出「一鳴驚動眾聞」下聯者獲得（《華僑日報》，1958 年 4 月 15 日）。活動雖然有甚濃「饍稿」味道，但畢竟還是別具噱頭，份外引人注視，亦反映了楊撫生一如既往喜好結交文化界人士。

進入 1960 年代，年將半百的楊撫生，仍然沒有停下開拓腳步，保持壯旺企業家精神。因應當時香港人口已逾三百萬，當中大多為移民，且較年輕，而經濟已成功轉型為輕工業生產，民眾收入日豐、生活水平改善，對生活百貨需求殷切，遂於 1961 年 2 月 4 日創立一家民生雜貨店，稱為「平價市場」（Bargain Centre），銷售各種民生用品，走薄利多銷的大眾化路線。那是楊撫生因應當時香港社會或市場現狀，從鞋帽生意轉往雜貨或百貨的重要嘗試。

公司開幕前，楊撫生一如過往開設鞋帽分店時先採用廣告攻勢，一連多天在報紙上以大版面賣廣告，聲稱「港九第一家真正平價百貨市場」，落腳點在彌敦道 319 號（佐敦）金漢大廈地庫，快將開幕，然後在開幕後以平價促銷，大事宣傳貨品價廉物美，「全部貨品大平特平之外，紀念開幕再打八折兩天」，或「平價以求光榮」等（《華僑日報》，1961 年 2 月 3 日至 8 日）。

或者是從平價市場的營運中，看到百貨市場的發展空間較單純從事鞋帽生意更為巨大，楊撫生於 1963 年把原來的鶴鳴鞋帽有限公司更改為鶴鳴有限公司，即「抽走」了鞋帽，改為放眼更大的生意層面，反映他開始籌劃多方面的發展。正因這種生意投資方向的調整，到了 1960 年代中，楊撫生創立了走百貨路線的大人公司及平價市場（公司），隨後亦有了這家公司的廣告，而這家公司採取與別不同的策略，是推出「星期日折扣優惠」（初期為「星期日八折」，後來加添「星期六信用卡八折」），這是因應星期日有較多市民有空閒購物，楊撫生便爭取那個時候減價促銷，策略又確實收效，吸引大量精打細算的普羅民眾光顧。

另外，又因應 1965 年初受銀行出現擠提潮後經濟不景氣，消費力弱的影響，在營銷方面推出「買十送三」的所謂「推礳戰術」，簡單而言是在購物後附送優惠券，讓優惠券可推動顧客接着光顧。平價市場的廣告對「推礳戰術」有如下介紹：

> 「買十送三」的方法，是一種「推礳戰術」。提高了顧客購買力，「磨」碎了生意不景氣。買了一定送代價券，送了一定買第二次；買了第二次又得返代價券，得返代價券一定再去買。這樣買而又送、送而又買，便與推磨的方式無異。（《華僑日報》，1965 年 8 月 5 日）

因應連番折扣優惠吸引下門店時刻人頭湧湧的現象，楊撫生曾以此作為廣告宣傳的重點，列出 1965 年 12 月 19 日星期日全天「顧客入門統計」數目多達「39865 人」，且有每小時進入的細數，由上午 10 時半至晚上 11 時止，高峰期的晚上 9 時至 10 時入場人數達 4985 人，並在廣告下端的「大人公司」之下打出「旺角之旺角」口號，並附大量人流蜂擁而至的簡單圖像（《華僑日報》，1965 年 12 月 23 日）。雖然人數統計只是公司的「一面之詞」，並非獨立第三者科學調查所得，但公司人流多、氣氛旺是客觀事實，楊撫生顯然是採用了「人流統計」手法作為宣傳，創造一種「人山人海」景象，為公司造勢，而更為特別的是，自此之後，「旺角之旺角」成為該公司的宣傳口號，且應用到其他設於旺角姐妹門店的廣告之中。

1966 年及 1967 年，香港社會甚為動蕩，給商業發展帶來一定衝擊，甚至曾引發一波移民潮。隨後，在社會恢復安定後，經濟及商業再趨活躍，其中又以 1960 年代末股票市場由壟斷走向開放，既帶動不少華資企業上市，藉吸納公眾資本助其升級擴張，亦刺激股票交易，壯大香港股票市場規模與金融力量，同時亦推動樓市發展，不同類別私營樓宇隨後如雨後春筍般增長，令股市和樓市同步活躍起來。惟不久即出現泡沫，到 1973 年更因泡沫爆破而滑落，且因爆發全球性石油危機，令香港經濟陷於衰退困境，企業倒閉和失業率驟升，直至 1975 年底才逐步走出經濟衰退低谷，止跌反彈，趨向復甦（鄭宏泰、黃紹倫，2006）。就在那個時期，楊撫生家族內部亦出現重大變化，主要是顧文鏡突然因病去世，原來的企業股份分配與傳承應有了重大變化，因為隨後出現的生意及投資，在企業組織上有了與之前不同的安排。

從家族生命周期角度看，屬楊撫生妻子之一的顧文鏡，應於 1967 年移居美國加州，主因應是為了治病，並於 1968 年突然去世，享年只有 41 歲，此事無疑令家族內部結構與權力均衡發生重大變化，亦帶出一些家族發展前路的思考。扼要地說，從一份收藏於香港檔案館有關申辦遺產文件內的死亡證看，顧文鏡於 1968 年 9 月 23 日於美國加州「西奈山醫院」（Mount Sinai Hospital）去世，致死主因是心臟病發（cardiac arrest），另有葡萄膜神經出血（haemorrhagic uveoneuritis）及紅斑狼瘡（lupus erythematosus），更重要因素是洗腎時出現液體失衡、感染的腎衰竭（renal failure），引致上列併發症。即是說，顧文鏡生前患嚴重腎病，需長期洗腎和治療。另外，死亡證寫明，顧文鏡出生

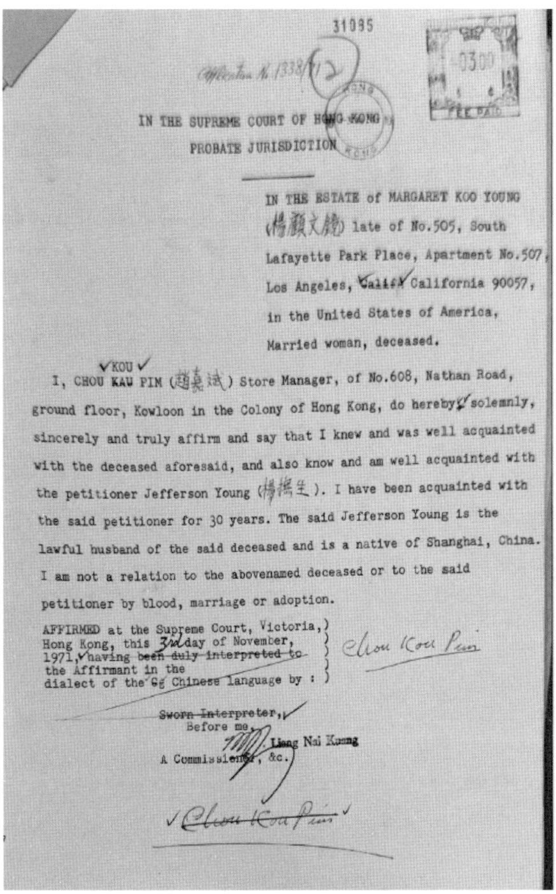

31085

IN THE SUPREME COURT OF HONG KONG
PROBATE JURISDICTION

IN THE ESTATE of MARGARET KOO YOUNG (楊顧文鏡) late of No.505, South Lafayette Park Place, Apartment No.507, Los Angeles, ~~Calif.~~ California 90057, in the United States of America, Married woman, deceased.

I, CHOU KAU PIM (趙嘉試) Store Manager, of No.608, Nathan Road, ground floor, Kowloon in the Colony of Hong Kong, do hereby solemnly, sincerely and truly affirm and say that I knew and was well acquainted with the deceased aforesaid, and also know and am well acquainted with the petitioner Jefferson Young (楊撫生). I have been acquainted with the said petitioner for 30 years. The said Jefferson Young is the lawful husband of the said deceased and is a native of Shanghai, China. I am not a relation to the abovenamed deceased or to the said petitioner by blood, marriage or adoption.

AFFIRMED at the Supreme Court, Victoria, Hong Kong, this 3rd day of November, 1971, having ~~been duly interpreted to the Affirmant in the dialect of the Chinese language by :~~

~~Sworn Interpreter,~~
Before me,
Liang Nai Kuang
A Commissioner, &c.

楊撫生妻子顧文鏡的遺囑（部分）

日期為 1927 年 2 月 25 日，職業一欄報稱家庭主婦，且注明擁有此身份已有 25 年。按此資料推斷，她應在 1943 年嫁給楊撫生，那時只有 16 歲。

哪怕身患重病，顧文鏡在生時卻沒立下遺囑，楊撫生因此於 1971 年按傳統繼承制度，以丈夫身份向法庭申請為遺產承辦人，相關文件揭示，顧文鏡除了丈夫，至親（next of kin）只提及一子（楊詠真，27 歲，即約生於 1944）一女（楊詠美，24 歲，即約生於 1947）。另外，則是生前居於洛杉磯的 505 South Lafayette Park Place，應與親屬（relatives）一起居住，惟沒披露親屬是誰，而她去世後親屬曾在家中查找有否遺囑，但沒所得。資料還揭示，顧文鏡自 1967 年 9 月開始在該區接受治療，至死前一星期的 1968 年 9 月 17 日仍有看醫生，而死後則葬於 Forest Lawn Memorial Park（Grant File-L.A.-Margaret Koo Young Deceased, 29 January 1969 to 6 September 1972）。

顧文鏡去世後，留下的遺產除一些現金、銀行存款、珠寶及汽車等外，還有兩家公司 —— 大洋有限公司及鶴鳴有限公司 —— 的股票。相關數目與公司註冊處的記錄相同，而那些股份之後轉到楊詠真及楊詠美名下，以楊詠真佔絕大部分。由於申辦遺產的文件經美國及香港兩地法庭多重驗證，尤其有兩地律師樓的同時核查，馬虎不得，其真實性較高，因此較可確定顧文鏡只育有一子一女。若然如此，前文提及列於鶴鳴有限公司中「詠」字輩的子女，除楊詠真和楊詠美外，其他九人應是沈怡紅或其他太太所出，[15] 而顧文鏡去世後，沈怡紅自然成為家族中的女家長，地位僅次於楊撫生。

百貨、出版、飲食多元發展

正如前述，在 1960 年代初，楊撫生已開始了生活雜貨生意（平價市場），隨後又成立大人公司，進軍百貨業，兩者業務有不少重疊。1966 年及 1967 年的社會治安不穩雖然曾給其生意帶來一定衝擊，但在秩序恢復後重見興旺，應給楊撫生更大發展信心。正因如此，一進入 1970 年代，楊撫生便推動另一波生意擴張，其中一個特點是因應早前經營的生活雜貨和百貨須經常賣廣告的需要，於 1970 年進軍出版業，創立了大人出版社，出版《大人》雜誌，目的是「宣傳業務」（沈西城，2022）。

從公司註冊文件看，1971 年 2 月 17 日發出的 1,000 股股份中，998 股由鶴鳴有限公司持有，王朝平和沈葦窗只象徵式各持 1 股而已，惟董事則有王朝平、楊裕蕃、竇曉東、楊詠美及沈葦窗五位，其中的王朝平為《大人》雜誌的督印人，顧文鏡所生的幼女楊詠美則為董事，那時她 24 歲，註冊文件上仍稱她為學生。

對於創立大人出版有限公司，並出版《大人》雜誌，著名作家沈西城指出是由楊撫生聘請早年習醫、但 1950 年代初自滬轉港後已從事文化出版工作的沈葦窗擔任總編輯（沈西城，2022），

15　當然，亦不能排除其他可能性，例如是由楊撫生兄弟所生子女，交由他照顧。

雜誌雖以「論天下大事、談古今人物」為口號，將「大人」兩字嵌入雜誌名稱之中，但主要走文史藝術路線，刊出傳記、掌故、文化、藝術等長文，尤其吸引不少南下文人名流如陳存仁、高伯雨、金雄白（朱子家），以及著名藝術家如齊白石、黃賓虹、張大千、傅抱石等書畫手稿（蔡登山，2012），在香港文化出版界備受注目，亦具一定影響力，但楊撫生直接參與其中實務並不多。

就以 1970 年 5 月的創刊號為例，全書 54 頁，售價 1 元，其中四頁為大人公司及平價市場（公司）的廣告，另有一頁是大人公司贈券，註明「此券價值五元，憑此向本公司購太空飛犀利筆一枝，原價每枝十七元九毫，祇收十二元九毫」。即是贈券只用於購買指定牌子和型號的「太空飛犀利筆」，不能用作其他用途。以當時 54 頁的雜誌售價 1 元作比較，定價近 18 元的「太空飛犀利筆」，哪怕有 5 元贈券，亦要近 13 元，實在售價不菲，非一般文人能負擔。[16]

《大人》雜誌雖然強調「論天下大事」，但評論天下大事的文章不多，較為專注聚焦文化藝術等話題，業務發展如何則缺乏資料，但其配合大人公司業務的廣告推銷，卻秉持了楊撫生講求簡約、主題鮮明、令人印象深刻的特點，以下刊登在《大人》雜誌

16　日後，雜誌仍時會採用這種「贈送」禮券的方法，如在 1970 年 9 月的雜誌中便附有利南實業（第一廠）有限公司的「禮券五元」，憑該「禮券」到大人公司購買利南實業生產的 STA-LONGER 西褲「價格自廿六元九毫起可代現金五元十足使用」，即須選購指定貨品，且須花一定金額才能使用，即並非自由兌換使用的「現金券」，揭示其「禮券」性質局限，宣傳多於實質優惠。

的多則廣告可作說明：

（一）有關化妝品廣告，用一個簡單線條的美女輪廓，列出各種牌子化妝產品，然後是粗體字廣告句子：「尊容得一個，保嫩與養顏，請用高貴化粧品」，下方是「大人公司」四字及其公司標誌。

（二）有關雨傘廣告，採用「未雨綢繆」標語，列出各地生產雨傘：「日本遮、美國遮、意國遮、德國遮」的不同型號和價錢，一律以 0.9 元結尾，如 9.9 元、15.9 元、19.9 元或 57.9 元等。這種以 0.9 元（或 0.99 元）結尾的訂價，成為楊撫生銷售各類商品的一種獨特訂價手法或策略，日後吸引不少人仿效。

（三）有關珠寶首飾廣告，亦以簡單線條的美女輪廓頭像，手穿各種戒指，廣告口號為「玉女型首飾，每種十元起」，下方是「大人公司」，並注明「旺角之旺角、銅鑼灣」，其中的「旺角之旺角」日後常用，成為該公司獨有的口號。

除此之外，公司在不同貨品的廣告亦甚為突出，如「伉儷牌」鞋子，廣告用語是「不分左右」，並稱「唔怕水、唔染污」；游泳用品強調「色色俱全」，並列出「游水船、游水床、游水圈、游水背心」等不同類別貨品。1970 年 6 月，大人公司銅鑼灣分店開幕，推出為期兩星期的大減價促銷活動，廣告採用簡單線條漫畫，配以吸引人的廣告字句：「決無籮底橙，絕非濕水柴」，然後是「全部新鮮貨，一律八五折」，下方是「大人公司」，並注明「在銅鑼灣分店舉行」。

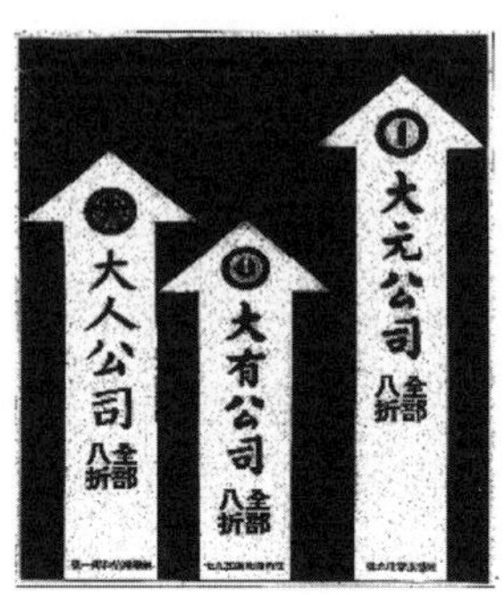

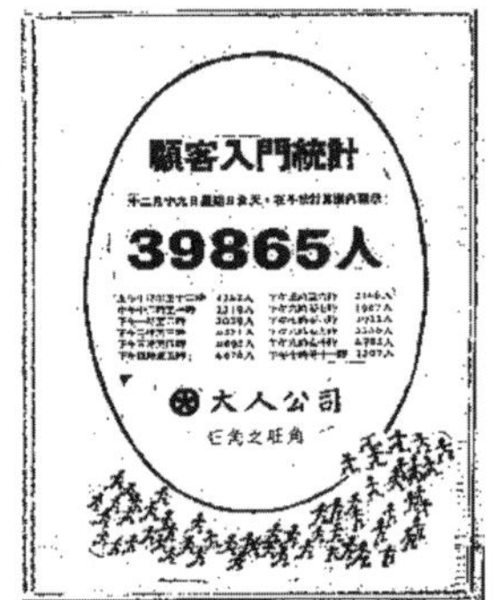

楊撫生旗下的平價市場、大元、大人及大大等公司，
經常於報章刊登大篇幅甚至全版廣告。

有了自己的雜誌後，一方面廣告有所增加，另一方面則有較多具創意的不同宣傳，例如前文提及的贈送禮券，在經營促銷上無疑更為多元化。綜合那時不同廣告，可以看到一些發展特點：

（一）那時的大人公司，除在旺角外，還在銅鑼灣開設了分公司，即大人公司在不斷擴張；

（二）那時除了大人公司和平價市場，還有大方公司、來路鞋公司、大元公司，揭示業務似有從鞋帽逐步轉向百貨；

（三）開始拓展酒樓餐館生意。

這三點中，由鞋帽店至百貨公司，屬一脈相承的發展，但飲食業則是楊撫生新開展的生意，這裏補充一點資料。從《大人》雜誌中所刊登的廣告看，他經營的飲食公司最早出現的是打着「正宗上海菜」旗號的大人飯店，該飯店的地址在砵蘭街 255 號，與大人公司採用相同標誌，落腳點與大人公司、平價市場及大元公司等相去不遠。該飯店的市場定位突出「上海小吃、上海筵席」，而且強調「處理清潔、味道可口、地方舒適」，廣告的附圖有時是一條簡單的魚，有時是一隻雞，或是一隻蟹，不尚奢華。

到了 1970 年底，《大人》雜誌上有了「珍寶大酒樓有限公司籌備處啟事」的廣告，聲稱該公司已於 1970 年 9 月向政府申請註冊，地址在旺角奶路臣街 11 號，該地址快將落成的大廈，8 層樓面由珍寶大酒樓有限公司擁有，面積達 5 萬平方呎，「落成後可容客二千五百人」，而該大酒樓「專營粵式酒席及茶點，為港九第一流大宴會酒樓」。即是說，有了大人飯店的發展經驗後，那時的楊撫生明顯覺得酒樓飯館生意大有可為，加上本身應對飲食甚有興趣或心得，[17] 因此斥巨資投入其中，大展拳腳。

從公司註冊處資料看，珍寶大酒樓有限公司（The Jumbo

17　在 1970 年 6 月份（第二期）《大人》雜誌上，有一位筆名「阿筱」的人，發表了一篇題為〈假如我開菜館〉的文章，談及投資菜館原則與經營之道，相關觀點策略與珍寶大酒樓的投資經營方針相若，揭示那位「阿筱」或者正是楊撫生本人。

Chinese Restaurant Limited）於 1970 年 10 月 28 日註冊成立，發行股份有 149,998 股，其中絕大部分（149,899 股）由鶴鳴有限公司持有，餘下 99 股由楊撫生持有，即該公司純屬楊氏家族擁有（日後股份增至 150,000 股，其中楊撫生持 100 股，鶴鳴有限公司持 149,900 股）。公司董事除楊撫生，還有沈怡紅、王朝平、孫文德、楊詠壯，並以楊詠壯較受注視，因他應是楊撫生長子，開始參與到生意經營中，那應是為了傳承接班做準備。

在那個時期，作為楊撫生重拳出擊的珍寶大酒樓，實在值得注視。從廣告資料看，珍寶大酒樓明顯走高檔路線，這與那時經濟形勢一片好景有關，所以酒樓特別強調有 24 人座位的「珍寶席」，設「電動旋轉，生面別開」，另外還有「咪機裝置，輔助揚聲」，可見其氣派與新穎。酒樓更挑選了兩個特別易於記憶或「好意頭」的電話號碼：K887777 及 K888888，別具心思。到 1971 年，珍寶大酒樓正式營業，樓開七層，分別為：地室海岸廳，西餐茶點；地下龍宮廳，游水海鮮；二樓湖光廳，粵式飲茶；三樓山色廳，粵式飲茶；四樓多子廳，喜慶酒席；五樓多福廳，喜慶酒席；六樓多壽廳，貴賓宴客。[18] 由於 1970 年至 1973 年間香港商業經濟向好，股票市場尤其熱火朝天，出現「魚翅撈飯」（《星島日報》，1973 年 5 月 2 日）一類使人咋舌的現象，帶動飲食業發展，不難想像珍寶大酒樓及大人飯店生意暢旺。

就在這個時期的 1972 年 8 月 6 日，位於深水埗恒昌工業大廈

18 後來五、六樓的多福廳和多壽廳改為多寶廳和多珍廳。

的鶴鳴有限公司貨倉發生火災，由晚上八時半起連續不絕地燒至第二天下午五時才得以撲熄，「焚燒達廿小時」（《華僑日報》，1972 年 8 月 8 日）。由於那時生意好，工廠存貨數量龐大，惟那時的防火意識及設施均薄弱，可想而知給鶴鳴有限公司和楊撫生帶來巨大損失。

儘管無法獲得那次火災給鶴鳴有限公司造成何種具體損失，但自那時起，公司出現一個重大發展方向的調整。簡單地說，經歷火災一劫，楊撫生逐步退出鞋帽生產，改為把資本和精力集中到百貨、酒樓飲食及物業地產等投資之上，且於 1973 年因《大人》雜誌的發展與主編沈葦窗出現意見分歧，因此於 1973 年第 42 期出版後，終止了《大人》雜誌的出版，「原因聽說是沈老（沈葦窗）跟楊老板（楊撫生）在廣告佣金上，發生了意見，深覺受欺，拂袖而去」（沈西城，2022）。

大大公司的創立與壯大

楊撫生與沈葦窗因《大人》雜誌意見出現分歧而分道揚鑣之後，沈葦窗另起爐灶，創立《大成》雜誌，繼續原來《大人》雜誌的風格與路線，直至 1995 年他去世而停刊。楊撫生方面，他那時將進入甲子之年，而香港股票市場泡沫爆破，隨後又因世界性「石油危機」觸動經濟滑落，各行業一落千丈，楊撫生的生意亦難免受到影響。可是，楊撫生並沒在那波經濟低迷中蟄伏太久，在翌年（1974 年）便有了新舉動，主要是創立規模更大的百貨公司——大大百貨有限公司，而那時他已進入甲子之年，體力或已不如當年了。

大人公司

此券價值五元，憑此向本公司購太空飛犀筆一枝，原價每枝十七元九毫，祇收十二元九毫。

本券有效期至一九七〇年六月三十日止

№ 17433

大人公司早期推出購物優惠券作促銷

促使楊撫生在鶴鳴有限公司遭受火災衝擊後重走開拓擴張之路的原因，相信與他以為那時香港經濟已到低谷，很快便會走向復甦有關。另一方面，位於太子道與彌敦道和水渠道交界的聯合廣場剛落成，該廣場原為何東家族持有的東樂戲院，人流暢旺，廣場地下至三樓闢作購物商場，符合楊撫生一直強調「旺角中之旺角」的條件，因此承租那裏近十萬平方呎樓面，大張旗鼓進軍百貨業。

為了配合大大公司的業務，楊撫生還參考大人公司出版《大人》雜誌的做法，以大大百貨公司附屬公司的方式，出版《大大月報》雜誌，督印人仍為王朝平，編輯改為非由一人擔任，而是大大月報編輯委員會。該雜誌開宗明義強調「這是一本專談消費與消遣的雜誌」（《大大月報》，1974 年 11 月 1 日：5），主力是為讀者提供各種消費資訊、格價情報，同時亦如《大人》雜誌般以之作為家族旗下百貨公司及酒樓餐館的宣傳工具，推動生意發展。在那個年代，《大大月報》實在屬於走在時代尖端的消費資訊雜誌，有分析因此指出，「在該刊出版一年後，香港才有『消費者委員會』的成立，才有《選擇月刊》的出版」（鴻碩，1986：167），可見楊撫生在生意推廣方面確實有先人一步的洞燭先機，相信亦為《選擇月刊》的出版樹立了示範。

從公司註冊署的資料顯示，大大百貨有限公司於 1974 年 4 月 4 日註冊，那時，只以鶴鳴有限公司及楊撫生各有 1 股的簡單方式成立，並以楊撫生和沈怡紅為董事而已，其中沈怡紅的職業身份已不再如過去般填報已婚婦女或家庭主婦，而是公司董事或商人，揭示她已走上商業經營前台，隨後，楊詠壯亦加入成為大大百貨有限公司的董事，後來擔任副總經理，主理公司實際運作（*South China Morning Post*, 6 July 1979），而他們三人的登記住址，已轉到清水灣 24A 號。

由於大大百貨創立之時，香港經濟並沒如楊撫生預期般逐步走出低谷，而是在「石油危機」衝擊下持續走弱，消費市場自然疲不能興，大大百貨則如楊撫生旗下其他雜貨、百貨公司如平價市場、大人公司、人人公司、大元公司等，同走薄利多銷的大眾路線，惟因那時失業嚴重、經濟低迷，各式小販紛紛湧現，而小販的最大特點便是價廉物美，更可討價還價，因此亦給走廉價大眾路線的大大百貨等公司帶來直接競爭。

儘管楊撫生創立大大百貨公司之時並非經濟最低點，但亦相去不遠，大大百貨經營約一年後，香港經濟確實走到谷底，接着逐步復甦，大大百貨及其他公司的生意因此漸見起色。由於早已有了經營平價市場及大人公司的經驗，在推進大大百貨方面亦採取了相同策略，除了強調薄利多銷，還注重廣告宣傳，尤其透過《大大月報》雜誌催谷市場消費。另一方面，大大百貨亦沿襲早前大人公司的「星期日八折」及「星期六信用卡八折」等營銷手法，務求做到「生意越好，貨轉越快；貨轉越快，貨色越新」的越做越旺效果（鴻碩，1986：171），而這種消費概念與手法，又確實令大大百貨及其他公司的生意在經濟復甦浪潮中大收旺場。

香港於六七十年代已興起了「連鎖店」的經營潮流，楊撫生亦作出發展策略調整，「（大大）的主持人決定將大大百貨發展成連鎖店，就將原名大元或大人的公司也改名為大大，清一色由家族核心份子出任董事，這就是我們今天所知道的大大百貨有限公司了」（齊以正，1986：179）。換言之，楊撫生採取了握指成拳的方法，即本來各有寶號、分散經營的平價市場、大元公司、大人公司、人人公司等，要不直接易名為大大百貨，要不集合到大大百貨公司旗下，藉以集中採購和管理，提升競爭力，發揮連鎖店遍佈港九各地的品牌效果。對於這個重要發展過程，有觀察者作出了如下敏銳分析：「第一間大大開業（後），鶴鳴才漸漸變小，而大大漸漸變大。」（齊以正，1986：183）

因應那個變化，楊撫生於1977年12月30日創立一家投資公司，名為楊慶和有限公司（Young Ching-huo Limited）。由於楊慶和屬上海歷史悠久的銀號，早在乾隆年間已闖出名聲，楊撫生那時創立楊慶和有限公司，似有傳承方面的考慮。從公司股份分配看，楊撫生只持有 200,000 股，沈怡紅則持 300,000 股，兩人的地址報稱在彌敦道 760 號，身份均為商人，公司五名董事除楊撫生和沈怡紅，便是楊詠真、楊詠壯和楊詠慕，即沒包括女兒在內，但顧文鏡所出的楊詠真則納入其中。

進入 1980 年代，楊撫生再因應大大百貨及旗下業務的不斷壯大，作出了股權方面的新調配。從 1983 年大大百貨有限公司股份分配看，那時公司共發行 100 萬股，其中楊撫生佔比最多，達 760,000 股，鶴鳴有限公司和楊慶和有限公司各佔 100,000 股，沈怡紅、楊詠壯、楊詠慕、楊詠東各佔 10,000 股。另一方面，大大百貨的董事，除楊撫生及沈怡紅，還有楊詠壯、楊詠慕及楊詠東等。即是說，大大百貨有限公司的股權基本上掌握在楊撫生手中，難怪楊撫生據說有一句口頭禪：「我們這裏是個人表演（one man show）」（齊以正，1986：177），原意雖然有缺乏他人幫忙，資源及發展條件局限的自謙，但卻更為實際地點出了大小事務由他一人「話事」，反映了「一言堂」色彩，而無論大大百貨，或是鶴鳴有限公司，均屬楊氏家族完全掌控的公司。

對於楊撫生、沈怡紅及其子女等參與到大大百貨及其他家族生意管理的現象，有分析因應「楊氏曾兩度結婚，第一位妻子所生子女未獲進入大大公司董事局」，並強調只有「家族核心份子」才能進入公司董事局的問題（齊以正，1986：183），這應與不了解顧文鏡早前已去世，而她所出只有一子一女問題所致。事實上，顧文鏡之子楊詠真亦是楊慶和有限公司及鶴鳴有限公司股東，惟他在百貨及酒樓等家族生意上的管理角色，則明顯沒楊詠壯、楊詠慕及楊詠東等吃重。

加大投資與深化子女接班

除了鞋帽及百貨生意，楊撫生仍大力投資酒樓食肆，應與他對酒樓食肆生意情有獨鍾有關。正如前述，早在1960年代，楊撫生已創立大人飯店，到1970年代更創立規模宏大的珍寶大酒樓，1973年至1975年間生意雖然曾因經濟低迷大受打擊，但「捱」過一段艱難日子後，在經濟復甦帶動下，生意又趨興旺，因此看來又重燃楊撫生的開拓野心，於1976年及1983年先後創立了翡翠宮酒樓有限公司（Jade Palace Restaurant Limited）和香港城市花園大酒樓有限公司（Hong Kong City Park Restaurants Limited），尤其加大資本投入，爭取市場佔有率。即是說，儘管從業務性質看，酒樓與百貨業應沒有什麼業務重疊或協同效應，卻因楊撫生對之興趣濃厚，所以亦大力開拓，生意亦一度十分興旺。

1970年代末至1980年代初，是楊撫生人生事業的黃金時期，擁有的九家百貨公司、四家大型酒樓飯館，以及其他各種投資等，均表現得興旺暢順，帶動身家財富持續上揚，子女亦先後加入家族旗下公司參與管理，成為其左右手，同時進入深化傳承接班階段，他們亦先後成家立室，甚至為他育下孫輩。他本人看來亦表現得較過去活躍，沒像過去般低調。以下在這三方面作扼要介紹。

一、在子女加入家族旗下公司給予助力方面，從公司註冊處資料看，在1965年，三名已婚女兒——楊詠宜、楊詠潔、楊詠馨——已加入鶴鳴有限公司，成為董事；在1970年，楊詠美曾參與《大人》雜誌，成為該公司董事。至於兒子中參與到家族公司管理中的，則以楊詠壯較早，他於 1971 年出任珍寶大酒樓董事。到了 1970 年代末，尤其當大大百貨有限公司和楊慶和有限公司成立後，楊詠慕、楊詠東和楊詠真等兒子亦進入各司的董事局，楊詠壯更成為大大百貨的副總經理，掌管實務，反映楊撫生已開展了家族企業的傳承接班進程。

二、在子女成家立室方面，1960 年代中前已嫁作人婦的三名女兒因完全缺乏資料不論，諸兒子中年齡較長的應是顧文鏡所出的楊詠真，他因與紅極一時的演藝名人陳寶珠結婚而留下較多資料，亦較受注目，惟因他看來亦如父親般低調，相關資料亦不多。據陳寶珠在 1973 年接受傳媒追訪時提及，她和楊占美（即楊詠真，占美應是 James 的暱稱）是在友人（著名製片人林念萱）介紹下在洛杉磯認識的，並指出楊詠真早年在洛杉磯求學，攻讀「商科，獲學士銜」，並在大學畢業後留在那裏「做生意」，又形容楊詠真「純樸小心，而且身體健康，他愛體育，舉重、游泳」（《工商日報》，1973 年 7 月 11 日）。同樣據陳寶珠在另一次傳媒訪問中說，她和楊詠真於 1974 年 4 月 13 日在洛杉磯結婚（*South China Morning Post,* 21 July 1985），[19] 婚後翌年育有一子楊天經（Henry）。

到了 1977 年 2 月，楊詠慕（Morley Young）結婚，婚禮在文華酒店舉行（*South China Morning Post,* 10 February 1977）。

19　楊詠真的說法是「在徵得我父親和你媽媽的同意下，我們在美國註冊結了婚」（《城市周刊》，1984 年 2 月：沒頁碼）。

同年，楊詠真和陳寶珠返回香港。至於另一名早年已到美國求學，最後走學術路線的兒子楊詠威，亦應於 1970 年代末成家立室，妻子是同樣姓楊且同樣走學術道路的美籍華裔女子 Lily Young，二人婚後育有兩名子女 Talia 及 Jesse（Office for the Promotion of Women in Science, Engineering, and Mathematics, no year）。由於家族上下長期保持低調，有關楊詠壯及楊詠東的婚姻與人生，因資料缺乏而無法了解，惟可推斷 1970 年代末至 1980 年代初，諸子女應先後成家立室，甚至為楊撫生誕下孫輩，讓他可弄孫為樂。

三、楊撫生那時亦一度變得較前活躍，具體行為包括因應著名書畫家劉海粟獲得集古齋贊助，於 1981 年 1 月在香港城市會堂舉行個人作品展，他聯同其他香港名人如查良鏞、鄭裕彤、趙從衍、張奧偉、霍英東、何鴻燊、李嘉誠、郭得勝、鄧肇堅等，成為該活動的支持者，並登報為該活動作宣傳（*South China Morning Post,* 6 January 1981）。由於列於名單中者粒粒皆星，鮮為社會所認識的楊撫生能被列入，反映其「江湖地位」不容低估。另一點引人注意的是，楊撫生於同年 6 月曾一擲 20 萬元，在澳門馬匹拍賣中投標購入一匹只有五歲的西澳洲名種馬（*South China Morning Post,* 21 June 1981），可見他原來亦是一名馬主。

就在楊撫生變得沒那麼低調之時的 1981 年，據陳寶珠接受傳媒訪問時所說，她和楊詠真的婚姻破裂，於 1981 年離婚，孩子楊天經與陳寶珠一起生活（*South China Morning Post,* 21 July 1985）。就在與陳寶珠離婚不久的 1982 年底，楊詠真曾因涉及毒品問題，與另外兩名員工在其位於皇后大道東 36 號的貿易公司中被警方拘捕，後被告上法庭，指控藏毒及運毒。此事應該令楊詠真大為緊張，楊撫生亦應對此感到不悅，並聘得具名氣資深大律師李柱銘為其辯護。最後楊詠真及一名員工無罪釋放，另一名員工則被判罪成，主審法官表示楊氏「是個好證人，能令人信服地反駁控罪假設」（a good witness and had convincingly rebutted the prosecution's presumption），可謂還他清白（*South China Morning Post,* 2 December 1982; 4 January and 16 March 1983），惟此事相信令他與家人、兒子及陳寶珠等關係更為疏離。

從一封楊詠真口述、娛樂記者董夢妮執筆，於 1984 年 2 月 29 日發出的〈給吾愛吾妻的公開信〉，以及在接着一星期一封〈董夢妮給陳寶珠一封不寄的信〉所披露的內容看，尤其按董夢妮的說法，楊詠真與陳寶珠婚姻破裂，是「占美是『啣着銀匙出世』，自小長於大富之家，要什麼有什麼，過分的順遂和從未遭過任何挫折的他，平日在待人接物方面，不能十足要求他完美；何況十個男人九個喜歡逢場作興，他不懂得珍惜妳對他的愛，過分地疏忽了妳」（《城市周刊》，1984 年 3 月：沒頁碼）。

婚姻破裂後，楊詠真一直希望重修舊好，爭取陳寶珠能回心轉意，亦曾作出不少努力，當陳寶珠養父陳非儂於 1982 年 2 月去世後，在喪禮的靈堂上，曾獲陳寶珠較正面回應，似是關係破冰，有望重修舊好，但楊詠真不久涉及毒品一案，哪怕法庭最終還他清白，卻令他早前所作的一切努力化為烏有，所以到了 1984 年 2 月楊詠真才「豁出一切」，向屬好友的娛樂記者透露了與陳寶珠由戀到婚再到仳離的故事，並請其代寫情信，藉此以為可以打動對方，破鏡重圓，惟從結果看來，這種以為透過記者之力可以扭轉夫妻關係的圖謀，適得其反，陳寶珠與楊詠真之間關係更僵。

進一步資料顯示，楊詠真隨後證實患上重病，不但醫治寡效，且急速惡化，於1986年12月28日去世，享年只有42歲。據說，楊詠真患病一事一直沒告知陳寶珠，她亦長期身在外地，直至前夫去世才趕回香港。儘管陳寶珠與楊詠真早已離婚，她仍以前妻與兒子母親身份為楊詠真舉喪，「瞻仰遺容時，寶珠控制不住情緒」，兒子楊天經「哭至雙眼通紅」（《華僑日報》，1987年1月6日及7日），至於楊氏家人則未見身影，這應與楊撫生及一眾家人正受大大百貨倒閉所困擾，甚或已動身離開香港，移民美國之故。

大大百貨倒閉尋根究底

1980年代初，香港政治、經濟與社會可謂風高浪急，市場尤其波動，一生經歷無數風浪、長期保持低調的楊撫生，那時卻栽了大筋斗，受傷嚴重，不但酒樓飯館業務虧損巨大，一直被視為楊氏家族名牌或旗艦的大大百貨，更遭債權人「封舖」接管，原因是家族欠下巨債，資金鏈斷裂，最後被告上法庭，家族旗下多家公司落得清盤結業，此局面無疑令楊撫生覺得灰頭土臉、面目無光。引人好奇的問題是：到底是什麼原因，令本來形勢一片大好的大大百貨及珍寶大酒樓等生意突然掉進困窘，最後在1985年7月24日出現本文開首提及遭到滙豐銀行接管，珍寶大酒樓等飯館又先後遭逢結業困難？

綜合不同層面的資料分析，儘管無論百貨或酒樓等生意，長期存在一些如成本未能更好控制或利潤無從有效提升等問題，但過去基本上運作仍算良好，不至於會帶來致命打擊，反而是一些為了應對或解決那個長期經營問題的策略調整，卻鑄成了無法挽回的過錯，因為策略調整時不幸碰上了市場逆轉，把楊撫生殺個措手不及，結果敗下陣來，整個家族企業因此轟然倒下。

以大大百貨為例，導致大大百貨掉進困境無疑是多方面的因素，但以當中兩大點較突出：其一應是日本百貨那時在香港不斷擴張，引致市場定位被指類近日本百貨的大大百貨面對巨大壓力（鴻碩，1986）。早在 1980 年代前，已有大丸及松板屋等日人百貨公司在香港大展拳腳，而進入 1980 年代，有更多大型日本百貨公司先後落腳香港，例如 1981 年的三越百貨、1982 東急百貨、1984 年的八百伴、1985 年的崇光百貨等（1986 年時吉之島亦在籌劃，於 1987 年開業），這些日人百貨公司在規模、服務及貨品款式等方面，均給大大百貨帶來競爭壓力，壓縮其市場生存空間。

其二是公司採取的薄利多銷及星期日八折等策略如雙刃劍，雖然有助星期日的銷量，但亦遏抑了其他日子的營業額，因不少顧客會把消費留待星期日，至令星期一至星期六的營業並不太好，但其他日子公司仍需開門營業，亦同樣有各種必要開支（鴻碩，1986）。即是說，本來為了擴大市場佔有率的促銷策略，反噬自身，削弱了本身的利潤。

據此，有分析引述百貨業翹楚、裕華國貨創辦人之一余慶，在 1981 年 12 月《南北極》訪談中評論大大百貨的發展問題時，提到一個業內人的重要觀察：「我覺得大元、大大公司，房子是租回來的，現在用人又難，生意是很辛苦的。」（齊以正，1986：177）這點確實一針見血，直指核心，其實亦適用於楊撫生所經營的酒樓飯館生意，以及香港的大小零售業。簡單而言是門店租金佔去很大經營成本，這與香港地少人稠、寸土尺金問題密不可分，而問題自1970年代下旬經濟復甦起更趨嚴重，因那時候物業地產市場熱火朝天，租金遂大幅飆升。

作為同行且浸淫行業數十年的楊撫生，必然亦如余慶般看到問題關鍵：無論大大百貨的多家門店，或是酒樓飯館的多家門店，每月辛苦經營所得，有一個很大比例都落到租金中去。事實上，大大百貨及珍寶大酒樓的門店選址，均是人流暢旺的黃金地段，租金必貴，那些門店又非自置物業，大業主看到大大百貨其門如市，又必然大增租金，因此常有「生意做埋都不夠交租」，或「變成為地產商打工」的情況，而1970年代末至1980年代初那個物業市場熾熱的時期，租金持續大幅上揚，必然促使楊撫生思考經營上所遭的「卡脖子」問題，而從永安、先施等老牌百貨公司因擁有自己物業較能掌握發展腳步、享受較好利潤的情況，應會令他想到其中的解決方法——購買屬於自己的物業，作為子孫後代長遠經營的基石。

當時社會上已普遍使用以物業向銀行按揭借貸的置業方式，即除須先支付首期現金，餘款可向銀行借貸，再分期向銀行支付，這種模式下的供款，在商業營運的角度，有如按月「交租」，長期供款（交租）後物業便成為自家的。百貨和酒樓生意每天每月均有大量現金，對供應商（供貨商）則享有延後結數的優惠，有些供貨客戶的結數期更可長達半年。採用這種按揭模式購置物業，楊撫生可輕鬆自在地坐享其成，正是在這些因素的交互影響下，過去經營作風較保守的楊撫生，便作出了較為進取的以槓桿模式置業的重大策略調整，且投入巨大金額。

綜合資料顯示，被形容為「看好前景」或「對前景有信心」的楊撫生（鴻碩，1986：167 及 173），於 1981 年 10 月 30 日成立實昇有限公司，再以該公司名義於 1982 年 7 月向國際城市購入北角城市花園 25 萬平方呎商業樓面的物業，作價 3 億元，同時又購入 6 個住宅單位，平均每個單位作價約 100 萬元（鴻碩，1986：173）。至於購買物業的資金，除了小部分來自本身公司現款，大部分是銀行借貸，公司日後須每月供款，且須支付成本不輕的利息。

這裏不妨細看圖 6.1 有關那時候利息的走勢，有兩點值得注

圖 6.1　1980 年至 1986 年最優惠貸款利率走勢

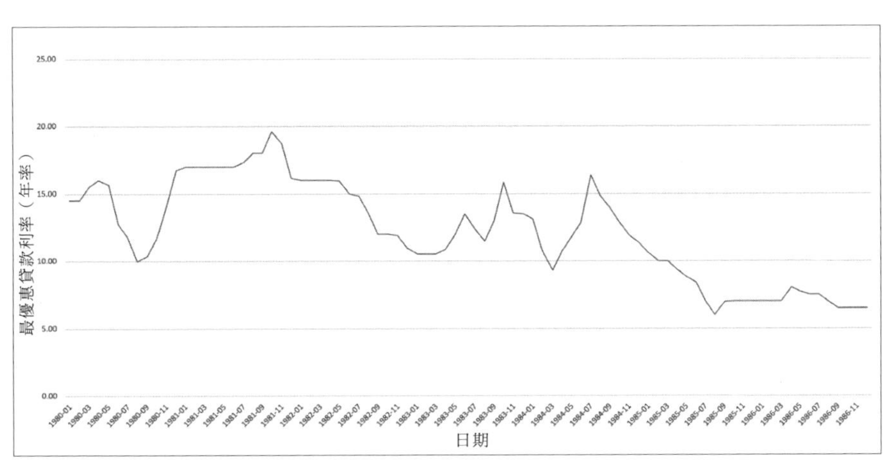

資料來源：政府統計處，各年。

意：一、1985 年 4 月之前，利率基本上維持在 10% 之上，某些年份接近 20%，可見利率高企；二、1985 年 4 月起，利率跌穿 10%，同年 8 月起，利率下調至 6% 至 7% 之間。

由於 1985 年 4 月前利息高企，借貸開支必然十分沉重。就以 1982 年初的「居者有其屋」較優惠利息計，十年期按揭的每年息率亦達 16.5%。即是說，若以首期先付 1 億元，向銀行借貸 2 億元計，借款一年單是利息便須 3,300 萬元，更不用說長年期的複息利率，金額數目自然更為巨大了。[20]

這種投資策略本來並無不妥，甚至屬於具長遠發展目光、作福子孫後代的舉動，惟不幸的是，楊撫生卻在錯誤的時機做出錯誤的決定，把早年積累的大部分財富投入購置物業的舉動之中，但自他完成那兩項物業投資的交易手續後，市場氣氛或狀況卻突然逆轉，且不斷惡化，不但利息趨升，物業大幅貶值，整體消費氣氛亦急速冷卻，包括百貨及酒樓飯館生意急速萎縮，令楊撫生陷於腹背受敵或爉燭兩頭燒的困局，但他卻應對失措，令問題演變至不可收拾地步，最後賠上了畢生努力的基業，甚至沾污了一生着意維持的名聲。

更確實地說，楊撫生大手筆購入物業後的 1982 年 9 月，戴

20 據鴻碩（1986：173）估算，在 1984 年初至 1986 年中的兩年半期間，利息約為 14%，而實昇有限公司購入城市花園物業時只付款一成，即多達 2.7 億元須按揭。按此金額計算，則每年單是利息支出便達 3,780 萬元，在那個年代實屬天文數字，非一般企業能應對。

卓爾夫人乘着英國剛在福克蘭群島（又稱馬島）戰爭中獲勝的氣勢訪問北京，會晤鄧小平，爭取延續在香港的統治，卻得到鄧小平以主權問題上沒有回旋餘地，1997 年中國將收回香港的強硬回應（袁求實，1997：9）。她在會晤後走出人民大會堂時更跌了一跤，新聞圖像及消息觸發了投資者信心，其中作為投資信心寒暑表的恒生指數應聲下跌，「不出兩個半月，恒生指數跌去了接近四成（39.7%）」（鄭宏泰、黃紹倫，2006：383）。物業市場亦如此，價格大跌。由於楊撫生是透過銀行按揭借貸購入，那時利息受美國大幅加息拖累而飆升，每月供款金額數目巨大。

1983 年，英國政府曾拋出「主權換治權」的想法，再獲鄧小平堅決回應，明確表明如果英方不改變立場，中方會在同年 9 月份單方面公佈解決香港問題的政策。消息引發市場更大反應，港元兑美元更狂跌不止，由原初的 1 美元兑 7.8 港元跌至 9 月 16 日的 1 美元兑 9 港元，以及 9 月 24 日的 1 美元兑 9.7 港元（鄭宏泰、黃紹倫，2006：384）。至於政府挽救港元貶值的辦法，又是增加利息，因此又嚴重衝擊了樓市、股市及整體經濟，在消費意欲大跌下，百貨與酒樓飯館生意進一步尋底。

在危機或困難面前，楊撫生曾以不同方法應對，惟舉動卻表現得進退失據、收效甚少，因此令虧損愈弄愈大，甚至到了無可挽回的地步。簡單而言，在百貨生意方面，楊撫生仍採用薄利多銷方式催谷銷量，重頭戲仍是過去常用的「星期日八折」，但在整體消費市道疲弱、競爭激烈的環境下，降價求售不但沒帶來什麼利潤，反而傷及經營元氣，如據了解大大百貨內情的人所指，「星期日八折，營業額雖提高，實際利潤卻少得可憐」（鴻碩，1986：171）。

更確實地說，「一年只有五十二個星期日，週日往大大『行公司』（逛百貨店）的人，除了購買星期日沒有八折的『特價貨品』外，甚少光顧其他貨品，他們大多數是利用週日（星期一至六）看定貨式，待星期日才去光顧。但在週日，大大仍要大放冷氣，燈光雪亮，也要職員看守攤位，當然也要付舖租，故此在週日只減少售貨員數目是否劃算頓成疑問」（鴻碩，1986：171）。即是說，在那個經營環境低潮期，薄利多銷策略未必能為公司帶來突破、增加盈利，反而弄巧成拙，傷及元氣，因固定成本難減，令降價求售策略得不償失。

另一方面，楊撫生因應 1982 年購入北角城市花園 25 萬平方呎商業樓面的物業一時三刻難以出租，而租金亦已大幅回落，遂想出另一被指屬於「逼於無奈的選擇」的應對方法（鴻碩，1986：175），那便是出租給自己的百貨公司和酒樓飯館，即是在甚為不利的營商環境下，反而加大在百貨及飲食生意的投資。這種做法，就如賭徒在賭桌上輸錢後加大注碼，甚至不惜借錢加大押注般，把自己推向更嚴峻險境。

具體地說，楊撫生一方面進一步投資酒樓飯館生意，於是有了前文提及於 1983 年創立香港城市花園大酒樓有限公司的舉動，在城市花園的物業內開設酒樓及酒廊，另一方面又在手上物業中開辦另一百貨公司，那便是城市花園的大大百貨，其目的是藉此產生協同效應，帶旺百貨生意。這種投資方法，在市場或經濟趨向興旺時期，實在具「肥水不流別人田」的優勢，但是在整體經濟氣氛低沉，尤其是風雨飄搖時期，則會產生像火燒「連環船」般的「攬住死」、互相拖累的負面效果。

更為致命的是，高級酒樓強調店舖門面、氣派裝修，啟動資本巨大，且須經一段較長時間營運，才能回籠投入資本，可這些均不利於利息高企、流動性緊張的時期。或者是因為一時手上流動性不足，甚至以為只要酒樓生意好，帶來強勁資金流，便可解決以上各種問題，楊撫生因此將城市花園部分物業作抵押，向滙豐銀行借貸換來現金，應對流動性緊絀問題。惟在利息高企的情況下，做法明顯加重了債務負擔，無異於飲鴆止渴，最後的赤裸現實是，滙豐銀行在大大百貨顯露財政問題時立即「落雨收遮」，迅速接管大大百貨，並申請將其清盤。

有關楊撫生投資酒樓方面的虧損，以 1976 年創立的翡翠宮酒樓經營過程可作例證，該公司位於華富邨的門店，曾給楊撫生帶來巨大損失，有分析指出：「華富邨大大公司樓上的翡翠宮酒樓裝修完畢，並已擇吉開張，內有粵菜館、湖南菜館、川菜館、法國餐廳等，聲勢浩大，可惜生意平平。翡翠宮開辦了七八年，虧掉楊先生當不止三千萬元吧？」（齊以正，1986：179－180）由此可見，單是翡翠宮酒樓一家，多年經營下最後亦虧掉「不止三千萬元」，其他諸如大大飯店、珍寶大酒樓及香港城市花園大酒樓等帶來的巨大損失，可想而知。

結果，在 1982 年下旬至 1984 年中香港經濟與營商環境極為低迷且陰晴不定的時期，本來是商場老手的楊撫生卻「老貓燒鬚」，連番應對策略均顯得左支右拙，出現嚴重失誤，因此毀掉了自己一生歷經辛勞波折建立的基業，情況就如一生戰績彪炳、南征北討的拿破崙，最後遇上了滑鐵盧，不但城市花園的物業化為烏有，多家酒樓飯館亦被逼結業，連一直被視為家族旗艦，承襲自鶴鳴有限公司的大大百貨，亦被逼走上清盤之路。由父輩創立，到楊撫生一代在歷經波折下仍能壯大，且計劃傳承下一代的大大百貨，最後以清盤劃上句號。

對於楊撫生那時面對的財政困境，有分析這樣說：「大大公司並非因經營百貨而出事，雖然百貨生意難做。它是在物業方面（賬面上，原註）虧損了約八千多萬元，[21] 加上酒樓的虧損，總額恐必接近一億元了。以楊先生的家當和大大的經濟情況，一億元的虧損是負擔不來的。」（鴻碩，1986：176）由此可知，成為楊撫生致命傷的，是他傾盡一生積蓄、且以槓桿按揭融資方式購入的物業，那項投資在物業價格大跌與利息飆升下成為最大負債。其次是酒樓飯館生意，最後才是過去為楊撫生帶來巨大財富積累的百貨生意。但楊撫生的應對失宜，卻令原來的投資失誤問題擴大，最後遭「連根拔起」，斷送了一生千辛萬苦才建立起來的家族企業。

清盤追債下的黯然離去

回到文章開首時提及 1985 年大大百貨危機浮面後如何應對的問題上。那時候，單就大大百貨集團而言，旗下共有九家門店，主要是六家直接以大大百貨為名經營的公司，分別在彌敦道、北角城市花園、觀塘、荃灣和香港仔，另有三家屬附屬公司，依

21 由於這裏採用賬面上的虧損，應沒包括早前付出的首期，反映實際損失更為巨大，因那時的物業價格，在 1984 年中的低潮期跌去逾半。

次為兩家在旺角及觀塘的大元百貨，以及一家在油麻地的大人百貨。各家門店其實長期生意不錯，人流甚旺，這主要因那些門店均佔地利，落腳點都是人流興旺之地，其次是公司長期打出薄利多銷促銷策略，吸引客人光顧，這種經營方式亦帶來一定盈利。

更為重要的是，百貨始終屬現金流巨大的生意，供貨商結賬又較有彈性，那時候租金亦已回落，滙豐銀行接管而不立即要求將公司清盤，明顯亦是看到該公司仍有「救回一命」的空間與機會，因此曾與楊撫生商討債務重組，尤其希望他本人能「注入新資金」，或尋求白武士救助，畢竟楊撫生有很高社會地位和人脈關係網絡，不少上海巨富如邵逸夫、趙從衍等據說都是「多年老友兼同鄉」，大家感情深厚（齊以正，1986：183-184）。

事實上，大大百貨欠下滙豐銀行的債務數目並不很大，如據報紙引述公司註冊署資料，全資由滙豐銀行擁有的滙豐信用有限公司（Wayfoong Credit Ltd），過去曾給大大公司借出大筆貸款，總值 533 萬元（*South China Morning Post,* 24 July 1985）。可是滙豐銀行卻因 500 萬元左右的債務率先向大大百貨下手，以債權人身份接管該公司，反映了銀行「落雨收遮」速度之快，亦可見其對客戶的不留情面，哪怕楊撫生在行內有一定良好名聲。

儘管滙豐銀行在高調接管大大百貨後表現出尋求與楊撫生達成債務重組協議、不願立即將之清盤的「善意」，因此在接管後仍讓大大百貨繼續開門營業，但楊撫生顯然已心灰意冷，出現這種意識或態度變化的主要原因，既有一些可讓他人看到或可推測的因由，亦有一些相信只有他本人才知悉的因由。後者所指的，自然是在危機面前，他必然尋找那些他認可給予助力人士協助，他們的反應相信令他覺得不是味兒；讓他人可看到或可推測的因由，應是債務遠較滙豐銀行所披露的巨大，危機出現初期他「瞓身」救援應已花去大量資源，到了那時，手上已所剩無幾了，因此實在難以再作求援，即是到了「非不為也，實不能也」地步，他應因此感到有口難言。

隨後的資料更揭示，楊撫生還欠下 Chase Manhattan Bank、Summa International Finance Ltd 及 American Express Bank 等多家銀行或財務公司的不少債項（*South China Morning Post,* 6 August 1986），而那些債務都是在 1982 年 7 月完成城市花園那宗特大物業交易後才出現，即是動用家族大量財富並以按揭方式完成交易後，當再有財政緊絀問題而需額外資金應急時，只能向不同銀行或財務公司伸手借貸，哪怕利息較高，且須他的個人擔保，或是接受某些不利條件 —— 如前文提及給予滙豐銀行「當大大公司無力按期償還債務銀行可隨時將之接管」的權力（齊以正，1986：184）。此點反映楊撫生那時曾面對巨大財政缺口，須四處「撲水」（借錢）求救，相信在別無他法下，才向不同銀行或財務公司借貸。

以浮出水面遭追討債務且曾為傳媒報道的為例，便包括於 1982 年 10 月 1 日（即完成城市花園交易不久但樓市已大跌之初）向 American Express Bank 借貸 13,059,410 元（*South China Morning Post,* 7 August 1985），於 1984 年向 Chase Manhattan Bank 借貸 1,850 萬元（*South China Morning Post,* 21 July 1986），以及曾（時間沒披露）向 Summa International Finance

借貸 3,793,524 元。另外，大大百貨亦遭信興電器有限公司追討未付貨款 905,083 元（*South China Morning Post,* 7 August 1985），其他供貨但尚未收到付款的供貨商應更多。

由是觀之，動用巨大財力和按揭用於購入城市花園物業後，楊撫生還因不同資本需求向多家銀行和財務借貸，同時亦曾拖欠供貨商的貨款，反映到滙豐銀行對之實行債務接管時，已是山窮水盡，滙豐銀行雖給他債務重組機會，他也「無福消受」。結果，到 1986 年 3 月，大大百貨只能走上「拉閘」結業的道路，公司被清盤，近千員工甚感意外，當中不少被公司拖欠工資及遣散費，引起政府和社會高度關注（*South China Morning Post,* 13 March 1986）。

大大百貨被清盤不久，楊撫生、沈怡紅及一眾股東子女等人被告上法庭，追討債務及損失（*South China Morning Post,* 19 June and 21 July 1986），此點相信令過去總是以文雅人士、商界精英身份現於人前的楊撫生（包括沈怡紅）感到面目無光。由於那時候香港已進入回歸過渡期，失意於香港商場又連吃錢債官司的楊撫生亦舉家離開香港，移民美國。

從資料看，經歷那次人生事業重大挫敗後，不單楊撫生更趨低調，他的子孫後代亦十分低調，甚少出現在鎂光燈前，因此難以了解他們移居美國後的生活和發展狀況，當中只有兩人例外，其一是過去沒有加入家族企業，選擇走學術道路的兒子楊詠威，其二是楊詠真與影星陳寶珠所生的孫兒楊天經。以下簡單介紹這兩人的經歷，作為家族發展的一點補充或註腳。

ABOVE: Shut-out employees and curious onlookers crowd around the Da Da Department Store in Nathan Road, Mongkok, yesterday.

華僑日報 WAH KIU YAT PO

本港新聞

屬下七間百貨公司昨起暫停營業

大大再被匯豐接管

匯豐無意經營百貨大大短期內可能被出售

員工停職留薪可能遭解僱依勞工法例賠償

租用大大攤位經營

貨物暫時不能取回

大大百貨於 1986 年倒閉時的情況及報道。引自 *South China Morning Post*, 13 March 1986（上）及《華僑日報》，1986 年 3 月 13 日（下）。

楊詠威年輕時在美國求學，入讀俄勒岡波特蘭市的里德學院（Reed College），取得文學士學位，後在艾奧瓦大學（University of Iowa）取得博士學位，之後棄文從醫，轉到史丹福大學攻讀醫學，再取得醫學博士學位，然後進入紐約大學神經外科學系，開始了學術研究的事業（HKBIO2013, no year）。1970 年代末，楊詠威與美籍華裔女子 Lily Young 結婚，兩人均屬學術界，因此互相支援，繼續他們學術方面的人生與事業探索。

就在家族生意陷於困境，父親為解決危機而費煞思量的 1984 年，楊詠威獲擢升為紐約大學神經外科的研究主任，個人在神經外科的研究獲得肯定。日後，楊詠威在神經科學的研究屢有突破，尤其在治療脊髓損傷方面，是脊髓研究及治療的權威，亦是世界公認的傑出神經科學家之一，因此出任世界權威的羅格斯大學（Rutgers University）Mononuclear Therapeutics 實驗室負責人兼主席、細胞生物學和神經科學傑出教授、W.M. Keck Centre for Collaboration Neuroscience 主任，以及神經科學 Richard H. Shindell 主席等要職（HKBIO2013, no year），是其家族在社會發光發熱最耀眼明星。

另一位較為社會所熟悉的家族後人，是楊撫生之孫、楊詠真之子楊天經。正如前述，生於 1975 年的楊天經，自父母離異後一直與母親陳寶珠一起生活，早年曾被送往美國求學，父親於 1986 年底去世後，與祖父及家族中人的聯繫似乎不多。他日後回到香港發展，如母親般進入娛樂圈，以演藝為事業，曾參與無線電視一些連續劇的演出，因此較為社會認識，但「星途」並不突出，與母親陳寶珠當年紅遍香港相去極遠。儘管如此，作為名人之後，楊天經畢竟憑一己能力幹出一番成績，亦算是給母親和家族一個交代，較不少紈絝子弟突出多了。

任何一個家族，所走過的道路均無法擺脫歷史與社會巨大衝擊和變遷，以鶴鳴鞋帽商店或大大百貨打響名堂的楊撫生家族亦如此。回頭看，楊撫生的人生與事業發展確實風浪不少，在不同時局中的衝擊亦十分巨大，出現各種危機，尤其 1949 年中華大地的變天，他在那個艱難時刻移居香港，隨後東山再起，拚出更耀目成績，令不少人對於他的魄力和才華倍感敬佩。可是，到了 1985 年，當面對新變局時，他卻看錯市、押錯注，給自己和家族帶來巨大衝擊。在那個時刻，哪怕他的身家財富較以往豐厚、人脈關係亦較強大，且有一眾已出身、可信賴子女成為左右手，可他那時卻失去往昔泰山崩於前而不懼色的氣派，掛起白旗選擇退隱，說到底是他那時已年過七十歲，廉頗老矣，沒有青年時期的體力和魄力了，當然亦不能排除他覺得子女未具力挽狂瀾的能力。自此之後，家族在商場上便消聲匿跡了。

敗亡故事引來的重要思考

商場如大海，在風和日麗時泅泳便自以為泳術高超，有如在股票市場興旺時從一買一賣中賺大錢便以為自己是「股神」，營商能力高超，因此很容易放下警戒與防犯，低估了狂風大作、波濤洶湧時可以船翻艇覆，造成巨大傷亡。作為吸取失敗教訓的個案，楊撫生的例子帶出兩個極為突出的信息：不是所有失敗例子，均是入世未深、經驗甚淺的年輕小伙子，哪怕是歷經無數挫折的老手，若不時刻小心奕奕，對於投資策略思慮再三，兼顧多方因素，同樣會犯下「一失足成千古恨」的過錯；亦不是所有失敗例子，均是經營不善、管理欠佳，而是重大舉動犯下大錯，受到牽連，在家族及社會關鍵發展時刻作出錯誤判斷，是最大原因所在。

若總結楊撫生晚年走向敗亡的個案教訓，如下三點經驗思考值得吸取。第一點，投資時機拿捏失準。到了晚年時期，楊撫生應一方面深刻地認識到香港地少人稠、地價租金昂貴的現實，發現無論百貨與酒樓經營有多成功，大部分盈利均會落到租金之上，即如為地產商打工，那時候又進入家族企業傳承接班時期，如何能為後代子孫作更好打算、奠下發展基礎，讓他們可不愁衣食，輕鬆接班，應是重要考慮之一，因此作出了斥巨資購入物業作為百貨與酒樓發展基石的舉動，惟這一決策可謂時機拿捏嚴重失準，因為那時中英兩國已就香港前途進行談判，但他卻無視當中的潛在風險，甚至「看好前景」，背後原因或者因他認為英國仍然強勢，可延續統治，中國政府才剛走上改革開放腳步，且強調實用主義，因此必會作出讓步，但現實恰恰相反，他看錯了中英有關香港問題談判的強弱進退，結果蒙受巨大損失。

第二點，拯救方法進退失據。基於「看好香港前景」，當中英談判出現爭拗，引起市場波動、物業大跌而利息高企時，楊撫生仍是堅持己見，覺得只是一時市場波動，不肯壯士斷臂，止蝕離場，以保存大局，而是選擇把城市花園物業闢作百貨公司及酒樓飯館。這種做法，若然在市場風平浪靜之時，或者衝擊不會太大，但當香港整體投資氣氛及經濟不斷下沉時，卻無異於負薪救火，引發更大傷害，尤其產生了火燒連環船的局面，將本來健康營運的大大百貨集團及珍寶大酒樓等生意亦連累了，最後便有了兵敗如山倒的結局。

第三點，個人與家族對事業進程失去意志與決心。當確認英國政府在與中國政府的談判中敗陣，香港必然在 1997 年回歸，對中國共產黨缺乏信心的楊撫生，顯然亦對香港前途產生負面看法，即認為香港沒有未來，不會有發展空間，哪怕自中英兩國在1984年底正式簽署了聯合聲明後香港投資市場氣氛趨向穩定，經濟逐步回升，但楊撫生已不再作如是想，故當滙豐銀行在接管大大百貨集團後向他拋出橄欖枝，尋求債務重組，他卻不為所動，關鍵並非全是手上資產已所剩無幾，或是人脈關係沒法利用，而是那時候他已完全改變了對香港前途的看法，不久舉家移民美國，便是對那時香港發展前景的直接回應。自此，楊撫生家族與香港及中華大地的關係日漸疏離。

小結

楊撫生的人生無疑十分傳奇，鶴鳴鞋帽商店雖非由他創立，而是繼承自其父親，但真正令此普通小店在市場上闖出名聲、在社會上揚名立萬的，卻是他本人，至於鶴鳴鞋帽商店走過的發展道路，亦一點不簡單，遇上抗日戰爭、國共內戰，然後是遷移香港，廠房貨倉大火等，均沒令其沒落，相反能不斷壯大，且逐步由鞋帽商店轉化為百貨公司。與此同時，家族也開拓酒樓飯館生意，並同時涉足物業地產，成為1980年代香港其中一個充滿傳奇又甚為顯赫的巨富家族，在文化界尤有名聲。

可是，經歷無數波折而建立一個具實力的企業集團，且享有一定社會地位的楊撫生，卻在1980年代那個歷史與社會巨大變遷時期「看錯前景」，觸發了家族和企業的巨大危機。在危機出現之初，楊撫生曾採取各種手段試圖力挽狂瀾。可是，外圍環境不就，投資氣氛不斷惡化，不但白費努力，且令問題愈陷愈深，帶來更多預想不到的問題，尤其加大了債務負擔，最後落得平生事業與積蓄化為烏有的結局。

這裏帶出一個十分現實亦值得進一步思考的現象：危機及風險不會因為一個人的年齡、經驗、財富或社會地位與名聲而遠離，就如各種災難如海嘯、地震，或禍害如戰亂、瘟疫等不會只針對平民百姓，揭示哪怕是世家大族，哪怕已身家豐厚、政經網絡無孔不入，仍不能免受這些災難的衝擊，因此不能沒有風險意識，尤其不能對市場與時局變化粗心大意，持既定立場或自以為是，任何分析上的盲點與錯判，所產生的決策偏差，付出的代價均會十分巨大，值得家族的有識之士思之再三。

第7章

康力集團

柯俊文電子王國的建立與敗走

- 匱乏窮困是創業自立的最大推動力。
- 看準時機不斷擴張，可造就企業的持續壯大。
- 低估風險，又以旁門左道方法應對危機，賠上的不只是生意事業，更是身敗名裂。

引言

進入 1984 年，由於中英兩國就香港前途談判的爭拗日趨激烈，給社會及投資環境帶來極大震盪，無論股市、樓市、匯市等均十分波動，利息更是居高不下。當時，英資龍頭巨企怡和洋行（Jardine Matheson & Co，又稱渣甸洋行）在 1984 年 3 月底至 4 月初突然宣佈將遷冊英屬百慕達，代表企業在關鍵時刻對香港未來投下不信任票，被傳媒稱之為「百慕達炸彈」（Bermuda bombshell）（*South China Morning Post,* 29 March and 2 April 1984）。儘管有分析指出怡和洋行遷冊是出於政治考慮，目的是給中國政府施加談判壓力，藉此增加英方的籌碼，但首當其衝的仍是香港經濟和營商環境，撤資帶來的巨大衝擊令投資市場氣氛驟然冷卻，被視為股票市場寒暑表的恒生指數大幅急跌，由 1984 年 3 月 19 日高位的 1,170.35 點，持續下跌至 7 月 23 日的 747.02 點（鄭宏泰、黃紹倫，2006：398－399）。

「百慕達炸彈」發生一個多月後的 5 月 17 日，康力投資有限公司的股份突然在四家交易所暫停買賣，當晚公司董事局發出通告，表示是透過證監處向交易所提出停牌申請，據其公佈的原因，「是由於某些近期事態發展可能導致一債務人所欠該集團的巨額債項的全部或大部分欠款未能歸還，因此董事會決議委託該公司的核數師羅兵咸會計師事務所核定該債項的確實數字」（《大公報》，1984 年 5 月 18 日）。康力投資是香港電子業的巨擘，且約四個月前才被華潤集團附屬的新瓊企業收購，代表「中資大舉投資香港，本是穩住香港經濟、安定人心、避免動盪的高招」（紫華，1984：235），事件自然觸動市場神經。隨後事態發展愈演愈烈，原來康力投資早已出現財政困難，收購前更曾以假賬掩飾，前公司主席柯俊文 —— 即公佈中所指的「一債務人」在事件爆出前已「潛往台灣」。由於此事不單涉及刑事罪行，更令人擔心會影響內地資金在港投資，自然引來社會高度關注。

時至今日，中英談判其間的驚濤駭浪早已事過境遷，香港亦順利挺過風雨邁步前行，大部分人對康力投資或柯俊文惹來的風波相信亦不復記憶。但事實上，這間憑「山寨廠」起家，發展成本地電子業巨擘的企業，[1] 曾在香港工業化進程中扮演過重要角色，亦曾在國家改革開放政策中發揮過重大作用，而柯俊文更曾是香港「遍地黃金」、窮小子白手興家的成功例子。本文介紹柯俊文與康力集團個案，談談一位身無分文的移民如何在香港創立自己的企業王國，分析他崛起及身敗名裂的原因，並從側面勾勒電子業在香港的發展進程及對香港和內地的重要性。

1　所謂「山寨廠」，即廠房簡陋、設備及生產技術簡單、資本投入不多的工廠。香港能走向工業化道路，除了上海移民企業家引入較新紡織業設備與技術，投入較大資本，成為經濟骨幹力量，其他工業生產大多屬山寨廠，但這種生產模式，卻能憑成本低、效率高、市場靈活性大而闖出生天，在海外市場具很高競爭力。

柯俊文的移民和創業

在康力集團醜聞爆發後，有評論將柯俊文與佳寧集團的陳松青相提並論，稱之為「商界梟雄」（利可人，1984：214），但實際上，二人除同樣祖籍福建及生於1930年代，以及人生事業驟升急跌外，無論成長環境、教育程度、經營作風及社會圈子等均差異極大。綜合坊間僅有的資料顯示，柯俊文應於1938年在福建廈門出生，[2] 1950年代初十多歲時移民香港，據說其家族原為經商的「茶葉世家」（《華僑日報》，1977年4月7日），但後來家道中落，他因此於中學期間輟學，[3] 到一家塑膠廠當「學徒」（二胡，1981；Lo, 2023），開始了打工之路。不過那時所謂學徒，多是因為年紀太輕，未達政府規定的合法工作年齡，故改以「學徒」稱之，以避過刑責。

有報道指出，柯俊文踏足社會之初，在塑膠工廠找到工作，主要是在廠內當「跳馬騮工人」。所謂「跳馬騮工人」，即是沒有技術的塑膠配件生產工人（此點間接說明當學徒的名不副實），因塑膠配件以機械方式生產時，「每啤一次，[4] 塑膠機動作如馬騮跳」而得名（利可人，1984：215）。由於工序簡單枯燥，只是在流水式生產線上不斷重複同一動作，毫無技術可言，不單工資不

2　柯俊文的英文姓名為 Alex Au Yan Din，與一般翻譯甚為不同，原因不明。若然不知道這種中英文姓名差異，容易錯失英文資料。

3　另有說法指出他只有「小學程度，無一技之長，連廣東話也說不正」，到他創業後為了業務需要，曾「請私家英文教師惡補英文」，藉以提升英語水平（利可人，1984：215）。

4　「啤」乃廣東話口語，即是將塑膠壓成固定形狀。

康力集團創辦人柯俊文，引自公司上市後年報。

高、缺乏前景，亦學習不到新技能，故若非生活逼人，沒太多人願意投身其中，更遑論是年輕人。

現已不清楚柯俊文當了多久「跳馬騮工人」，亦不清楚其間他有何經歷，但在 1960 年代，他的事業出現重大突破。據日後康力投資上市時的招股書介紹，他在 1961 年（即年約 24 歲時）開始涉獵塑膠電子業務，約四年後，即在 1965 年 27 歲時，以 5 萬元收購了一家名為志源實業的塑膠配件生產廠。雖然這間位於紅磡的生產廠規模不大，只有 5 名工人、廠房面積約 900 平方呎，但卻是他踏上工業家之路的起步點（Conic Investment Company Limited, 1981; Lo, 2023）。不過，另有資料指出他購入志源實業的年份稍遲兩年，金額亦有差異（二胡，1981：13），有說他是在 1967 年香港社會出現動蕩，工廠原東主「急於移民，自願將出讓的價錢降到最低⋯⋯當時的志源實業只有資金六萬元（註：應指購入志源實業動用資金六萬元），職工五人」（紫華，1984：227）。

無論柯俊文購入塑膠配件廠的年份是 1965 年或 1967 年，所出價錢是 5 萬元還是 6 萬元，令人疑惑的是他作為一個低薪工人，為何在數年間能儲得巨款購入工廠，是與人合夥還是獲得家族支持？由於欠缺資料，這個謎團相信難以解開。但從另一個角度看，他在香港商業低迷、投資氣氛欠佳的環境下敢於踏上創業之路，可反映他甚具勇氣與膽量，所以有分析指出他「樂於一博〔搏〕⋯⋯因為香港的超級資本家起家，有哪一個不是學『博命太郎』博回來的？」（利可人，1984：215－216）。無論內情如何，來自商人家族但家道中落、教育水平有限的柯俊文，當了一段時間的學徒與非技術工人後，確實把握到環境變遷的機遇，人棄我取，自立門戶，當起老闆來。

當然，若柯俊文只是空具膽色地「樂於一博」，那他與一般賭徒或冒險者沒有分別，也極可能失敗收場。要知道在那個年代，低技術的小型塑膠配件生產廠汗牛充棟、數目不少，但柯俊文的志源實業卻能突圍而出，創出耀眼成績，明顯反映他具過人之處。一方面可能是他來自商人家族，自小對經商及商業運作有一定接觸及理解，同時，他顯然不甘心一直當低技術勞力，或「打死一世牛工」，故在工作期間仔細研究生產流程及市場需要，並察覺到當時方興未艾的電子業對塑膠配件需求甚殷，行業極具發展潛力，才能於 1960 年代社會動盪人心不穩時，毅然投入大筆資金買下工廠。因此，柯俊文放膽一搏是建基於對自身及外在環境的充分評估，而不甘屈居於人後、能察覺市場潛力、具開創精神等特質，均是企業家精神的重要組成部分。

對香港歷史和社會稍有認識的人都知道，在 1950 年代前，香港經濟高度依賴轉口貿易，自從歐美等國對新中國實施「貿易禁運」後，本地的轉口貿易戛然而止，隨後因大量移民南來，當中不少上海移民企業家 —— 尤其棉紡商人，帶來生產設備及資本，促使香港踏上了工業化之路（Wong, 1979），不單紡織製衣業勃興，玩具、鐘錶、塑膠業亦先後發展起來。到了 1950 年代末，更孕育了電子業，先行者為上海移民企業家胡孝清，一開始，他為日本著名企業索尼（Sony，早期譯作新力）生產收音機及錄音機的電子配件，後於 1962 年創立了環球電子廠（Atlas Electronic Corporation），大舉進軍電子業，帶動香港電子業的發展（劉永生中學，沒年份；Lo, 2021）。

柯俊文接收了志源實業並運作了一段時間，摸透生產技術及銷售網絡後，接着便有了擴張開拓的計劃，而商業觸角敏銳的他明顯看到電子業的巨大發展空間，特別是當時流行一時的收音機生產，故在站穩創業腳跟後，他先是邀請了曾在收音機廠當管工、具實質生產經驗的譚頌聲加盟。隨着工廠規模擴展，他再聘來曾在羅兵咸會計師樓任職的譚漢江負責管理財務，一方面是因為進出資金漸多，他需要更專業的理財人士，同時應是他意識到清晰的公司賬目有助他獲得銀行信貸，而資本則是開拓市場的最重要力量（利可人，1984：217－218）。正因懂得吸納專業人才為其所用，志源實業的發展愈見突出。日後，他仍不斷吸納人才，收購或創立企業，逐步建立起自己的電子業王國。

電子王國的建立與擴張

柯俊文電子業王國的起點，顯然是他在香港經濟環境低迷時接手的志源實業，不過，那家工廠初時應為單頭或合夥公司，直至 1969 年才以有限公司形式註冊，故反被 1968 年註冊的合昌塑膠品廠有限公司超前，成為康力集團名下第二間有限公司。[5] 另一間志達塑膠製造廠亦於 1969 年註冊。這三家公司的主要業務都是塑膠機械及塑膠製品生產。接着的 1970 年及 1972 年，每年各有兩家新公司註冊，分別為聯華電子廠、志豪電子、海力及友利電訊，業務範圍拓展至電子產品配件生產，包括收音機、錄音機及電子零件配件。1973 年，力圖實業註冊成立，主力生產玩具及收音機配件。短短數年間，柯俊文名下的工廠數目已增至八家，反映他經營有道，亦可看到當時香港工業的蓬勃成長。

1973 年，香港股票市場泡沫爆破，接着又出現全球石油危機，經濟反覆下滑，情況至 1974 年仍未改善。但本地經濟衰退似乎對柯俊文的工業王國沒太大影響，他更選擇在此時進一步擴充業務，在 1974 年再註冊成立原音電子及大業精機兩家公司。1975 年及 1976 年，發展腳步更急，兩年內分別註冊成立 13 家公司，其中較重要的，有雅力電子製品廠、康力國際、康力投資、汎年國際、志順電業等。對於王國版圖在逆風時迅速擴張，按他的說法，是「為了安置失業的友人，因此那二年開了多間工廠」（二胡，1981：14），但更重要的原因，相信是他看準經濟將逐步恢復，市場仍具發展潛能。當然，各公司在他運籌帷幄下應仍錄得一定的盈利，才能支撐其開疆拓土。

5　由於公司註冊處不會保留單頭或合夥公司的記錄，只保留有限公司的資料，因此註冊日期不能視為開展業務或生意的日期。如志源實業及合昌塑膠品廠在註冊前應已有不少業務及生產。

康力集團於 1970 年代於報章刊登的全版廣告。

對於 1973 年股市泡沫爆破後的經濟低迷期，柯俊文的商業版圖反而有突破性發展的現象，有分析這樣介紹：「不少廠家因為炒股票而耗盡現金，在七四、七五年的經濟調整期間陷入困境，康力便藉機進行吞併和收購，規模也不斷擴大。」（紫華，1984：227）即是說，那時納於康力集團旗下的公司，不少屬於以收購方式取得的，並非全部都由柯俊文一手一腳創立，而透過不斷收購及開立企業，康力集團的根基逐步穩固。

1977 年，康力集團旗下再增加三家附屬公司，包括康源電子廠、志威電子業製品及華電電子。另外，柯俊文亦開始放眼海外市場，在外地註冊成立三家公司，分別是設於美國的 Conic International Incorporated（U.S.A.）、日本的 Conic Japan Ltd. 及新加坡的 Conic Singapore Pte. Ltd.，但由於這三家公司的註冊地在海外，因此沒法掌握太多資料，亦不清楚公司在當地的運作情況。

表 7.1　截至 1978 年康力集團旗下公司註冊年份與主要業務資料 *

公司中文名稱	公司英文名稱	註冊年份	公司現況	主要業務
合昌塑膠製品廠有限公司	Hop Cheong Plastic Manufactory Ltd.	1968	已解散（2001）	塑膠製品生產
志源實業有限公司	Chee Yuen Industrial Co. Ltd.	1969	仍註冊	塑膠機械製造
志達塑膠製造廠有限公司	Standard Plastic Manufactory Ltd.	1969	已解散（2000）	塑膠製品生產
聯華電子廠有限公司	Far East United Electronics Ltd.	1970	仍註冊	電子產品生產
志豪電子有限公司	Jecko Electronics Ltd.	1970	仍註冊	電子產品生產
海力有限公司	Colony Electronics Ltd.	1972	已解散（2004）	電子產品生產
友利電訊工業有限公司 *	Universal Appliances Ltd.	1972	仍註冊	電訊工程
力圖實業有限公司	Likto Industrial Co. Ltd.	1973	已解散（1995）	玩具與收音機生產
原音電子有限公司	Audiotronics Ltd.	1974	已解散（1994）	電子音響生產
大業精機有限公司	Grand Precision Works Ltd.	1974	已解散（2002）	精細配件生產
精密電子工業有限公司	Accurate Electronics Industry Ltd.	1975	已解散（1996）	電子產品生產

（續上表）

公司中文名稱	公司英文名稱	註冊年份	公司現況	主要業務
雅力電子製品廠有限公司	Alex Electronic Products Ltd.	1975	已解散（1993）	電子產品生產
康力國際（香港）有限公司	Conic International (H.K.) Ltd.	1975	已解散（1993）	國際貿易
康力投資有限公司	Conic Investment Co. Ltd.	1975	仍註冊 / 上市公司	投資
汎年國際有限公司	Fengnin International Ltd.	1975	仍註冊	電子貿易
志順電業有限公司	Jeckson Electric Co. Ltd.	1975	仍註冊	電子產品生產
聲德電子有限公司	Soundic Electronics Ltd.	1975	已解散（1990）	音響製品生產
世界發泡膠工程有限公司	Worldwide Polyfoam & Engineering Ltd.	1975	已解散（2015）	發泡膠製品生產
康力電視製作有限公司	Conic T.V. Studio Ltd.	1976	已解散（2022）	電視節目製作
鴻年電子有限公司	Hung Nien Electronics Ltd.	1976	已解散（2014）	電子產品生產
美羅化工原料有限公司	Metro Chemical Corporation Ltd.	1976	已解散（2002）	化工原料生產
均達電子有限公司	Quentex Electronics Ltd.	1976	已解散（1997）	電子產品生產
聲威電子有限公司	Sunway Electronics Ltd.	1976	已解散（1995）	電子產品生產
康源電子廠有限公司	Hong Yuen Electronics Ltd.	1977	仍註冊	零件組件生產
志威電子業製品有限公司	Jeckwell Electronics Ltd.	1977	已解散（2005）	電子產品生產
華電電子有限公司	Xanthus Trading Co. Ltd.	1977	已解散（1995）	電子產品貿易

資料來源：*South China Morning Post,* 22 December 1978

* 各公司的名稱曾有更易，這裏所列為 1978 年的名稱

在 1973 年股災與石油危機衝擊的經濟低迷下，柯俊文逆流而上，開設及收購了多間公司，在 1970 年代中至 1980 年代初各方面的表現亦更為進取。首先，他不斷擴充生產線和生產規模，也開拓更多新興電子產品，除原有的電子配件及普通類型的收音機外，還逐步生產較先進的立體聲卡式收音錄音機、電子鐘錶、液晶顯示器，以及當時方興未艾的彩色電視機與電視遊戲機（又稱家用遊戲機或電子遊戲機），據集團的宣傳，那些電視遊戲機「適用於任何牌子彩色或黑白電視機，對電視機本身絕對無損」，可令「府上倍添熱鬧」（《華僑日報》，1977 年 2 月 10 日）。為了推廣自家品牌及集團出產的各種產品，集團經常參與不同場合的產品展銷會，公司管理層亦樂意成為傳媒採訪的對象（《大公報》，1979 年 8 月 3 日）。

由於集團旗下公司推出的產品日多，銷售量亦拾級而上，附屬公司及聘用員工不斷增加。後期增加的公司大多集中於電子或與娛樂相關的產品，如 Data Devices International Ltd.、時佳電子廠有限公司（Cycle Time Electronic Ltd.）、康力半導體有限公司（Conic Semiconductor Ltd.）、康力電影製作（Conic Film Productions Ltd.）、雄力集團（Honic Holdings Ltd.）及康藝成音有限公司（Contec Sound Media Ltd.）等，反映公司生產重心已由塑膠製品或低端的電子配件，移向要求更精準技術的產品了。

與此同時，康力投資在當時獲得美國德州儀器的電腦及電子產品代理權，開始進軍電腦市場。當時香港電腦使用日趨普及，已是亞洲地區內僅次於日本的「應用電腦進展最快、技術最先進」地方，康力投資亦開始為不少公司裝置進口電腦，提供各種與電腦相關的周邊服務，早期主要處理賬目會計，益新置業有限公司便是其早期客戶之一。後來當電腦科技愈趨發達，優勢日顯，吸引更多企業添置電腦設備。另方面，集團亦開始拓展手提電腦市場，可見其在電腦及電子產品的領先地位（《工商日報》，1979年7月16日及31日、8月8日、10月31日）。

1978年底，集團旗艦物業康力大廈落成入伙，這座位於紅磡鶴園街的工廠大廈樓高12層，象徵着集團的實力。當時，康力投資旗下附屬公司的數目已達29家（表7.1），這些公司集體在報章刊登聯合廣告，送上祝賀（*South China Morning Post,* 22 December 1978），此舉除宣傳新落成的大廈外，顯然亦有意藉此向公眾展現集團的宏大規模。隨後，公司又租用新發展的大埔工業邨10萬平方呎廠房，主要用作彩色電視機的生產基地（《華僑日報》，1980年11月19日；*South China Morning Post,* 18 December 1980）。事實上，由於康力集團附屬公司眾多，其規模不一的生產廠遍佈全港不同地區，在香港那個寸土尺金、租金昂貴的地方，「自置廠房面積佔六成」（紫華，1984：227），故不需要長期面對租金飆升的壓力，掉進「為地產商打工」的困局。

除工業生產外，柯俊文那時更開拓另一業務蹊徑，與著名影視節目製作人蔡和平合作，「投資八百餘萬港元」，創立康力電視片場有限公司，進軍電視製作，當然亦為電視製作引入電子設備（《大公報》，1976年12月25日）。據其宣傳資料，所有設備及儀器「均採用西德德律風根發明之PAL彩色系統」，PAL系統為當時最先進和潮流者，「彩色效果特別出色」（《工商日報》，1977年7月13日）。那時柯俊文投資影視節目製作，除了業務多元化的考慮，相信亦與本身專長電子設備，投資電視電影製作時可使用旗下公司生產的產品，有肥水不流別人田的考慮，同時亦可為自家品牌建立一個宣傳平台，爭取投資與業務之間的協同效應。

康力集團在 1970 年代中之後的發展進程和表現，可從其上市時披露的財務資料找到更具體的說明。在上市時發佈的招股文件中，自 1976 至 1980 年間，康力投資無論營業額或貿易利潤（trading profit）均表現亮麗，如營業額由 1976 年的 2.27 億元大幅攀升至 1980 年的 7.75 億元，同時期的貿易利潤亦由 818.6 萬元大升至 5,291.1 萬元。不過，由於柯俊文在這段期間大舉擴張，資金來源不少屬於銀行或財務公司借貸，令利息支出同樣大幅飆升，由 1976 年的 306.7 萬元，上升至 1980 年的 3,181.6 萬元，利息支出在貿易利潤中的佔比由 37.47% 大升至 60.13%，反映康力投資屬高負債或高借貸企業，成為公司其中一個重大隱憂（表 7.2）。進入 1980 年代，香港利息急速上揚，為公司帶來巨大壓力及沉重負擔，亦是康力投資長期難以昂首闊步發展的主要阻力。

表 7.2　1976 年至 1980 年康力投資營業及盈利狀況

年份	營業額（億元）	貿易利潤（萬元）	利息支出（萬元）
1976	2.27	818.6	306.7
1977	3.37	1,976.3	519.2
1978	4.03	1,966.2	795.6
1979	6.02	5,613.0	1,919.9
1980	7.75	5,291.1	3,181.6

資料來源：Conic Investment Company Limited, 1981

此外，由於生意日大、身家財富同步上揚，到了 1970 年代中，柯俊文已躋身商業精英之列，是本地著名的實業家之一。他亦開始回饋社會，對社會公益的捐獻日多（*South China Morning Post,* 9 November 1979）。他於 1977 年獲選為保良局總理，同一時間出任保良局總理的，還有海外信託銀行的張承忠，那時保良局主席是恒隆銀行董事總經理莊榮坤，與柯俊文同樣祖籍福建，張承忠和柯俊文二人可能都是由莊榮坤推薦入局。翌年，柯俊文再出任另一間重要慈善組織東華三院的總理（《華僑日報》，1977 年 4 月 7 日及 1978 年 4 月 1 日）。不過，柯俊文明顯不像莊榮坤般長袖善舞，在社交場合亦不活躍，所以並未在社會公益活動中留下太多痕跡。

經過多年高速發展，康力集團在 1980 年代確實做出成績，為香港電子工業作出不少貢獻，亦創下不少紀錄，其一是聘用的員工人數逾萬名，乃僅次於港英政府最大的單一僱主；其二是集團生產的電子產品，包括塑膠配件、液晶顯示器、印刷電路板等，佔香港電子產品出口逾三成，佔比巨大；其三是生產廠遍及紅磡、觀塘、新蒲崗、西貢、沙田、屯門、大埔、元朗及中國內地，當時香港企業中無人能及；其四是生產的電子產品種類繁多，如電視機、電腦、電子遊戲機、收音機、錄音機等，沒有任何香港企業能與之分庭抗禮，故有評論稱之為香港電子業的「巨擘」（giant）或「龐然大物」（紫華，1984：227；Lo, 2023），可謂實至名歸。

突圍絕招

柯俊文能夠從眾多微型山寨廠中突圍，打造出一個龐大的電子王國，自有其過人之長。從其商業王國建立的進程可見，他的成功基本上可歸納整理出四大「絕招」(策略)。第一招是能夠準確掌握經濟與商業周期，作適時開拓征討。柯俊文擅長掌握發展大勢，能在市場低迷時趁低價吸納優質資產，到大市回升時便能穩坐釣魚船，享受漁穫，令企業可乘時而起，財富不斷壯大。若詳細研究柯俊文在不同時期的投資，包括創立公司或收購其他公司，可清楚看到他是如何運用這個絕招，最明顯的例子當然是他自立門戶的起點，在香港經濟環境低迷時接手友人的塑膠廠，利用收購方式創業。

其後，每當商業與經濟低迷時期，或當某些工廠碰到困難時，柯俊文便當機立斷地大膽出手(二胡，1981)，他敢於投入資本，在創立自己的企業以填補市場空間之餘，還透過不斷收購別人經營多年的企業，將之納入自己公司旗下，擴大自己商業王國的疆域、壯大商業力量，而這些決定在日後看來均顯得精準正確，反映他打拚事業過程中的精準眼光及過人膽識，同時亦能看到他對此絕招的純熟運用。

第二個絕招是他懂得借力打力，先將目標養大養肥再吞併。更確實地說，柯俊文能夠在短短十多年間創立或收購那麼多家與電子業務相關的公司，與他能充分利用自己優勢，深懂對目標企業「養肥後吃」的關鍵，如他會先將一些加工生產的訂單大量發給想收購的工廠，讓對方從中獲利，經過一段時間發展後，當這家工廠的生產幾乎只為康力集團生產加工，不再做其他生產生意，變得愈來愈依賴康力集團的訂單，或工廠為了應對康力集團的大量訂單增添廠房和生產設備，到了這個重要階段，或遇經濟與商業低迷期，他便突然停止訂單，令這家擴大中的工廠陷入財政困境、進退維谷的境地，柯俊文便出手提出收購建議。

有分析因此提出，「這時，康力便有條件以最低的代價收購或入股這一間擴大了的工廠。到頭來，原來的廠家不過是辛辛苦苦為他人作嫁衣而已」（紫華，1984：228）。換言之，憑着康力集團在生產線上的供應優勢，柯俊文藉着給予大量生意，將心目中的下游工廠「養大養肥」，然後斷其米糧，迫使對方求救，再「撿便宜」將之收購。由於能充分利用這個發展過程中的依存關係，集團可借力打力，減輕收購成本，故旗下附屬公司數目迅速增加。

第三個絕招與用人和科研有關。柯俊文本身雖然教育水平不高，對電子業的知識與科學技術創新等不甚了了，但卻沒有因此窒礙公司發展，主要是因為他善用人才，且表現出對專業人才的尊重。柯俊文不斷從各方吸納人才，聘用後亦會給予較大授權，讓他們得以較好發揮，其中較受注視者，包括聘用了曾在日資電子廠工作多年且表現突出的林中翹、王道源、譚頌聲，另外亦招攬了電子業界的科技專長如黃岳松、王繼偉、高志中、彭傑文等。財務會計方面，他則交由具深厚資歷的張子東和譚漢江等專業人士全盤負責。各類專才人才都在集團內不同崗位擔任要職，發揮所長（Lo, 2023）。

此外，柯俊文亦明白電子產品需要不斷推陳出新，故亦相當重視科研開拓（Research and Development），願意投入較多資源作技術研究，這樣的目光和遠見，哪怕是在西方世界，亦不是有太多企業或領導能夠做得到。據說，在1980年代，康力集團共聘有600多名工程師，並在日本設有一個研究中心（二胡，1981：12），可見其高度重視人才與科研，[6] 且敢於投入資源，令人才與科研能在推動業務發展方面作出更大貢獻。

第四個突出的絕招，是柯俊文深刻地認識到建立自家品牌的重要性，所以他並不像其他山寨廠或工廠老闆只滿足於做代工的生意，而是很快便走出那個局限，更特別強調「辦廠的宗旨是創出屬於自己的牌子」（二胡，1981：12）。當然，他所建立的品牌康力（Conic），其實亦有抄襲之嫌（Lo, 2023），因為公司中文名稱康力與索尼早期譯名新力相近，而他曾用Cony作公司的英文名，如一間子公司名為Cony Electronic Products Ltd或大廈（Cony Building）等，與Sony不但發音相似，且只有一個英文字母之差。

當集團規模發展得更大時，除抄襲外，柯俊文亦開始因應不同產品打造其他品牌，如康藝（Contec）及Zegna等，又曾在歐美等市場為自家品牌註冊（Conic Investment Company Limited, 1981）。由此可見，柯俊文並非熊彼得（Joseph A. Schumpeter）心目中的創造性企業家，卻具備卻士拿（Israel Kirzner）心目中

6 另有分析指出其科研究部門曾聘用300多名工程師及10位專職銷售與市場的人士（Lo, 2023）。

的套戮或模仿式企業家的特點（鄭宏泰、黃紹倫，2004：15），且能在模仿中不斷積累財富與經驗，在產品上作出改良。

為了打造自己的品牌，柯俊文曾在廣告宣傳上花費不少，相信亦發出不少「鐠稿」，在面對媒體時更會強調，「康力牌產品每部於面世前，均需經多次改良研究，務求盡善盡美，始行推出，故品質之佳，早已喧騰眾口，深受各界人仕所信賴」（《華僑日報》，1975 年 11 月 19 日）。1976 年，當推出康力牌 980 型計算機時，曾採用優惠價促銷，定價為每部 78 元，聲稱該型號計算機有多項特點：「有幾何程式、多種函數、儲數系統、浮動小數點、九位數、綠色顯燈管、乾濕電兩用」（《華僑日報》，1976 年 4 月 8 日），定價較低的目的顯然是搶佔市場。即是說，儘管那時公司的科技水平不算頂尖，但卻能從不斷吸納人才與不斷模仿改良中，提升市場競爭力與佔有率。

可以概括地說，在創立企業後，柯俊文表現出多種令人耳目一新的經營手法，令集團在業務開拓、企業併購、品牌打造，乃至於財務管理上，均做出了亮麗成績，商業王國不斷壯大，亦因此迅速成為電子業界一顆冉冉上升的新星，獲得傳媒、商界和社會的高度注視。

推動康力投資上市

對不少白手興家的企業家而言，能夠將自己一手創立經營的公司上市，升格為公眾公司，那絕對是事業的重要階段，同時亦是個人成就獲得肯定的標誌，能獲得的滿足感與成就感，並非財富飆升或企業壯大所能比擬，因為上市公司代表了社會地位、名聲和公眾認同。經過十多年闖蕩商海，在進入 1980 年代後，為了推動集團電子業務的進一步發展，柯俊文着手籌劃把康力投資上市（《工商日報》，1981 年 7 月 28 日）。除了想將公司升格外，行動背後，相信亦與集團長期面對高借貸與利息開支巨大等問題有關，期望通過上市集資，能將問題解決或減輕壓力。

經過連番籌備，到了 1981 年 7 月 31 日，柯俊文終於發出康力投資有限公司公開集資的招股文件，其中最受注視的是集資金額竟然只是 7,000 萬元，以公司的規模來說是出人意料的低。公開發行 7,000 萬股，每股作價 1 元，由獲多利及寶源投資負責包銷發行。文件顯示，公司的董事局主席柯俊文，董事則有社會賢達鄧肇堅、李東海、顧乾麟、李業廣，以及集團高層張子東、林中翹、柯建文、彭傑文、譚頌聲、譚漢江（Conic Investment Company Limited, 1981;《大公報》，1981 年 7 月 31 日）。

根據分析，在 1981 年康力集團本來的附屬公司多達 40 家，為了配合上市行動，柯俊文將那些附屬公司分為兩組，一組納入將上市的康力投資之下，數目只有 12 家，分別為邦力電子、志源實業、康力地產、康力置業、康力電子製品、時佳電子、聯華電子、康源電子、鴻年電子、志豪電子、志順電業及志威電子業製品（Conic Investment Company Limited, 1981）。另一組則納入維持私人有限公司註冊的雄力集團之下，如精密電子、雅力電子、原音電子、海力電子、志達塑膠製品廠、康力半導體、康力電視製作及康藝成音有限公司等（Lo, 2023）。

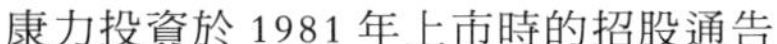
康力投資於 1981 年上市時的招股通告

本廣告並不構成一項認購邀請或售股建議

CONIC

康力投資有限公司

（依據公司條例在香港註册成立）

公開發售

新普通股70,000,000股

每股面值1.00元，售價每股1.00元

股款於申請時繳足

由

獲多利有限公司　寶源投資有限公司

包銷

本公司現已向香港證券交易所、遠東交易所及金銀證券交易所各委員會申請准予本公司已發行及即將發行之全部普通股掛牌買賣。

凡有意申請認購現予發行之普通股之人士，須依照本公司於一九八一年七月三十日發表之售股章程全文所載之條款申請。售股章程（附有申請表格）可向下列各處索取：

香港證券交易所　遠東交易所

金銀證券交易所

之任何本港或海外會員

香港上海滙豐銀行

香港皇后大道中1號新翼

（及以下所列各主要分行）

獲多利有限公司

香港夏慤道和記大廈4樓　或　九龍彌敦道625號麗斯大廈19樓

寶源投資有限公司

香港德輔道中4-4a號渣打銀行大廈4樓

申請人應將支票或銀行本票緊釘於申請表格上，並將申請表格由一九八一年七月三十一日星期五上午九時至一九八一年八月六日星期四中午十二時止，投入香港上海滙豐銀行下列各處特備之收集箱內：

新翼分行：香港皇后大道中1號　九龍分行：九龍尖沙咀彌敦道21號

荷蘭行分行：香港皇后大道中7號　滙豐大廈分行：九龍尖沙咀彌敦道82-84號

國際大廈分行：香港德輔道中141號　旺角分行：九龍旺角彌敦道673號

夏慤道分行：香港中環夏慤道10號　新蒲崗分行：九龍新蒲崗大有街26-28號

希慎道分行：香港銅鑼灣希慎道1號　荃灣分行：新界荃灣青山道455號

德輔道西分行：香港德輔道西40-50號

依據售股章程所提出之申請必須於一九八一年八月六日星期四中午十二時之前交回。

《華僑日報》，1981 年 7 月 31 日。

IMPORTANT

CONIC

CONIC INVESTMENT COMPANY LIMITED

康力投資有限公司

NEW ISSUE

of 70,000,000 Ordinary Shares of $1.00 each

at $1.00 per Share

payable in full on application

Underwritten by

WARDLEY LIMITED

SCHRODERS & CHARTERED LIMITED

South China Morning Post, 31 July, 1981.

作為香港電子業龍頭的康力投資上市集資，社會和市場反應十分正面，認購者眾，並錄得逾 7.5 倍超額認購，有投資基金亦加入了申請認購的行列，股份需以抽簽方式進行分配（《工商日報》，1981 年 8 月 10 日及 12 日）。8 月 25 日，康力投資正式掛牌，上市儀式由康力投資董事彭傑文、包銷商獲多利董事邵斌及香港交易所（簡稱香港會）主席莫應基主持，掛牌首天開市價格為 1.1 元，隨後因賣盤湧現，最終以 1.07 元收市（《工商日報》，1981 年 8 月 26 日），升幅有限，表現不算理想。

康力投資的股價之所以未能大幅上升，核心原因就如報章所指是「生不逢時」（《工商日報》，1981 年 8 月 26 日）。因為康力投資正式掛牌買賣時，香港營商環境正發生急速變化，主要是地產及股票市場在外圍利息大幅飆升牽動下從高峰掉頭回落，加上中英兩國就香港前途的談判雖然仍未展開，但中方必然收回香港的態度十分明確，市場憂慮香港將不再實行資本主義，令投資氣氛逆轉，種種不利因素不但影響了康力投資的股票價格表現，亦削弱了投資者對集團整體業績表現的預期，股價難以攀升。

其後康力投資的股價隨着大市氣氛欠佳而一直表現呆滯，經常處於低於 1 元的弱勢。進入 1982 年，由於本港電子產品出口理想，加上康力電子獲得歐洲共同市場一間巨企的大額訂單（《工商晚報》，1982 年 1 月 27 日），消息令公司股價得到支持，擺脫過去低迷的局面，到 1982 年 4 月底公佈全年業績前已升至 1.6 元。

1982 年 5 月，康力投資派發上市後首份成績表，公佈集團 1981 年的全年業績，稅後盈利為 7,831 萬元，表現不俗，但其中 3,249 萬元來自出售數間附屬公司的非經常性盈利，只有 4,582 萬元來自康力投資本身，且公司的利息開支繼續攀升，1981 年已達至 4,236 萬元（紫華，1984：230），令經營存在隱憂。雖然如此，集團仍宣佈派發末期股息每股 0.03 元，連同中期股息每股 0.03 元，即全年派發股息 0.06 元，同時又派送認股權證。由於認購價比市價低 0.62 元，有分析指出做法是「變相吸資」，因為當投資者行使認購權利時雖然會令康力正股受壓，但估計集團可藉此吸收 2 億多元新資金（《大公報》，1982 年 5 月 1 日；紫華，1984：229）。

由於業績較市場預期略佳，因此康力股價在 5 月 11 日升穿 2 元水平，即較一年前上市時每股 1 元上升逾倍，是眾多工業股中走勢最凌厲的（《工商晚報》，1982 年 5 月 12 日）。隨後康力又公佈因應香港生產成本逐步上升，已與菲律賓陳永裁集團合作，將在馬尼拉設立電子廠生產錄音機和電視機等有利消息（《工商日報》，1982 年 6 月 5 日），大眾期望股價會再次大幅上升，更有分析預計康力有機會挑戰每股 3 元（《工商晚報》，1982 年 6 月 2 日）。可惜，不久便湧現諸如訂單減少、利息負擔加重等不利消息，令股價無力再上，惟基本上仍能站穩在 2 元的水平，屬市場中表現相對較佳的股份了。

1982 年下旬，香港經濟和投資環境明顯轉差，謝利源金舖、大來財務集團及行通財務等相繼因為經營手法不當、負債沉重等原因倒閉，市場猶如驚弓之鳥，稍有風吹草動都會觸動神經，連深具實力的華資中型銀行 —— 恒隆銀行，亦曾因一名的士（計程車）司機隨口說出的錯誤消息而觸發擠提（The Queen v Wai Yu Tsang: Judgment, 1990），可見大眾已是草木皆兵。其間，利息雖然從 1981 年 10 月接近 20% 的高位回落，但仍高居 10% 以上，高利息對康力集團產生的沉重壓力仍未解除。

1983 年，康力再公佈全年業績。截至 1982 年 12 月 31 日，康力投資的稅後盈利為 3,263 萬元，較上一年大降 29%，另有 35 萬元非經常性收入，公司派發期末股息每股 0.06 元，加上中期股息每股 0.03 元，即全年派發股息 0.09 元，雖然兌現早前承諾，但分析指出派息金額已高於盈利，應是為了避免股票被拋售而勉強為之（《大公報》，1983 年 5 月 12 日；《工商晚報》，1983 年 5

月 13 日）。此外，公司在 1982 年的利息開支進一步攀升至 5,775 萬元，反映利息支出沉重的問題不單尚未解除，且更趨嚴重，難怪有說法稱康力投資「好像是替銀行打工」（紫華，1984：230）。

進入 1983 年，利息雖相對較低，但仍在 10% 以上，自 4 月份起則再展升浪，到 10 月時升至近 16%，對不少企業帶來沉重壓力，至於像康力投資這些高負債的公司，更是百上加斤。不過電子製造業在當時如日中天，增長空間巨大，所以康力投資對前景仍充滿信心，如在 1983 年 5 月發表電子業回顧與前望的分析文章時，指出「電話及電腦等增長率較大」，預測全年「出口值二百億元」，且強調「電子產品佔出口總額逾二成，仍居第二位」，而作為行業領先力量的康力投資，未來前景相當樂觀（《大公報》，1983 年 5 月 12 日）。

此外，為了提升競爭力，柯俊文表示集團將向高科技轉型，減少對收音機錄音機等低價且容易被抄襲產品的投資，轉向通訊系統、電腦等高技術產品市場，因為此類產品不單產品生命周期長、邊際利潤更高，且其他廠家難以模仿。他舉例說公司出產的一款通訊終端機，預計已可為公司未來兩三年帶來 2.5 億元的營業額，故計劃將高技術產品的投資佔比提升至 75%。同時，公司在大埔兩幅面積合共超過 86 萬呎的工廠已陸續開始投產，言談間對康力集團發展充滿信心（《華僑日報》，1983 年 6 月 28 日）。

與此同時，康力投資又與香港龍頭企業長江實業合作，吸納其為主要投資者，合作方式是康力投資以 1.10 億元的價錢，購入長江實業手上持有的位於紅磡新興商業中心，交易的付款方式是長江實業以每股 2.1 元購入康力投資 2,700 萬股（折合 5,670 萬元），佔康力投資當時已發行股份的 7.2%，另加支付康力現金 5,330 萬元，成為康力投資的其中一個主要股東（《大公報》，1983 年 5 月 3）。由於長江實業主席李嘉誠在香港商界名聲響亮，更有「超人」之稱，他出手向來無寶不落，交易自然增加了公眾投資者對康力集團的信心。那時候，還有股票分析員指出康力投資在接着一年「接單樂觀，料抵消去年劣勢」（《工商晚報》，1983 年 7 月 5 日）。不過，那時的物業市場已顯著回落，可是柯俊文卻以相對較高價錢購入廠房，無疑是接火棒，從後續發展更可看出是不明智投資，相反李嘉誠則賣得合時，可見兩人對物業市場的掌握和判斷，畢竟有高下立見之別。

放眼內地與吸引中資

由於康力投資負債沉重，利息開支龐大，自 1983 年 4 月份利息由低位輾轉大幅上揚，其股票價格拾級而下，令集團發展挑戰更顯尖銳，到了急需尋求外力協助的關頭。就在那時，推行改革開放多年、發展腳步已較為穩健的中國內地，成為柯俊文尋求突破的機會之窗。從資料看，早在 1979 年，負責集團旗下聯華電子廠的林中翹，已開始把部分電子零件工序改到深圳特區生產加工（徐筱紅，1997：215）。集團上市後，因香港的生產成本在租金、工資及利息等帶動下日漸高企，旗下的附屬公司亦與香港其他生產商一樣，將工廠設於中國內地，陸續將零件配件等生產工序轉往廣東，藉此降低成本，維持競爭力。

據時任新華社香港分社社長許家屯憶述，該社副社長曹維廉曾推動柯俊文到中國大陸投資，更安排他到訪北京、江蘇及家鄉廈門（許家屯，1993：238），目的是爭取他把更多生產線搬到中國內地。由於電子業具一定科技含量，又是中國內地急欲發展和爭取的產業，北京政府自然樂見其成。1983 年 7 月初，柯俊文率領康力集團管理層到訪北京，國家領導對此高度重視，時任國務委員谷牧在人民大會堂親自接見考察團，其間「進行了親切的談話。電子工業部部長江澤民，新華社香港分社副社長曹維廉會見時在座」。之後，柯俊文等一行人轉到福建，在廈門家鄉獲得「項南、胡宏等會見……賓主親切交談」（《大公報》，1983 年 78 日及月 13 日）。對希望爭取投資及引入先進技術的內地政府，或是急於尋求更多資金的康力集團，這次北京和廈門之行算是相當成功了，因它促成了中資與康力合作，在廈門開設廈門華僑電子公司，主力生產彩色電視機（Lo, 2023），同時亦成為稍後國家資本入股康力投資的契機。

1983 年 10 月，康力投資公佈中期業績，半年除稅後盈利達 2,210 萬元（簡單估計，即一年盈利可逾 4,000 萬元），較去年同期增加達 26%，營業額由去年 4 億多元增至近 6 億元，亦一如既往派發中期息每股 0.03 元，有媒體因其成績理想，稱為「盈利大增」（《大公報》，1983 年 10 月 7 日）。[7] 不過，亦有心水清的評論指出公司的邊際利潤未有改善，只有約 3.7%，顯然並不算佳，而且公司在銷售甚好的情況下仍未能提高利潤，反映負債問題

7　日後證實，該份中期報告的業績涉嫌做假，欺騙投資者及債權人（《大公報》，1984 年 6 月 8 日）。

仍揮之不去。事實上，截至 1982 年底康力的貸款額高達 2.35 億元，就算利息低至 1%，單是利息支出已超過公司該年全年純利，若債務問題無法改善，企業盈利能力難以樂觀（《工商晚報》，1983 年 10 月 11 日）。

顯然不少投資者同屬心水清之人，故哪怕公司「盈利大增」，可是康力投資股價卻持續尋底，到了年底更跌穿 1 元的心理關口（《工商晚報》，1983 年 12 月 16 日）。就在此時，有傳聞表示國家資金有意入股，國營企業中國國際信託投資有限公司正與集團洽談股權，成為其策略投資者（《工商日報》，1983 年 12 月 1 日）。消息傳出後，康力投資的股票出現「不尋常的表現」，在股票市場的成交量激增（《大公報》，1984 年 1 月 11 日）。隨後的消息證實，國家確實有意入股康力投資，不過並非透過原先傳聞的主角中國國際信託投資，而是由華潤集團與中國銀行合資成立一家全新公司 —— 新瓊企業，再經由這家公司收購康力投資的控股權。

1984 年 1 月，康力投資公佈新創立的新瓊企業，以現金認購 1 億股康力投資，每股作價 1 元，故總投資額為 1 億元。由於該公司早前已持有 8,000 股（亦簡單地以每股 1 元計算），交易完成後，新瓊企業合共持有康力投資 1.8 億股，佔總發行股份 34.80%，較原大股東柯俊文持股佔比的 34.60% 略高，成為最大股東。因應股權重大變動，原董事鄧肇堅、李東海、顧乾麟等退任，新瓊企業則委派了多名代表進入董事局，分別有中國銀行代表林廣兆、華潤集團代表張鎮、華遠公司代表温玉昆、新瓊企業總經理干兆熙等（《華僑日報》，1984 年 1 月 22 日）。

中國對外經濟貿易部政策研究室副處長吳新慧在接受訪問時提過，香港已建立良好及具規模的國際銷售網，有助中國內地貨品出口，而且國內產品雖具潛力，但管理、技術水平及質量尚待提升，可借鏡香港經驗（《大公報》，1983 年 7 月 8 日）。而華潤集團總經理張建華在談及收購時則指出，主要考慮是為了「集團多元化發展」，並表示投資工業，可保持香港的繁榮穩定（《大公報》，1984 年 1 月 22 日）。由此反映出這次收購，既有商業上的因素，背後亦有較長遠的政治考慮。

毫無疑問，那宗交易甚具歷史性意義，故交易完成後，柯俊文亦成為吸引傳媒視野的重要人物。他於 1984 年 1 月底的股東大會後表示，康力投資將加大力度發展基礎工業，尤其計劃投資 4,500 萬美元（約 3.51 億港元），「合資在深圳市設廠生產顯像管」（《大公報》，1984 年 2 月 1 日）。除深圳特區，還計劃在福建廈門設廠，藉以發揮香港的「技術優勢」，配合中國內地的「人力優勢」（紫華，1984：234）。

誠然，具國家資本色彩的新瓊企業收購香港民間企業之舉，在中英兩國有關香港前途談判仍然僵持的關頭，自然是有助「穩住香港經濟、安定人心」（紫華，1984：235）。康力投資股價曾經一度上揚，惟不久又重回跌勢，1984 年 4 月下旬再次跌穿 1 元關口，隨後跌幅擴大。康力投資的股價不斷下跌，部分原因與外圍因素有關，如當時中英兩國談判過程並不順利，雙方爭拗極為激烈，加上怡和洋行投下遷冊百慕達的巨型「炸彈」，引至恒生指數大幅急跌，香港整體經濟低迷，不少企業均蒙受巨大發展壓力，但更主要的原因，是康力投資自身的債務與財政問題。柯俊

華潤附屬新瓊企業進軍港工業

斥資一億七千八百萬
收購三成四康力股權

康力發一億新股柯俊文售八千萬股

文俊柯

【本報訊】大陸資本華潤公司附屬新瓊企業有限公司收購本港康力投資集團消息已獲証實，康力董事局昨日宣佈，已與新瓊企業達成現金收購協議，新瓊按面值認購康力每股面值一元新股一億股及權益。

另外，在本月九日至十三日首尾兩天在內，新瓊企業向康力董事局主席柯俊文以每股九角八仙平均價購入八千萬股康力股份（共值七千八百四十萬元）。

康力投資昨日在遠東會的收市價爲九角四仙，比上述兩項收購價爲低。

收購完成後，新瓊企業將持有康力一億八千萬股，佔擴發股本後百分之卅四點八。但若持有康力的認股權証全數換爲普通股，該股比例將減爲百分之廿六點六。上述收購行動已知會証監處及各交易所，新瓊及康力今午並將舉行記者招待會公佈詳情及集團日後發展。

另外，康力董事局及合夥人持有的股權比例，將由收購前的百分之四十二點九，減爲發行一億股新股後的百分之卅四點六，其中柯俊文家族仍佔主要股份。

証券監理專員霍禮義昨晚對本報記者表示，由於新瓊今次收購康力股份不超百分之三十五，因此毋須向康力小股東進行全面收購。至於在宣佈收購消息前的大手成交，康力亦已知會証監處。

康力投資將於本月卅一日（星期二）召開特別股東大會，建議通過發行面值一元之一億股新股。

新瓊企業爲一間在港註冊成立的私人公司，股東包括華潤公司及大陸資本興行。

康力投資爲本港大規模電子廠之一，主要爲香港電子工業提供塑膠配件及生產工模，亦製造並批銷多利電子器具，包括以「康力」及「康藝」商標銷售之電視機、鬧鐘收音機、各款收音機、卡式錄音機套裝、電子錶，近年並生產微型電腦。

康力在八一年七月上市，上市時物業估值二億五千萬元，目前實收股本爲四億零三百四十九萬七千股，八一年獲利四千五百八十一萬，八二年爲利三千二百六十三萬，八三年二月購入民資聯營公司擁有位於紅磡之新興工商業大廈，發行新股二千七百萬股，每股作價二元二角，作爲支付半數樓價。

華潤附屬公司入股康力電子，成為第二大股東的報道，引自《工商日報》，1984 年 1 月 21 日。

文在電子市場高速增長、公司營業額龐大之時尚無法提升公司盈利，到市場氣氛轉差、風雨飄搖的時期自然更難應付，導致公司最終被負債拖入泥沼，幾近沒頂。

當初北京政府入股康力投資時，相信未有全面掌握該公司的狀況，有可能是經手或負責人決定時獲得的訊息受到蒙蔽，只看到這是一間在香港電子業首屈一指的上市企業，每年營業額超過 10 億元，哪怕是經營環境欠佳下一年純利仍有 4,000 萬元，當時聘用員工逾 5,500 名（上市時更逾 11,500 名員工，即兩年間裁減了大量員工），若投入 1.8 億元便能輕易將之收購，甚至成為最大單一股東掌控公司大權，無疑是物超所值，種種條件都極為吸引。不過，正如廣東俗語所謂「邊有咁大隻蛤乸隨街跳」（天下沒有那麼便宜的事），故柯俊文低價求售並不符合商業運作原則，反映他應該對公司財務及發展狀況異常一清二楚。

毫無疑問，在中英談判爭拗激烈、怡和洋行又作出連串撤資遷冊舉動的衝擊下，包括樓市、股市及匯市極為波動，利息更是大幅飆升，這些必然會對高度依賴出口創匯又高負債的企業帶來沉重打擊，遑論財政狀況本已積弱的康力集團。柯俊文在之前市場波動仍未算太巨大時已經說過，「港元匯率不穩，給公司發展造成頗大的傷害」（《華僑日報》，1983 年 6 月 28 日），至 1984 年市場波動幅度更大、利息攀升至更高時，肯定難以承受，故當有資金展露出收購興趣，對他猶如是天上掉下來的餡餅，不單開出低價吸引買家，甚至不惜做假賬以增加吸引力，待新瓊企業接下火棒便悄然逃走，拋棄這個由他一手一腳創立的康力集團。

柯俊文「走佬」的衝擊

正如本文開首時提及，到了 1984 年 5 月 17 日晚，康力投資董事局通知香港證券交易所，要求暫停股票交易（《華僑日報》，1984 年 5 月 19 日），因為大股東新瓊企業在參與公司年報編製時，發現公司賬目出現問題，「有大筆資金貸出給另一間公司雄力，而雄力的負責人是康力原董事局主席柯俊文」（柴華，1984：225）。即是說，康力投資曾將資金借予柯俊文旗下公司，但該項借貸未有交代借貸性質或償還日期，當然亦缺乏充足的抵押。新瓊企業隨即促使柯俊文解釋澄清，但柯俊文卻一直未有回覆。

初時，新瓊企業的代表或者尚未察覺事有蹺蹊，但當等待多時仍未獲得回覆，後來甚至再無法接觸柯俊文時，才驚覺事態嚴重，立即通知交易所暫停股票買賣，再於 1984 年 6 月初，透過代表律師向商業罪案調查科報案，「追究該公司去年（1983）10 月公佈中期（1983 年 1 月至 6 月底）業績時，有人『做手腳』虛報誇大的營業額及盈利數字」（《大公報》，1984 年 6 月 8 日）。當時柯俊文早已失蹤，[8] 坊間有說法指他遠走台灣，「和馬惜如、馬惜珍兄弟在台灣五月花酒樓共餐，談笑甚歡」（利可人，1984：224）。到了 6 月下旬，柯俊文透過律師辭去主席之職，隨同他離開的還有六名舊董事，新瓊企業則表示會注資及改組公司（《工商日報》，1984 年 6 月 23 日）。

柯俊文最後一次出現在媒體上，是與一宗綁架勒索案有關。1985 年 8 月，報章引述台灣消息，指台灣一名王姓地產商遭人綁架，被迫簽下 2 億多元台幣支票後才獲釋，商人之後報警，涉嫌擄人勒索的主犯報稱便是柯俊文。報道指出台北刑警隊因此兩次傳召柯氏，但他沒有現身，只交上陳情書，聲稱與案件無關，自己是遭人誣告及投資款項被人侵吞，至 8 月 9 日他終被警方拘留問訊，台灣官方則表示那個階段不能透露詳情（《華僑日報》，1985 年 8 月 10 日）。之後再沒有後續報道，代表柯俊文沒有被起訴，事件應只是商業糾紛。

8　同時離開香港的，還有柯俊文的左右手譚漢江（*South China Morning Post*, 2 October 1987）。

報道指出柯俊文在陳情書提到，他是在1979年出資約2.1億元台幣與該名王姓商人合夥興建屋苑，相信該項生意是他個人的投資，可惜生意因地產市道不景而失敗。令人奇怪的是，若其投資真的被人侵吞，為何多年來不見他追討，至敗走台灣後才突然處理，又不採取正常法律途徑，當中顯然另有乾坤。有可能是柯氏逃走時並沒如報章所寫「擄款一千五百萬美元……潛逃台灣」（《華僑日報》，1985年8月10日），才會在「人窮思舊債」的情況下，採取非正當方式追債；亦有可能是他真的帶着巨款到台，想透過地產投資東山再起時卻賠了大本，但為避嫌宣稱是早年投資。

但無論如何，從此事可見，所謂「剃人頭者，人亦剃其頭」，他以假賬欺騙新瓊企業接火棒，以為逃到沒有引渡協議的台灣便能逍遙自在、重頭再來，想不到自己同樣被合夥人侵佔巨款，箇中滋味，相信只有他才清楚。而且，哪怕他能自由生活，但因其惡名在外，在社會中立足或是發揮的空間必然極為有限。事件後，柯俊文就如人間蒸發，再無任何音訊。

至於香港方面，康力投資涉嫌做假賬之事則有新進展。1985年11月，律政司對康力投資九名前董事及職員，包括董事譚頌聲、陳玉樹、林中翹、王道源，會計師關炳源、劉玉珠、王岳松，運輸經理羅大偉及市務經理王繼偉，分別提出63項控罪。由於案情複雜，控方指部分控罪應會修訂，各被告獲准保釋候審。關鍵人物柯俊文及譚漢江雖列於被告名單上，卻因二人已於1984年5月13日及24日離開了香港，沒有出現在犯人欄內（《大公報》，1985年11月20日及26日；*South China Morning Post,*

26 November 1985 and 2 October 1987）。

1987 年 2 月 3 日，審訊正式開始，但被告人數減至七人，關炳源及王繼偉不在其中。檢控官在引述案情時指出案件的主腦（originator and architect）柯俊文及合謀者（co-conspirator）譚漢江已逃往台灣，各被告非真正受益人，但他們在不同層面上參與了康力投資及其附屬公司的虛構交易，訛騙康力投資的股東及債權人，令年報顯示公司獲得厚利，目的主要是想吸引中國大陸的潛在投資者（《大公報》，1987 年 2 月 4 日及 10 月 2 日；*South China Morning Post,* 2 October 1987）。由於涉案人數及控罪眾多且案情複雜，控辯雙方在法庭上的舉證與反駁均耗時甚久。[9] 經過 129 天審訊，以及陪審團四日三夜退庭商議，最終除劉玉珠無罪當庭獲釋外，其他人等均罪名成立（《大公報》，1987 年 10 月 2 日），各被判入獄一至四年（《華僑日報》，1987 年 10 月 3 日；*South China Morning Post,* 3 October 1987）。

對於法庭判決，各被定罪者均表不服並提出上訴。其中一名被告提出的理據，是有三名陪審員在聆訊期間「打瞌睡」，沒有充分理解案情，故所作的判決對被告人不公，是「本港法庭首見的上訴理由」（《大公報》，1988 年 4 月 13 日）。由於「陪審員打瞌睡」影響公平審訊的法律理據獨特，前所未有，上訴庭須花一定時間準備，又曾傳召相關陪審員上庭作供，他們均否認曾打瞌睡，只「承認有時會閉目沉思考慮案情」（《大公報》，1989 年

9　此案審訊日之長，僅次於佳寧的串謀訛騙案（《大公報》，1988 年 4 月 13 日）。

11 月 25 日及 28 日）。

聽取各方理據後，上訴庭作出裁決，指出在原審期間，其中一名陪審員曾因打瞌睡遭法官三次訓告，反映原審法官亦知道有人打瞌睡，惟他因當時審訊已逾百天，沒立即解散陪審團及進行重組。上訴法官認為在審訊時有陪審員不專心，「其所作的裁決，屬於不穩定」，因此判被告得值，「推翻原判及擱置刑期」。由於控方早前已表示不會要求重審，即各人算是無罪開釋（《大公報》，1989 年 11 月 30 日）。

在此上訴進行期間，律政署再起訴康力投資附屬公司康力電子製品有限公司（Cony Electronic Products Ltd）的四名管理層，包括譚頌聲、王繼偉、羅大偉及關炳榮，指他們「涉嫌串謀詐騙，暗中將價值 1,600 萬元電器出售，中飽私囊，事後偽造假賬掩飾」。在經歷連串審訊後各人被判罪成，其中譚頌聲入獄九年，王繼偉、羅大偉及關炳榮則分別判入獄五年、兩年半及一年半（*South China Morning Post,* 23 August 1988;《大公報》，1988 年 8 月 24 日）。關炳榮後來再被加控造假賬罪，並因認罪被判入獄半年，刑期增加至兩年（《大公報》，1988 年 10 月 1 日）。

對於法庭判決，譚頌聲、王繼偉、羅大偉三人不服，提出上訴。到 1990 年 11 月 17 日，由於上訴法官認為原判決定罪的基礎是被告人的誠信，但早前康力詐騙案上訴得直，各人已是無罪之身，缺乏誠信不再成為理由，原判決基礎被削弱，出現「不安全與不滿意」（unsafe and unsatisfactory）之處，所以推翻原判，譚頌聲等三人當庭獲釋（《大公報》，1990 年 11 月 18 日；*South*

康力投資前九名職員 分別被控六十三項罪

法官表示控罪內容繁複將譯成中文公佈 各被告均准以二十萬元人事及現金保釋

【本報訊】九名前康力投資有限公司職員，分別被控六十三項罪名，昨在銅鑼灣裁判署提訊。法官在庭上表示，本案控罪內容繁複，而且其中五名被告並無律師代表，法庭將會把全部控罪詳細譯成中文才予公佈，同時宣佈將案押候至本周四下午續訊。

各被告均以二十萬元人事及現金由二萬元至十萬元不等，准予保釋，其中第三、四、八被告須交出旅遊證件，其餘被告要外遊，須於七天前通知警方外遊目的地、班機及歸港日期。

九名被告：㊀譚頌聲，四十五歲；㊁陳玉樹，三十歲；㊂陳炳樂，三十一歲；㊃劉玉珠，三十四歲；㊄羅大偉，三十五歲；㊅林中翹，四十九歲；㊆王道源，四十五歲；㊇王梧松，三十二歲；㊈王繼偉，三十六歲。

各被告分別為前康力投資公司董事、執行董事及會計主任等。

陪審團商議四日三夜作出裁決

康力前僱員詐騙案 六人有罪一人獲釋

法官今判處 陪審團獲終身免役

【本報訊】六男一女陪審團在高院經過退庭商議四日三夜，創出陪審團退庭商議時間新紀錄，計共廿八小時後，卒於昨日上午十一時半，出庭回報，裁定前康力集團董事及高級職員涉嫌串謀詐騙案的七名被告中，除所控第三名被告劉玉珠罪名不成立外，其他六名被告，均罪名成立。法官除即判第三被告無罪釋放，並將案押候於今晨始行判處。法官並感謝陪審員協助聆訊本案，他們今後可以獲得終身免役。

本案陪審團於九月二十八日下午十二時半退庭商議。至晚上八時仍未能獲一致協議，作出裁定。於是首度在高院陪審員休息室度宿第一宵，翌晨十時繼續退庭商議。至二十九日晚上七時，仍未能裁決，於是第二晚再要留宿於高院。第三天再接再厲，繼續退庭商議，至當晚七時，依然未能作出裁定。第三晚繼續在高院留宿至昨晨十時許，才通知一直陪同陪審團的法庭助理書記，召集控辯雙方大律師到庭，表示上午十一時將有裁決，但當各方面齊集後，仍要等候三十分鐘至上午十一時半，才出庭回報，一致裁定首次及第六被告罪名成立，第三被告則罪名不成立，第四、五被告則以五比二人數裁定罪名成立，第七被告亦以六比一票數裁定兩項俱有罪。

七名被告（一）譚頌聲，四十五歲，康力電子公司董事；（二）陳玉樹，卅歲，康力電子公司會計部經理；（三）劉玉珠，卅四歲，康力電子公司財務主管；（四）羅大偉，卅五歲，船務經理；（五）林中翹，四十九歲，康力電子附屬公司遠東聯合董事；（六）王道源，四十五歲，康力電子公司董事；（七）黃梧松，卅二歲，康力投資公司秘書。分別被控兩罪，首項控第一、二、三、四及第七被告，次項控第五、六、七被告，指其於八三年八月一日至八四年六月一日期間，串謀柯仁甸（又名柯俊文）、譚漢光、孫啓洪等向康力投資股票持有人及債權人行騙，不忠實地偽造文件、賬目及虛構交易。各被告均有大律師或御用大律師代辯，否認控罪。

康力集團多名高級職員被控串謀詐騙，經多番聆訊及上訴後，最後只有一人入獄。引自《大公報》，1985 年 11 月 20 日、1987 年 10 月 2 日。

China Morning Post, 18 November 1990）。[10]

換言之，政府對康力投資高層的眾多檢控接近全數落敗，只有關炳榮一人因認罪及沒有提出上訴而需要入獄。涉案的部分人士日後事業還有不錯發展（徐筱紅，1997；Lo, 2023），如林中翹之後另創公司，生產電視及影音器材；王道源亦繼續在製造業發展，為內地主要手機製造商之一，至於潛逃台灣的柯俊文和譚漢江，則一直不知所蹤。

柯俊文敗因

柯俊文作為一位白手興家的工業家，有能力和識見打造一個巨大的電子業王國，反映他應有相當的經營能力，但為何最後卻一敗塗地？到底他犯了哪些致命錯誤，導致公司接近垮台，自己亦要逃亡避禍？坊間有傳聞指出柯俊文好賭，經常到澳門賭博，且有「一次賭博中輸掉七百萬元」的說法。惟此說沒有確實證據（紫華，1984：231－232），不能盡信，只能視為「空穴來風，未必無因」之類的茶餘飯後談資。

若綜合早前不同時期發展進程看，利息高企、匯率波動、物業與股票價格大跌等，應是導致柯俊文商業王國垮台的最致命原因。不可不知的現實是，香港電子業雖然發展急速，但多為代

10　譚頌聲於 1993 年 7 月前去世，他曾因拖欠四家公司逾 800 萬元的債務被告上法庭，並因已去世由代表出庭（*South China Morning Post,* 23 July 1993）。

工生產，技術水平低、利潤微薄，行業競爭極為激烈（利可人，1984），何俊文不惜投入巨資聘用專業人員做研發，力求打造自家品牌，亦與此有關。可自 1970 年代中起，無論租金、工資均急速上揚，這對微中取利的工業生產是重大打擊，柯俊文的應對方法，主要是投入大筆資金自置廠房，防止不斷飆升的租金蠶食利潤，所以據他所說集團旗下廠房六成都是自置的，在同業之中屬很高的比例。

力所能及下以購買廠房方式應對物業地產持續上揚當屬良法，但自置廠房的資金從何而來？柯俊文是以集團訂單、機械設備及物業本身等做抵押，向銀行大量借貸，令集團背上龐大債務。這種做法，本來在物業市場興旺、物業價格不斷上升，而利息又偏低時，柯俊文自然可以「兩邊賺」，既能省回租金，又可獲得物業升值的利潤，1975 年至 1980 年初期間亦確實如此。自進入 1980 年代，利息持續高企，令上市的康力投資或沒上市的雄力集團均需繳付高昂利息，導致公司雖不用「為地產商打工」，卻意外地變成「為銀行打工」。更致命的是，他購入的那些廠房，因 1981 年地產市道掉頭向下，利息卻持續向上（郭峰，1981），形成了蠟燭兩頭燒的局面，最終拖垮了整個集團。

此外，柯俊文還有不少失敗的投資，損失都是數以千萬元計。如 1985 年那宗各有說法的綁架疑案，便反映他投資台灣地產時，同樣遇上當地市道低迷，不單虧了大本，還疑似被生意拍擋侵吞了資本。而新瓊企業接手康力投資後，便揭發他在美國、加拿大等地的投資有高達 2,581 萬元的虧損（詳見下文），雖然不清楚他的投資的項目詳情，但相信應該不是工產生業，反映柯俊文似乎有意將企業推向更多元化，但就如俗語說，「隔行如隔山」，不少都是失敗告終。

柯俊文在 1983 年不惜做假賬以圖出售康力投資控股權，應是寄望有中資背景支持下可力挽狂瀾，反映公司已到了山窮水盡的地步，可是當時中英談判正處於僵局，加上怡和洋行投下的「百慕達炸彈」，除了衝擊投資市場，亦把本已虛弱的康力投資和雄力集團「炸」個四腳朝天，他在無計可施下，最後做出懦夫行徑，將爛攤子丟下一走了之。

由此看到，柯俊文犯下的致命錯誤，明顯是業務擴張過急，而擴張過程中又以大量舉債作為支撐，在高息環境下積重難返，無力回天。他在困局之下為求自救，不惜弄虛作假，甚至「早有預謀」地把國家資本「拖」落水（利可人，1984：218－220），令問題變得更加一發不可收拾，[11] 所以在事件「爆煲」後不敢再留在香港，選擇逃到沒有刑事引渡安排的台灣，隱姓埋名渡過人生最後階段。

11　稱讚柯俊文「十分值得欣賞」的新華社香港分社副社長曹維廉（許家屯，1993：238），應該是引薦柯俊文訪問北京、會見谷牧等領導，且促成了新瓊企業收購康力投資一事中間人。不幸的是，曹維廉於中英兩國在 1984 年 9 月 26 日草簽《中英聯合聲明》，確定香港回歸一事不出兩天後的同月 28 日，因心臟病突然在香港去世，享年 68 歲（《大公報》，1984 年 9 月 29 日及 10 月 7 日）。惟不知其心臟病突然惡化，與康力集團突然「爆煲」和柯俊文在事件發生後已「走佬」的多重突然變化有否關係。

康力再次上路

被柯俊文拋下的康力投資雖然沒有即時倒閉，但其復健之路其實是困難重重，甚為漫長。事情表面化之初，華潤集團副董事長張建華仍稱「康力問題處理順利，預料八月後各方面將納入正軌」（《大公報》，1984 年 6 月 22 日），但有媒體指出在巨大債務缺口面前，除非破產清盤，否則新股東肯定要注入巨資（《工商晚報》，1984 年 6 月 22 日）。隨後外圍因素令公司財務更為惡劣，因怡和洋行投下的「百慕達炸彈」令經濟情況不斷惡化，股市樓市繼續尋底，康力投資的股票價格不斷下跌，到 1984 年 7 月底更跌至最低位的 0.255 元（《工商日報》，1984 年 8 月 1 日）。

面對嚴峻局面，已經背負了康力投資沉重債務擔子的副董事長周德明，在 8 月底接受記者訪問時承認，康力投資那時欠債高達 6 億餘元，雖然他仍認為公司在年底時可「收支平衡」（《大公報》，1984 年 8 月 30 日），但以那時利息接近 20% 計算，單是利息開支每年便逾 1 億元，公司每年盈利卻只有數千萬元，連一半也付不上，可見利息負擔已足以壓垮公司。

對於新瓊企業而言，康力投資顯然成了極燙手的山芋。康力投資在電子業中地位吃重，產品具經濟與科技價值，其實只要將公司清盤，國家仍可接手其科研成果或機械設備，不需要繼續承擔猶如無底洞一般的債務。但正如上文討論，考慮其去留時，除經濟外，還受到政治等其他因素的影響，因為「中資大舉投資香港，本是穩住香港經濟、安定人心、避免動盪的高招。但開始不久便遇上康力這樣的事情，未免令人泄氣」（紫華，1984：

235）。此外，當初收購並非單純由新瓊企業背後的華潤集團與中國銀行拍板，而是中央高層的決定，過程經過層層監管核對，但剛入股不久便鬧出如此有失體面的事情，將康力投資清盤等如公開承認當中有人把關不力或能力不足，犯下大錯，不單令中央政府「丟臉」，亦會影響市民的信心。再加上康力投資僱用大量員工，在香港前景尚暗潮洶湧之際，清盤更會衝擊社會的繁榮穩定。

新瓊企業在與中央政府商討後，作出了挽救這個艱難且任重道遠的決定。首先要做的便是撤換原管理層，重組董事局。新董事局主席由中國銀行總行常務董事薛文林出任，又聘請華僑商業銀行前副總經理黃立志為財務董事（《大公報》，1984 年 9 月 21 日），顯然是想透過兩位有金融管理經驗的重量級人物處理債務及財政問題。新董事局隨即在 10 月份提出債務重組方案，主要是藉配售新股集資 3 億元，以應對債務及發展需要，在這方案下，「面值一元改三角，十股併為三股，再以一供一每股供款一元九角」，新瓊企業承諾「可全認購」（《大公報》，1984 年 11 月 1 日），即是若然公眾沒信心，那 3 億元資本，會全數由新瓊負責。不過，原來股東手上的資產，在這個股份合併與供股過程中大幅被蒸發掉。

在 1985 年的業績報告中，康力投資全年營業額為 14.45 億元，較上年度增長 18%，但除稅後仍虧損近 7,600 萬元，虧損如此巨大的原因，除利息開支外，當中有 4,000 多萬元是要支付柯俊文雄力集團的欠款利息，以及要將其在美加等地的失敗投資撥作壞賬。而為了減輕往後的利息，新管理層將早前的集資金額用作償還部分債務，同時原有欠債亦改由中國銀行及中資銀行接手

(《大公報》，1985 年 6 月 27 日)。相信在債主是「自己人」的前題下，利息及還債條款會變得較寬鬆。

儘管獲得中資銀行的財政支持，加上香港的投資環境自中英兩國就香港回歸最終達成協議並簽署聯合聲明後穩定下來，至 1984 年 12 月 18 日簽署正式聲明時，股市和樓市已回升不少，但康力投資仍表現得疲不能興，財政狀況甚為反覆，長期未能轉虧為盈的主要原因，仍與負債過重、利息開支高企有關(《大公報》，1988 年 6 月 16 日及 1988 年 7 月 7 日)。面對這個困局，市場曾先後傳出中方會再注資或私有化等不同消息(《大公報》，1990 年 9 月 5 日)，但均未見真正落實，市場分析指出主因還是「利息負擔奇重」，令中央政府舉棋不定、裹足不前(《華僑日報》，1991 年 4 月 5 日)。

問題一直拖延至 1993 年 4 月才有了最終結果。主力生產火箭的國家企業中國航天工業集團(China Aerospace Industrial Corporation, CAIC，日後蛻變為中國航天科技集團)，以 2.33 億元的價錢，購入總市值為 4.53 億元的康力投資 51% 控股權，成為康力投資的最大股東(*South China Morning Post,* 29 April 1993)。後來，康力投資易名中國航天國際集團(China Aerospace International Holdings Limited, CASIL)，附屬公司中康力的英文名字 Conic，一律以 CASIL 取代，消除了柯俊文商業王國留下的最後一點色彩。

對於投資康力這個「大教訓」，許家屯如下一段評論可作為一點總結：「後來由內地專家對康力的不動產、設備，做了評估，認為設備還是比較好的，有些是內地還沒有的，經濟上的損失幸不算太大。但經營中不斷虧損，背了多年的包袱。」（許家屯，1993：238）另一點可作為發展註腳的是，自康力投資被收購且易名後的第二年，業績錄得較上一年大升341%的重大突破，全年利潤達1.62億元，原因除了銷售額大增產生的盈利，亦有出售大埔工業邨物業的非經常性收入，董事局因此宣佈派發股息每股0.03元（*South China Morning Post,* 1 May 1995）。對多年未獲股息的股東們自是一大喜訊，亦代表集團終於擺脫困局，重回正軌了。

小結

無論從哪個角度看，柯俊文學歷有限、起動資本嚴重不足，卻能在着重科學研究技術的電子業界闖出名堂，建立個人商業王國，且把生產和業務由香港地區擴張至內地及全球不少地方，實在是十分突出的成績。在公司上市前，當柯俊文被記者問到最佩服的企業家時，他的答案是「塑膠大王」丁熊照，而丁熊照與柯俊文其中一個相似的事業起點，就是二人均「是工廠學徒出身，憑自己的努力和奮鬥，後來成為大實業家」（二胡，1981：16）。另一方面，據許家屯引述曹維廉之言，指柯俊文「十分值得欣賞，有理想，經營有一套……想做香港的松下幸之助（日本松下企業的創始人，被譽為經營之神，原註）」（許家屯，1993：238）。即是說，在打拚事業的進程中，柯俊文曾充滿理想，想對內地及香港工業作出貢獻，那自然是正面和十分難得的。

可惜的是，在面對財務困境時，柯俊文卻不擇手段，做出了弄虛作假的欺詐行為，更在紙包不住火時一走了之，自此便踏上了人生的不歸路，不單賠上了一生事業與名聲，甚至拖累了國家及曾信任他的小投資者。若然他在發現集團蒙受巨大虧損時能勇於面對，例如進行債務重組，及早結束掉虧損的業務，待經營環境改善時東山再起，那麼必然不會令問題或過錯愈弄愈大，掉進了無可挽回的深淵。可見在嚴重問題或過錯面前，敢於壯士斷臂是極為重要的。

另一不容忽略的教訓是，新瓊企業入股康力投資時，或者沒有深入了解這家公司的財務狀況，甚至可能遭到柯俊文欺騙，以為花上 1.8 億元便能控制一家香港電子業龍頭企業，是十分化算的投資，低估了當中的風險，結果出現了「掉進泥沼」的局面。幸而這個從事工業生產的集團，畢竟不是純粹炒作股票或地產的公司，而是擁有一定工業生產能力與科學技術含量，可在國家走向現代化及工業化的進程中發揮作用，這方面的貢獻難以簡單用金錢計算或估量。所以哪怕花上巨額資本，亦捱過了一段長時間的業績低迷後，中方仍努力保存企業，到最後終於走出低谷，由中國航天工業集團全面收購。當然，若非有國家強大與長久財政力量的支持，單憑一般民間財力，康力集團必然在更早階段已於自由市場消失蹤影了。

第8章

開文珠寶

許盛由白手興家到鋃鐺入獄

- 創業之初尚可冒險急進，到生意事業已有基礎，便須平衡風險，做到進攻不忘防守。

- 經商投資不是說玩的，是關係個人及企業榮辱盛衰的，所以既要審時度勢，亦要問短計長，尤要有轉攻為守的各種準備。

- 應對危機時，不但要把握時間，亦要敢於壯士斷臂，止蝕離場。

引言

香港謝利源金舖於1982年9月6日關門一個月後的10月6日，一家走高檔路線的著名珠寶公司——開文珠寶有限公司——被一間法國銀行附屬公司Credit Lyonnais入稟法庭，追討34,344,476元欠債，法庭的文件指出那是一筆年息15%的3,000萬元貸款一年間本利和的欠債。在此之前，公司老闆許盛（Kevin Hsu，又名許開文）及其控股的開文珠寶公司，曾遭美國銀行追討840萬美元借貸，市場早有傳言許盛出現資金周轉問題，且一直在尋求應對方法（*South China Morning Post,* 7 October 1982）。不多久的1983年1月，Axona International Credit and Commerce Limited亦向許盛及其珠寶公司追討欠債800萬元（*South China Morning Post,* 14 January 1983）。到了5月，輪到多明尼加財務公司（Dominican Finance Limited）入稟法庭，向許盛掌控的第一財務香港有限公司（First Hong Kong Credit Limited，簡稱第一財務）追討330萬元欠債，入稟狀指出第一香港財務於1983年1月向多明尼加財務借貸，年息25%。到還款時，多明尼加財務收到第一香港財務的支票付款，惟該支票未能兌現，亦無法再聯繫上許盛，遂入稟法庭追討。報紙同時披露，許氏及其名下多家公司相繼遭債權人追討欠款，主要與香港物業地產市場急跌、利息高企，令許盛及其公司出現資金周轉問題有關（*South China Morning Post,* 17 May 1983）。

在商業社會，借錢不是問題，民間俗語更流傳「有借有還上等人」的說法，但欠債不還，遭人告上法庭追討，所發出的支票又未能兌現，對商人而言，便屬有損聲譽的事情，對那些走高檔路線、在上流商業社會活動頻繁者的衝擊尤大，若非迫不得以，實不會賴債不還。許盛那時候接連遭到銀行或財務公司入稟法庭追債，明顯已債務纏身，而從法庭所披露的資料看，借款利息十分高，年息由 15% 至 25%，如此高昂的利息，實在有如溫水煮蛙，因利息的最大特點是「與時並進」，當借款人在尋找新資金、新財路以填補欠債缺口時，「秒秒鐘都是錢」的利息卻不斷上漲，壓力愈來愈大，最後難免走向資金鏈斷裂的困窘。

到底許盛是何許人也？他的開文珠寶生意如何在市場中突圍？之後又如何不斷擴張，壯大成為家族的商業王國，發展為業務與投資遍及全球不同角落的跨國集團？但隨後何解會掉進財政困窘泥沼？他應對這個財政危機的過程，犯上什麼重大錯誤？結果不但無法力挽狂瀾於既倒，還賠上了一生血汗積蓄、名聲自由，鋃鐺入獄。對於像許盛這樣曾在香港商場咤叱一時，但又驟起急墜的傳奇商人，今時今日已很少人知曉。在深入了解許盛成敗得失的發展進程之前，下文讓我們先勾勒他的出身、成長、移民與踏足社會的背景。

出身與移民的環境

許盛在香港商場闖出名堂，成為一時巨富後，曾被香港傳媒視為移民創業成功的典型案例，被經常引用，並爭相與他進行訪問。一般的說法是，許盛本來是一名人生路不熟、語言不通的移民，踏足香港後憑個人才華與努力，在香港商場不斷打拚，闖出成績，富甲一方，然後慷慨解囊、大做慈善，回饋社會。其故事既反映了香港社會機會處處，亦說明了移民商人在建設香港的貢獻。

到底許盛的出身與成長背景若何？移民的歷程又反映了何種歷史發展？受資料缺乏所限，難以充分掌握和全面了解，惟從他名成利就後接受傳媒專訪時的一些憶述（Sinclair, 1981: 10），可作為重要說明，儘管某些地方有其一面之詞的「唱好不唱衰」，或掩飾某些事實，但畢竟可讓人看到他的出身，以及踏上移民之路的經歷。

按許盛本人所述，他生於1931年，[1] 家鄉在天津距大沽口不遠的一個鄉村，那裏約四成人為漁民，四成人為海員，兩成人從事船隻維修等工作。換言之，他出生的那條鄉村，應是靠海維生的漁村，海洋對許盛而言一點不會陌生。許盛的祖父及父親均在拖船工作，他稱祖父為拖船船長，父親則是拖船公司的總工程

1　另一說法指許盛生於1929年（*South China Morning Post*, 18 September 1990），這種出生年份常有出入的情況，在早年移民一代身上甚為普遍，因為沒有出生證明文件，只憑一己之說或家人記憶。

師，[2] 而他與祖父的感情尤深，受祖父影響至大。

許盛提及，他成長求學時期經常停學，主要是每當父親失業，便要停學做幫工，到父親找到工作後，他才可重返校園。他形容祖父是一位意志堅定而仁慈的人，對他的成長影響深遠，教導他「不要吸煙（鴉片）、不要喝酒，而金錢不代表一切」（Sinclair, 1981: 10）。他特別指出，祖父對中草藥有認識，有配製治療燒傷燙傷草藥的秘方，甚有療效，而北方冬天常有鄉民遭遇燙傷，祖父每年夏天都會購入一些中草藥，自製相關醫治燙傷的草藥，並在冬天時候免費贈送給受燙傷的鄰居或鄉人。他祖父對中草藥的認識，以及其助人的胸懷，成為促使他致富後慷慨捐助大學教育，發展中草藥研究的原因所在，這是後話。

到了 1948 年，林彪的軍隊勢如破竹，迫近天津，國民黨軍隊節節敗退。當槍聲傳到許盛家鄉附近，他的父親帶着他離開，乘拖船由天津轉赴上海，乘客估計逾二百人，絕大多數為逃避解放軍的國民黨軍隊家屬，[3] 惟途中拖船曾擱淺，幸好遇上潮漲，得以脫險，再南下青島。在青島期間，許盛和父親分開，惟沒說明原因，他本人則跟着一位「北方人」（Northerner）由青島轉赴

2　這種船長或總工程師之類的職位，不能以今天社會的標準等同視之，那很可能只是許盛自誇褒揚的說法，因為若然祖父及父親有那種職位，家境不至於貧窮，他童年時亦不至於常常失學。

3　按那時拖船絕大多數為國民黨軍人家屬，而許盛和正值盛年的父親能上船，相信他與國民黨軍隊有一定關係，例如他所服務的船公司屬於國民黨掌控，亦因這一緣故，才會促使其選擇離去。

上海。[4]

到上海後，許盛人生路不熟，又不懂上海話，在另一「北方人」的介紹下，找到一份在黃浦江做傭工的工作，既負責清潔打掃，又照料小孩，而這段早期打工生活，只維持了很短時間，便因解放軍迫近上海，他再次決定離去，於是再透過另一「北方人」（應是船員）的關係，乘上了離開上海的輪船，目的地是香港。對於那次由滬轉港的經歷，他輕描淡寫地說：「那位船員對我說，他最遠只能帶我到香港，我告訴他到香港很好。」（Sinclair, 1981: 10）就這樣，許盛便乘船由上海轉到了香港，那是 1949 年。

打工與創業的摸索

許盛到達時候的香港，已接收了很多來自中國大陸的難民，不但糧食與日用品等供應甚為緊絀，公共衛生與住屋等亦十分緊張，人浮於事的社會氣氛相當濃烈。按許盛回憶，他晚上只能睡在街邊，亦曾向街上住戶敲門，「那時，你可敲人家的門，如果應門的是北方華人，他們會盡量幫你」（Sinclair, 1981: 10）。

最後，許盛獲得一份工作，[5] 在一艘懸掛中華民國國旗的船上做服務員（船員），該船主要行走於香港與澳洲、紐西蘭、斐

4　許盛日後再沒提及父親，卻常在困難時期找「北方人」幫助，亦多能如願，此點殊堪玩味。

5　許盛能多次獲得船員朋友的協助，應與他來自天津漁村，祖及父又從事船務工作的背景有關，惟他並沒作出清晰說明。

濟及馬達加斯加等地。他那時很年輕，學習快，什麼都願意學，因此學習得不少技能，如清潔及剪髮，其中最重要的便是學習英文，這對他日後事業有重大影響，而協助他學習英文的，是一位獨腳電台播放員（one-legged radio operator）。[6]

成為船員後，他可到全球不同地方去，能獲得不同的親身體驗與認識，加上他年紀輕，又好學，知識吸納尤快。他提到，當輪船靠港泊岸，所有船員都上岸喝酒尋歡購物時，他寧可選擇留在船上，繼續學習，他補充說：「他們都嘲笑我，說我不是正常水手。」（Sinclair, 1981: 10）

許盛提及另一有趣經歷，表示輪船停泊奧克蘭時，他曾結識一位專門為船上乘客或船員等傳福音的傳教士，與他有不少時間的接觸與相處，由於對方不太能唸許盛的名字，許盛亦覺得這樣不便於與洋人溝通，因此請那傳教士給他起個英文名字，對方建議 Kevin，許盛覺得名字易記好聽，可帶來好運，從此採用。[7] 他的英文姓名從此常用 Kevin S. Hsu，中文姓名甚至變為了許開文，許盛的原名反而較少使用，到日後創業時，亦以開文珠寶（Kevin Jewelry）作為商號名稱。

擔任船員工作三年後，1952 年，許盛回到香港，原因是雙

6　不過，從日後發展看，許盛的英文聽、講或寫俱佳，實在不似到了出來工作、年紀已長時在行船期才沿非正規途經學習得來。

7　從這種由傳教士改名，且取名 Kevin 的舉動，意味他那時可能皈依了新教。

Success story of Mr Hsu

BY JILL DOGGETT

Mr Kevin Hsu

在 1970 年代，《南華早報》以「成功故事」形容許盛（又名許開文）。*South China Morning Post*, 9 September 1973.

腳受傷，[8] 他須留下來接受治療，而那次治療花掉了他從事船員工作的所有積蓄。不過，他卻在那次治療過程中邂逅了後來的妻子許玉華。許玉華的父親亦是一名船員，且不幸死在船上，因此許玉華曾對許盛說「她寧可嫁給掃街者，也不願嫁給海員」（Sinclair, 1981: 10），這成為促使許盛棄船登岸的一個原因。

許玉華父親死於船上與許盛船上雙腳受傷的事件，或者是船上工作危險性高的指標，已經到了適婚年齡的許盛，從此放棄了船員的工作。不過，他在接受記者訪問時卻鼓勵年輕人不妨「花數年時間游走於海洋波浪之間，然後才在陸上生活扎根」（Sinclair, 1981: 10），原因

8　許盛沒有透露雙腳受傷的原因及相關影響。

明顯與輪船工作有助開闊眼界，能加深對不同地方認識有關。至於他本人從事海員工作的三年間，曾到東非、東南亞及澳洲、紐西蘭等地，擴闊了個人視野，又學會了英文，對他日後事業發展有深遠影響。

許盛「棄船上岸」後，自然須找工作謀生，可他卻沒什麼工作經驗或專業資歷，因此曾感徬徨。那時候，許盛看到一則珠寶店招聘銷售員的廣告，工作要求除了要英文良好，更須懂英文打字。他做海員時已學懂英文，能應對，有把握，但英文打字則完全不懂。為此，他立即向人借了一部打字機，連夜學習英文打字，之後前往應聘。結果因為英文打字不達標，沒被取錄，可他向面試者求情，說出實情，表示會努力學習英文打字，而他英文則說得好，最終獲接納，從此走上了與珠寶「共命運」的事業。

在工作上，許盛表現勤奮，他說：「每當美國戰艦停泊，我會上船（推銷），因我會說船員的話，所以做得很棒⋯⋯相對於船員每月收入 280 元，那時每月只有 100 元，每天工作 12 小時，且沒有假期，但我很快樂。」（Sinclair, 1981）許盛還透露，打工期間，他曾被公司派到日本的分行擔任經理，該分行設於美國駐橫須賀海軍基地（U.S. Naval Base at Yokuska），這一工作經歷，對他日後事業應有不少影響。

這裏帶出一個特點，許盛打工的那家珠寶公司，主要客戶為船上生活或工作的海員與士兵，他們是一個十分特殊的旅客群體，絕大多數為男性，手上又較有餘錢，因為他們薪水一般較高，在船上甚少用錢，與親人、妻子或情人又不常見面，難免思念，重逢會面時較願意購買貴重的珠寶飾物送贈。許盛早年「行船」的經歷，讓他可以更好地掌握這個特殊消費群體的心理，有助開拓市場。後來，他因佣金問題與僱主發生糾紛，於是便選擇離去，自行創業，而投身的便是珠寶首飾生意，尤其聚焦於那個以海員與士兵為主的特殊外國旅客群體。

據許盛所說，他是於1959年開始創業的，那時他手上只有9,000元，資金微薄，而那些資金，主要是太太及外母信任他，把戒指首飾等物出售後集資所得（Doggett, 1983: 17）。正因創業資金不足，在扣除租金以及花費於小門店的簡單裝修外，已沒餘錢購貨，他因此自嘲是一名「沒有珠寶的珠寶商」，而他所擁有的，是身上只有「一支筆、一張紙和一些設計意念」（Sinclair, 1981）。至於太太則是創業路上的主要支持者，日後多家公司的註冊，均有她的一份，某程度上亦可視為夫妻檔「闖天下」。

許盛並沒提及但有助其生意發展的，還有他早年打工時積累的不少熟客、人脈關係，以及熟悉飾品由設計到生產再到售予顧客的流程，尤其當輪船或軍艦到港泊岸，如何爭取士兵與海員的獨特銷售門路。當然，他在行業中亦已建立一定名氣，令他的創業之路可以走得較順，取得較好成績。許盛強調，他在為客戶設計珠寶飾物時，會多詢問客戶的喜好，從而設計和製造出更能切合他們品味的珠寶。他這樣說：「我會詢問他們想要什麼，哪種寶石、哪些款式，以及他們能付出多少，然後才設計，再把我腦海中的意念畫出來，讓客人過目。之後便去找珠寶製造商，爭取三天內把貨品完成」，那是為了配合輪船停靠時間一般很短之故（Sinclair, 1981）。

綜合報章的一些零散資料，可以看到，在 1960 年 5 月，許盛已經以「珠寶專家」（expert on jade and pearl）的身份，獲邀出席香港基督教女青年會（Young Women's Christian Association）的活動，用英語講解如何分辨真假玉石與珠寶特點。該活動獲得《南華早報》以較大版面報道（*South China Morning Post,* 25 May 1960），這對他的生意必然具有重大宣傳效果。

三個多月後的 9 月 2 日，開文珠寶公司（Kevin Pearl & Jade Co）正式開業，[9] 地址在九龍康和里 2A 號，蘭宮酒店（Astor Hotel，另稱雅圖酒店）對面，所刊登的廣告強調是珍珠寶石專門店，為「配合個人獨特品味提供具創意的珠寶設計與生產」（*South China Morning Post,* 2 September 1960）。從其開張廣告只刊登於英文報章，而非中文報章的情況看，明顯是走西方或高檔路線，而從日後發展方向看，他更多是從男性選購珠寶以取悅妻友的層面入手，當然亦有女性的顧客群。

值得注意的是，許盛在經營珠寶、設計玉石的同時，還不時以專家身份講解珠寶玉石的鑑賞、收藏、選購與投資，例如在 1962 年 11 月 20 日，許盛在美國婦女會（American Women's Association）的每月聚會上，向該婦女會的成員講解如何挑選珍寶，他帶備了各種珠寶作示範，吸引不少在港美國婦女參加。他特別提到，中國人有佩帶玉石作護身符的傳統，婦女更會將玉石

9　前文提及的 1959 年創業，相信是起步階段的嘗試，1960 年的門店開業，應該已有了初步基礎，因該門店已有一定裝修，亦有一些貨品了。

放於枕頭下，以確保能獲得月亮的力量，造好夢。同月 27 日，他又再獲基督教女青年會邀請，作類似講解，亦同樣現場展示各種真假鑽石，深受歡迎（*South China Morning Post,* 20 and 28 November 1962）。

許盛打開生意局面後，於 1963 年申請歸化英國籍（*South China Morning Post,* 22 March 1963），有了更長遠生意與事業的考慮。另一方面，他的生意亦有另一突破，據他本人透露，門店對面是雅圖酒店，該酒店的東主觀察到，開文珠寶行經常都有客人排隊，生意興旺，認為有發展空間，因此向他招手，大家合夥，在酒店內創立門店，結果取得更大成功。許盛日後又陸續在其他酒店如喜來登及希爾頓等開設門店，進一步開拓高消費旅客群體的市場，同時亦逐步把分店開到新加坡及美國等地。

許盛分析，珠寶是一種十分獨特的生意，不單有前文所述送禮者與收禮者甚為不同的特點，他還提及一個特別例子：「我認識很多海軍將軍或船長，以及美國的服役軍人。我還記得曾收到一張沒有寫上銀碼、由一位身在越南的美國少將簽發的支票，購買一枚他想要的珠寶」，用以送贈別人。另一方面，他亦提到，選購珠寶亦有文化上的差異，例如一條鑲滿鑽石的頸鏈，中國人多沒興趣購買，但阿拉伯人卻願花巨款購買，不同國家或民族對珠寶有截然不同的品味與喜好（Sinclair, 1981: 10），所以應更好地作出市場區分，才能創造更大利潤。

除了鑽石，許盛還經營玉石與珍珠，這方面則較多面向華人市場，當然亦有一些喜好中國文化的洋人。在 1960 年代中，玉石價格持續上揚，主要是緬甸產地供應減少有關，報紙引述許盛的說法指出，緬甸礦場由政府掌控，買家每年只允許到當地礦場一次競投玉石，供應有限，令價格大幅飆升，他這樣說：「價格是天文數字，一塊橢圓形玉石，半寸長，價格可以是 1 萬元起跳，所以我現時主要經營和田玉。」（*South China Morning Post,* 13 July 1967）在一般情況下，當玉石價錢上揚，作為銷售商的開文珠寶，自然獲利豐厚。

到 1973 年，許盛已名成利就，躍升為珠寶業鉅子，名下擁有六家門店，當中三家在香港（有兩家在九龍、一家在港島）、三家在海外（新加坡、吉隆坡及三藩市各一家）。那時兩夫婦育有一女二子，分別為長女 Yvonne（18 歲）、次子 Paul（15 歲）及幼子 David（13 歲），[10] 實在是家庭美滿了。

可以這樣說，本來看似對事業沒甚幫助的行船經歷，為許盛的生意創造了有利條件，他先在一家珠寶公司打工，協助其向海員或美國士兵推銷珠寶，這樣讓他摸通了生意與銷售門路，且從這個過程中建立起個人「專家」的形象或地位，到踏上創業之路時，便能依循本身的企業家精神與人生目標作更好的開拓，而過程中又有「得道多助」的情況，例如雅圖酒店東主向他招手合夥，玉石價格在 1960 年代中持續上揚等，均讓他的生意如火乘風

10　按子女年歲推斷，許盛應在 1952 年「棄船登岸」後不久結婚，長女約在 1955 年出生，次子及幼子則約在 1958 年及 1960 年出生，那是許盛決定不再打工、走上創業道路的關鍵時期。

勢般以迅猛腳步不斷發展，門店不只落腳香港，亦走向東南亞及美國，身家財富因此大幅增加。哪怕生意已十分興旺，但明白到「專家」身份的重要性，許盛仍不時會接受一些講座邀請，向人講解鑑別珠寶玉石的竅門，例如到了 1974 年，他再為基督教女青年會做講座，分享選購玉石的心得與秘訣（*South China Morning Post,* 12 May 1974），因他清楚更響更亮的名聲有助業務的更好推廣與發展。

建立商業王國的綢繆

從事後孔明的發展進程看，生意順風順水、身家財富急速上揚的局面或勢頭，自然刺激起許盛的雄心壯志，那便是有了建立自己家族商業王國的綢繆，這種行為可從他於 1976 年開始把過去只屬無限債務公司的企業，轉為有限公司註冊上看到，他也於那個時期創立了個人或家族的控股集團，反映他想藉此集結更大發展力量的藍圖。

從報紙的廣告看，1976 年 6 月，已有一家亨利珠寶有限公司出現，地址在尖沙咀彌敦道 29 號，每天早上十時至晚上十時營業，公司銷售的珠寶，聲稱「款式繁多、價錢合理、一流手工、自家製造、潮流設計」，並注明董事為「許盛、吳鎮科」。這位突然與許盛平起平坐的吳鎮科，早在 1973 年許盛接受傳媒專訪時已被提及，是許盛特別器重的職工，主要與吳鎮科在珠寶經營上有突出表現有關（Doggett, 1973: 17）。那時新註冊的珠寶公司，以吳鎮科的英文名命名，更顯示吳氏地位的進一步提升，可以獨當一面了，而吳鎮科日後的表現，更把許盛比了下去。

從傳媒不同採訪資料看，吳鎮科約生於 1937 年，祖籍潮州，父親為經營玉石珠寶象牙與瓷器的商人，他是家中八個孩子之一，童年時已從父親經營中培養了對珠寶飾品的興趣。1950 年代，他如許盛般移民到港，後來加入開文珠寶公司，初期只充當信差，三年後升為珠寶銷售員，然後於 1967 年與老闆合夥，經營一家珠寶行（*South China Morning Post,* 2 April 1989 and 8 June 1991）。按此說法，即是許盛早期已對吳鎮科經營表現刮目相看，因此吸納他為發展生意的重要力量，甚至不惜讓利，與他合夥，那時的公司屬無限債務模式，並在約十年後改以有限公司模式登記。無論是有限公司或是無限公司模式，吳鎮科均從「打工仔」搖身一變成為老闆，新創立的公司又以他的名字命名，那絕對是無數「打工仔」的夢想。

雖然 1976 年 6 月的廣告已提及亨利珠寶有限公司，地址在尖沙咀彌敦道，股東為許盛及吳鎮科（*South China Morning Post,* 30 June 1976），但商業登記資料卻沒找到相關記錄，那年註冊登記的，是一家於 1976 年 1 月 27 日註冊的 Ponet Limited，[11] 該公司於同年 3 月 19 日易名鎮科珠寶金行有限公司，但英文名稱則是 Henry Jewellery Limited，股東為許盛與開文珠寶資深僱員吳鎮科（Annual Return of Henry Jewellery Limited, 1978）。不論商業登記與廣告中英文名稱之間為何出現差異，但從那時吳鎮科中英文名用作公司寶號的舉動看，吳鎮科不只獲得器重，亦佔有重

11　那公司原來只是一家空殼公司，即是早已做好了一切註冊手續，沒有業務，只供轉售，以節省有意創立有限公司者的時間與手續。

要地位，他必然亦投入一定資本，甚至具有借助吳鎮科名字或行業內名聲以開拓市場的意味，以有限公司模式註冊，則是為了釐清兩人各自的債務責任與控股權。

或者是深刻認識到有限公司模式對企業長遠發展的重要性，許盛於 1976 年 7 月還註冊成立了開文珠寶有限公司（Kevin Jewelry Limited），即改變了過去長期只以無限債務公司模式經營的安排，主要股東及董事為他本人及妻子許玉華，此點更為實質地支持了創業進程中「夫妻檔」的狀況，亦符合前文提及原來創業資本來自妻子與外母出售戒指與首飾的說法。值得注意的是，那時夫婦的居住地址是港島半山馬己仙峽道嘉慧園（Granville House）的豪宅（Annual Return of Kevin Jewelry Limited, 1976），說明那時他的身家財富已很豐厚。

更為重要的是，到了 1978 年 5 月，許盛註冊成立了許盛集團有限公司（Kevin Hsu Holding Limited），並以此公司控股旗下其他公司，反映他對企業發展有了走上另一新台階的構思，那便是集團化經營，朝着建立個人或家族商業王國的方向前進，而那時註冊登記時填報的家居地址，已是赤柱豪華大宅舂磡角海天徑，反映其身家財富又有了不少增長（Annual Return of Kevin Hsu Holding Limited, 1980）。

1970 年代末，一方面是經歷 1973 年至 1975 年長期經濟衰退後走向復甦的力量不斷壯大，另方面是內地開始邁出改革開放腳步的多面向刺激，香港地區經濟那時顯得一片興旺，股票市場及房地產市場同時錄得突出表現，許盛顯然亦緊抓機會，在生意與

Form No. X

THE COMPANIES ORDINANCE

Particulars of Directors or Managers and of any changes therein

PURSUANT TO SECTION 158

COMPANIES REGISTRY

Registration No. 60231

Fee $10.00

Presented by KEVIN HSU HOLDING LTD.

FILED

Particulars of the Directors or Managers (*a*) of KEVIN HSU HOLDING LTD.

30 APR 1981

p. Registrar of Companies

Company, and of any changes therein.

The present Christian name or names and Surname (b)	Any former Christian name or names or Surname	Nationality	Nationality of origin (if other than the present Nationality)	Usual Residential Address	Other business occupation or Directorships, if any. If none, state so (c)	Changes (d)
KEVIN S. HSU	--	British	Chinese	69 Deep Water Bay Rd., Hong Kong.	Merchant	Change of Address
HSU YU HWA	--	British	Chinese	69 Deep Water Bay Rd., Hong Kong.	Merchant	Change of Address

30-04-81

(Signature)

(State whether Director or Manager or Secretary) Director

Dated the 24th day of April 19 81

(a) "Director" includes any person who occupies the position of a Director by whatever name called, and any person in accordance with whose directions or instructions the Directors of a Company are accustomed to act.
(b) In the case of a Corporation its corporate name and registered or principal office should be shown.
(c) In the case of an individual who has no business occupation but holds any other directorship or directorships, particulars of that directorship or of some one of those directorships must be entered.
(d) A complete list of the Directors or Managers shown as existing in the last Particulars delivered should always be given. A note of the changes since the last List should be made in this column, e.g. by placing against a new director's name the words "in place of " and by writing against any former director's name the words "dead", "resigned", or, as the case may be.

P. T. O.

許盛名下 Kevin Hsu Holding Ltd 的公司註冊資料，
可以看到他與其妻同為公司股東。

投資作出更多方面的開拓，藉以配合打造個人或家族商業王國的綢繆。例如他在 1980 年 10 月註冊成立了亨利珠寶（中區）有限公司（Henry Jewellery Central Limited），那雖然是早前已採用無限債務模式與吳鎮科一起經營的生意，但那時改以有限公司註冊，明顯亦有藉此強化個人或家族商業王國掌控的意味。

與此同時，許盛還在同月（10 月）創立一家專走鑽石路線的公司玉華珠寶有限公司（Diamond is Forever Limited，簡稱 DIF），落腳點在中環皇后大道中 22 號（*South China Morning Post,* 7 and 9 October 1980），並由新婚不久的女兒 Yvonne 出任董事總經理。[12] 不過，這家公司的業務發展並不太好，主要原因與鑽石價格在 1978 年至 1980 年間持續大幅上揚，吸引不少商人入市經營，例如謝利源金舖有限公司，但隨後遇上「世界經濟嚴重衰退，利率上升至高峰，迫使鑽石價格暴跌，跌幅亦達百分之五十到七十五，交投跟着大為減少」（陶世明，1984：28）。在這種環境下，玉華珠寶並沒有取得突出表現，最後如開文集團其他隨屬公司結業離場。

這裏帶出一個值得注意的發展現象，在華人家族或企業，長期存在向心與離心的兩股不同力量，向心力主要是推動家族與企業不斷壯大發展，離心力是在某些環境或條件下催化內部分裂，選擇離去，主要是家族成員本身或是員工自立門戶，甚至創立相類似的企業，互相競爭。當許盛成立了開文集團，有了構建家族商業王國，且創立多家由家族掌控企業之時，具同樣企業家精神，並有相似發展目標的老臣子吳鎮科，明顯有了不同感受，或者因此產生了排斥與矛盾，促使他決定另起爐灶、自立門戶，此點相信給開文珠寶帶來直接而巨大的競爭。

由於吳鎮科與許盛之間由賓主至合夥人、股東，轉為分道揚鑣，但仍有不少私人或業務交往與轇轕（參考另一節討論），別具企業發展形態與關係變化的參考價值，這裏值得作出附帶的補充說明。從資料看，就在許盛創立玉華珠寶有限公司的數個月

12　許盛女兒 Yvonne 於 1980 年 3 月結婚，夫婿為著名澳洲髮型師 Murray Malski（*South China Morning Post,* 8 March 1980）。

後，吳鎮科於 1981 年註冊創立了鎮科珠寶有限公司（Henry Woo Limited，後中文名易為亨利珠寶金行有限公司），此點反映吳鎮科那時候已經正式與許盛分道揚鑣，大家拆夥了。

正如前文提及，吳鎮科如許盛般，屬移民、打工再到創業的類別，只是他既有父親本已是玉石珠寶商人的背景和網絡，又有創業時獲得老闆許盛支持，先是合夥人，然後成為股東董事，創業與發展進程自然更為順利。在與許盛分道揚鑣之後，他在多個層面上展示了個人經營上青出於藍，氣勢或風頭已把開文珠寶與玉華珠寶比了下去，背後原因雖然與吳鎮科本人別具企業家精神有關，但許盛那時候已把精力集中於其他生意與投資之上，無暇兼顧珠寶生意，而交由其妻及子女等打理的珠寶生意已失去往昔的競爭力。

令吳鎮科打響名堂的自立門戶舉動，是位於九龍彌敦道的鎮科珠寶店在 1981 年 6 月開幕時，甚為難得的請得了李嘉誠夫婦主持剪彩（《華僑日報》，1981 年 6 月 18 日），此點反映吳鎮科與李嘉誠夫婦關係匪淺，尤其李嘉誠太太莊月明，她為人精明能幹，又有學歷與家境，在丈夫發跡後已甚少參加公開活動，那時願意主持活動，足見兩家關係深厚，同時亦凸顯了吳鎮科找來富豪太太剪彩，以爭取這方面客戶光顧和支持的最重要市場策略，因為經過二三十年來的經濟與社會發展，主要客戶已由過去的外國旅客，轉為本地富起來的一群。之後，吳鎮科又因應中國內地推行改革開放政策，積極開拓內地市場，同時又引入北京等地金飾到港（《華僑日報》，1981 年 7 月 30 日），令生意不斷取得突破。

其中，鎮科珠寶更因成為美國國務卿舒爾茨（George Shultz）於 1983 年 2 月短暫訪問香港期間和太太選購珠寶首飾的店舖，而非過去一直屬外國旅客首選的開文珠寶，令鎮科珠寶名聲更響，引來坊間熱話。原來，舒爾茨在香港短暫訪問期間，曾和太太到鎮科珠寶選購珠寶首飾，吳鎮科親自招待，且一起合照，並迅速利用那張合照刊登在《南華早報》的廣告上，即是社會上常採用的藉展示舒爾茨及太太對鎮科珠寶工藝精美的着迷，因此選購了一套珍珠寶石頸飾及手鏈，以招來客戶。惟此廣告令美國政府甚為尷尬，駐港領事館因此指採用的照片沒事先獲得授權，暗有批評。吳鎮科亦很「識做」，立即撤銷該廣告，並向舒爾茨發出道歉信，事件因而平息（*South China Morning Post,* 11-12 February 1983）。至於鎮科珠寶吸引了像美國國務卿這樣的極為顯赫達官貴人垂青的形象，已在市場中不脛而走。

日後，鎮科珠寶進一步走上高檔金銀珠寶的道路，先後打造了鎮金店（Just Gold Shop）及鎮鑽店（Just Diamond Shop）等連鎖店，遍及港澳台地區及中國內地大小城市，鎮科珠寶後發先至，[13] 崛起成為行業中的王者，把開文珠寶進一步比了下去，而吳鎮科後來亦如許盛般構思打造自己的商業王國，創立鎮科集團，將鎮金店等珠寶金飾生意納於鎮科集團之下，且在經營金銀珠寶的同時，開拓物業地產等投資，業務發展順利。

13　不過，鎮金店在進入新千禧世紀後亦曾碰到市場逆轉的經營與投資困難，最後被迫於 2011 年易手，出售與太子珠寶鐘錶（《經濟日報》，2012 年 1 月 31 日；鎮金店網站，沒年份）。

許盛自 1978 年註冊成立許盛集團，全力打造個人或家族商業王國，自與吳鎮科分道揚鑣後，將珠寶生意交由妻子及兒女打理，自己則把精力投入到酒店與地產投資上，惟兩者均失利，不但珠寶生意風光不再，酒店與地產投資遭遇滑鐵盧，更連累了珠寶生意，並且曾欠下吳鎮科巨債，被申請破產，他後來更因做假賬及詐騙等罪名被起訴，要鋃鐺入獄，不單打造商業王國夢碎，亦斷送了個人威望與名聲。反而本來只屬他手下的吳鎮科，那時仍專注於珠寶業務，發展更為興旺，直至 1990 年代，打好穩健基礎後才逐步進軍地產市場，家族商業王國因此能穩步壯大。到底關鍵拐點出在哪裏？過程又如何不斷惡化？下文且從許盛急速擴張的舉動談起。

酒店與地產的擴張

任何有野心、且具強烈成就動機的人，均不會在生意愈做愈順、身家財富愈滾愈多之時停下腳步，覺得已經足夠「食過世」，於是只守着那盤生意，不再擴張開拓。相反，他們往往會因為手上可以運用的資金更厚、生意機會較多，加上人脈及生意網絡更寬廣等有利因素，激發起加大加快的投資行動，渴望能繼續乘風破浪，建立自己的商業王國。許盛的個案亦是如此，他同樣沒有停下腳步，還以更拚搏、更進取的行動作更多層面的擴張和開拓，將生意和事業推上另一高峰，惟行動上過於急進，且低估了發展過程中的風險，當遇上營商環境逆轉，便產生了災難性衝擊，毀掉了過去辛苦建立的商業王國。

二戰後的香港經濟，工業化雖然是最亮眼、最突出的發展，但論利潤豐厚，長升長有的，應是物業地產，背後又與香港屬彈丸之地、土地供應有限，因此必然寸土尺金的現實狀況有關，不少本來從事工業生產的公司，先後走上了地產投資或發展之路，且逐步壯大並蛻變為地產公司。具有一定商業觸角的許盛，明顯亦看到了物業地產大有可為，當手上積蓄了一定資本後，亦投入到物業地產市場之中。起初是 1975 年的牛刀小試（Sinclair, 1981），到成功獲利，弄清門路，則加大資本投入，在物業地產方面的發展愈見深入。他在接受記者訪問時曾這樣說：「當時我買下一個小單位，再將它賣出，跟着買了另一個較大的單位，又賣出，再買多一些……。」然後，他便在這個過程中「賺了大錢……盈利以千萬計」（小丁，1983：19）。

從許盛物業地產投資的舉動看，他既非購入地皮、興建樓宇的地產發展模式，亦非購入物業作長遠投資模式，從租金收入中創造盈利，而是只屬低買高賣、左手交右手的一般套利模式，只是短期投資行為而已，能否獲厚利，主要看大市走勢，那顯然不是他認為可以大展拳腳、創造更大財富的源頭所在。或者是由於開文珠寶的多家分店設於酒店之內的緣故，本身客戶又多為旅客，許盛對酒店業早已有不少了解，當手上資金日趨充裕，又從地產交易中初嚐厚利後，便把擴大投資範疇的目光，聚焦到酒店之上，這樣在某層面上不單配合了珠寶生意的發展，更能兼得投資物業地產的厚利，因為酒店多在市區黃金地段，房租、地價過去持續上揚。正因如此，自 1970 年代末起，出現不少許盛在不同地方投資酒店的身影與新聞。

許盛這時期的生意、投資與擴張，呈現出兩項甚少人注視的特點：「水頭」（資金）充足與人脈關係深厚且無遠弗屆，與他只經營珠寶生意的資本有限及個人來自天津貧窮鄉村的家庭背景甚不相配。有關「水頭」充裕方面，他不單能出巨資於不同地方收購心儀酒店或物業，又曾慷慨捐出不少善款，支持大學科研與教育，例如於 1970 年代末收購了新加坡的確必得酒店（Cockpit Hotel），[14] 進軍酒店業，之後又入股新加坡凱悅酒店（Singapore Hyatt），同時亦投資三藩市及夏威夷物業，逐步把資金投向物業地產市場（Sinclair, 1981），以及在 1980 年捐款 200 萬元給香港中文大學，其中 100 萬元用於支持中藥研究，100 萬元作為推動教育（*South China Morning Post,* 21 August 1980）。

對於許盛突然變得資本雄厚，人脈關係亦顯得無遠弗屆，有分析指出許盛家族與沙地阿拉伯其中一個巨富家族 —— 阿法丹 Al-Fardan）家族 —— 有緊密聯擊（Su, 1981），而阿法丹家族在珠寶方面的生意更世界馳名。不過，從日後發展看，那個阿法丹家族應是與吳鎮科關係緊密，而非許盛，因為阿法丹家族於 1981 年以 2 億元的價錢買入中環利興大廈一事上，代為打點一切的其實是吳鎮科，此點亦反映了吳鎮科人脈關係的不可小覷（*South China Morning Post,* 26 May 1981）。

14　座落於新加坡檳城街的確必得酒店，原為 Hotel de L'Europe，那裏是德國船員及旅客喜好落腳的地方，1947 年重建為 The Cockpit。1972 年，印尼華商 Hoo Liong Thing 購入該物業，重建為樓高 13 層擁有 230 個房間的酒店，命名 Cockpit Hotel。許盛於 1970 年代末看中該酒店，將其收購，或與其行船的背景和網絡有關。

當然，許盛亦有過人的關係網絡，因此才能有上文提及的在新加坡及美國各地物色酒店和物業，進行收購與投資，甚至能在連串收購行動中取得銀行或財團的巨額借貸，反映其背後有深厚人脈關係作支撐，而這些人脈關係又遠至東南亞及北美，因此特別引人注目，尤其令人好奇的是他如何能打進那些商業圈子，取得信任。與此相關，日後又令香港及馬來西亞社會有平地一聲雷感覺、大感意外的，是 1980 年代初爆出裕民財務不尋常借貸事件時，許盛竟然是裕民財務的三大借貸人之一，其借貸金額僅低於佳寧集團（陳松青）及益大集團（鍾正文），可見數目不少（Blendell, 1983; Sherwell and Wong, 1983）。

單就許盛較為集中開拓的酒店生意而言，除了前文提及 1970 年代末收購新加坡確必得酒店及入股新加坡凱悅酒店，他在那個時期還以其子公司其新投資（Crescent Investment Co. Ltd.）的名義，購入擁有 185 家房間的美輪酒店（Merlin Hotel），[15] 收購價格沒有公佈（Sinclair, 1981）。即是說，在進入 1980 年代前，許盛已直接掌控兩家酒店，那已是不錯成績了，而他並沒先消化或鞏固已掌控的業務，而是同時馬不停蹄地繼續收購和開拓。

誠然，若然酒店業務經營得好，不單能帶來巨利，且有助擴大商業網絡、帶來名望，屬於別具吸引力的投資面向，所以長期以來吸引不少具目光的企業家投身其中。可是酒店經營說難不

15　香港美輪酒店由南洋著名華商張明添、林福容及黃篤修等於 1961 年中籌劃興建，於 1962 年 8 月開幕營業（*South China Morning Post,* 15 May 1961 and 18 August 1962）。

難，卻有不少「地雷」或潛在陷阱，弄得不好，很容易變成英雄塚，令不少曾在商場上咤叱一時的經營老手都會弄得灰頭土臉，甚至成為他們的滑鐵盧。許盛顯然低估這方面的困難，1970 年代末的相關投資又曾為他帶來巨利，刺激了他更為進取、低估風險的投資，結果在商海中沒頂。

扼要地說，進入 1980 年代後，許盛表現得意氣風發，因身家財富日漲，生意又從珠寶擴展至物業地產和酒店，同時亦開始進行一些慈善捐獻，以爭取個人名聲與社會認同，吸引更多傳媒注視，他亦樂意接受傳媒訪問，如前文提及在 1981 年初接受了《南華早報》資深評論員訪問，講述身世、經歷和創業，打造出白手興家、慈善為懷、生意順景的形象，在專訪中被稱為珠寶商與地產鉅子，舉手投足備受社會關注（Sinclair, 1981）。

更重要的，是許盛接二連三繼續進行了多宗收購酒店行動，大有打造酒店王國的意味，主要可歸納為如下三項：一、於 1981 年 3 月買入擁有 189 家房間的帝后酒店（Empress Hotel）；二、於 1981 年 4 月買入帝國酒店（Imperial Hotel，原名燕濱酒店）；三、於 1981 年 8 月買入在加拿大多倫多擁有 270 家房間的天際線酒店（Skyline Hotel），以及在卡爾加里（Calgary）擁有 200 家房間的假日酒店（Holiday Inn Hotel）。許盛因此被加拿大酒店業界形容為「世界最大私人酒店物業擁有者」（《香港工商日報》，1981 年 9 月 9 日）。短短一年間如此多收購項目，動用資本不少，撇除那時候利息高企、資本並非沒成本不談，資本何來的問題畢竟特別引人關注。

港珠寶業鉅子許開文

在加購入兩間大酒店

成爲個人擁有最多酒店物業者

【本報訊】加拿大經濟中心多倫多，已成爲本港投資者的投資重點，尤其在房產業方面，近年更趨蓬勃。

被加拿大酒店界喻爲「世界最大私人酒店物業擁有者」之本港珠寶鉅子許開文近日購得加拿大多倫多及卡加立一間酒店及商場，和卡加立市一間酒店，投資款項爲二億七千萬港元。

設於近多倫多市機場，擁有七百四十個房間之SKYLINE酒店商場，有一個偌大之購物中心，兩間戲院及一可容納二千人之會議廳。

許氏以近二億元購得，一位國際房產分析家指出：「這是一個較好的價錢！」該個商場會由賣方的YORK HANOVER HOTEL集團繼續管理。

另一個作於卡加立市之酒店，擁有房間二百個。卡功立位於物資富饒之亞伯達省內。許氏以七十萬港元購入。

對於許氏來說，今次購買是一次很大膽的投資行動。

消息人士指出：加拿大物產豐富，政治安定

許盛在 1980 年代不斷購入酒店的報道。《工商晚報》，1981 年 6 月 9 日。

由於帝后及帝國這兩家落腳於尖沙咀的酒店對於許盛商業王國的發展影響最為巨大，而這兩家酒店其實又早前已數度易手，算是見證了香港商海不同年代的波濤洶湧與不少企業家的起落盛衰，這裏值得對其背景與發展作粗略介紹。位於漆咸道與麼地道交界處的帝后酒店，由著名夏威夷華商 William K.H. Mau 及 Ruddy F. Tongg 等人組成的 World Enterprise Limited，於 1962 年斥資興建，1963 年落成開幕，共有 189 家房間（*South China Morning Post,* 20 April 1962, 7 and 8 September 1963），因酒店無論設計、管理、飲食等均有夏威夷風情而聞名（*South China Morning Post,* 10 April 1964）。酒店發展不錯，於 1970 年乘着香港股票市場一片火熱時上市集資，那時的主席為擁有法律專業的卓觀信（Walter Goonsun Chuck），董事有劉本贊、林繼振、林繼興、黃卓棠和湯和昌（Tenney Z. Tongg）等（Empress

Hotel Limited, 31 July 1970）。順帶一提，同年，這家酒店的相關班子，從林子豐手中購入嘉華銀行的控股權（*South China Morning Post,* 29 July 1970），他們中大部分人隨後擔任嘉華銀行的董事與管理層，直至 1974 年股權易手。

1972 年，帝后酒店第一次易手，52% 控股權以 3,700 萬元價錢轉售 Cathay Securities 手中，而 Cathay Securities 隨後又將控股權以換股方式轉售香港九龍貨倉碼頭公司（Hong Kong and Kowloon Wharf and Godown Limited，簡稱九龍倉）旗下的海港企業（Harbour Centre Development），即是控股權變相落入九龍倉手中（*South China Morning Post,* 20 May and 12 July 1972）。到了 1981 年 3 月，帝后酒店第三次易手，以 1.9 億元價錢，[16] 轉售給開文集團（*South China Morning Post,* 20 March 1981），帝后酒店落入了許盛手中。

與帝后酒店一樣，帝國酒店同樣多次易手。資料顯示，擁有 190 家房間的帝國酒店，坐落於尖沙咀彌敦道 32 號，是菲律賓華商何澤民（Ho Chapman）與印度著名巨商夏利萊（Hari N. Harilela）等合資創立，[17] 中文原名為燕濱酒店，但坊間習慣稱

16　內部文件則指售價為 1.80 億元（Kevin Hsu Shang, various year）。

17　何澤民約於 1916 年（另說 1913 年，但 1996 年 8 月 14 日在港去世時家人訃聞指他享壽 80 歲）生於香港，英皇書院畢業，曾留學菲律賓，是電影製作人，創立中國影業公司、萬業建設公司及新舞台戲院等（Lo, 2021）。夏利萊是印度居港著名家族（夏利里拉家族）的領軍人，主要經營印度百貨、旅遊及地產。何澤民與夏利萊除了共同投資於帝國酒店，亦一起進軍電影製作業，如於 1961 年創立 Fast East International Pictures Limited，兩人關係匪淺，合作甚多。

為帝國酒店。該酒店於 1959 年籌建，1961 年開業，酒店設日本餐廳、印度百貨店，頂樓更設全景觀西式餐廳，別具特色，一直經營得有聲有色，入住率很多時候均在八成或以上。到了 1970 年，何澤民和夏利萊將之組織為帝國酒店集團（Imperial Hotel Holding Limited），然後上市，並邀請了周賜年擔任主席，夏利萊任副主席，何澤民為董事總經理（*South China Morning Post,* 22 July 1970）。

1972 年，台山籍馬來西亞華商曹錦山（Choo Kim San，又稱 San C.K.）以其控股公司山實業（San Holding Limited）收購帝國酒店集團 51% 股份，[18] 成為掌控帝國酒店的話事人，酒店首次易手，惟何澤民仍出任董事總經理之職（*South China Morning Post,* 13 October 1977; Lo, 2021）。另一方面，曹錦山又斥巨資 1,000 萬元收購一家位於尖沙咀金巴利道 25 號、只有 84 家房間的小規模但別具特色酒店 —— 中秋月酒店（Autumn Moon Hotel），該酒店可謂別具特色，由女企業家霍畹蘭（Barbara Fok）一手創立，即是山帝國集團旗下除了帝國酒店，還有中秋月酒店，有了擴張勢頭。

這裏值得扼要談談傳奇女性企業家霍畹蘭。其父霍澤麟是古玩商人，霍畹蘭本人於 1943 年（另說 1939 年）下嫁祖籍蘇州但移居上海的費氏家族第二代成員費魯伊（原名費泰）。費魯伊是父母四子之最幼者，三名長兄均甚有才華，且名聲早響，長兄

18 原來的帝國集團名稱，隨後改為山帝國集團（San Imperial Holding Limited）。

為著名電影發行人兼導演費穆，二兄費康為建築師，在業界甚有名氣，三兄費彝民是新聞工作者，亦以文筆銳利名揚文壇。1948 年，霍畹蘭與丈夫由上海移居香港，開展新生活，惟到 1951 年時費穆去世，費魯伊繼承兄長生意，投身電影創作。1957 年，他卻與霍畹蘭因性格不合而離異。費魯伊隨後移居澳門，繼續電影事業，且曾再婚，霍畹蘭則一直留在香港，創立自己的生意，其中最受注目且有不錯發展的，便是一手創立並於 1960 年開幕營業的中秋月酒店（*South China Morning Post,* 22 September 1960）。中秋月酒店於 1972 年易手後不久，霍畹蘭帶同子女移居美國，過另一種生活，之後甚少回香港（Lo, 2019）。

因到帝國酒店的發展歷程。香港股市在 1973 年初達到高點後便急速滑落，突然爆發的世界性「石油危機」又將香港經濟推向寒冬，無數企業因此陷於困境，在 1973 年至 1975 年間的經濟衰退期，需「勒緊褲頭」，緊縮開支，艱苦經營，而曹錦山明顯因早前過度擴張而無法應對那時困局，因此曾詐騙山帝國及茂盛集團（Mosbert Group）所控股的亞洲置地（Asia Lands and Properties Limited，此公司前身為壽待隆公司 Sutherland Estate Limited，他是公司董事之一）的違法舉動（*South China Morning Post,* 24 October 1976），[19] 揭示他的營商手法及背景並非市場或社會想像般單純，他於 1976 年被警方商業罪案調查科拘捕，等待法庭聆訊，卻在保釋期間棄保潛逃台灣，案件因此無

19　茂盛集團是馬來西亞歐亞混血兒羅盛茂（Amos Dawe）牽頭創立，曾捲入蘇聯（即解體後之俄羅斯）資金在香港活動等指控。

法繼續下去（*South China Morning Post,* 29 January 1977; Ho, 1977; Semack, 1980）。山帝國集團的領導大權因此落入主要股東伍伯誠（David Ng）手中。其間，中秋月酒店轉手，落入李嘉誠掌控的長江實業及一家利安公司組成的財團。日後，酒店結業，大廈拆卸，改建為長利大廈（*South China Morning Post,* 2 April 1977; Lo, 2019）。

山帝國集團的大部分股份後來為許樂群（James Coe）旗下的兆景祥興業有限公司收購（《大公報》，1978 年 5 月 18 日）。許樂群的妻子為著名歌唱家費明儀，她是費穆的女兒，霍畹蘭曾是她的嬸嬸，而許樂群日後亦捲入做假賬與詐騙股東等舉動，並棄保潛逃美國，最後才被引渡回港受審，惟與本文沒太多關係故略去不表。就曹錦山及山帝國的發展而言，受官非與債務困擾的山帝國，到 1981 年時曾將帝國酒店推出拍賣，惟因競投出價不理想而收回，但卻有人事後私下出價求售，結果以略高於「流標」價的 2.27 億元第三度易手（*South China Morning Post,* 27 April 1981），那名買家，後來證明便是許盛，可見許盛那時在投資上仍是十分進取，人棄我取，以高價收購了帝國酒店，[20] 令名下酒店又增加一家。

回到許盛大舉收購多家酒店之後的發展與形勢變化上，帝后

---

20 有分析指出，拍賣「流標」後，夏利里拉以私人公司名譽用 2.27 億元於 6 月 20 日購下，到 7 月 14 日再以 2.42 億元轉售許盛，即夏利里拉在短短不足一個月內獲利 1,500 萬元（石民，1985：167）。

酒店可說是較多新聞，亦因此較受關注。該酒店落入許盛手中兩個多月後，在 1981 年 5 月便出現戲劇性變化，報道指出該酒店以 2.3 億元的價格轉售第三者，即是許盛因而賬面獲利達 4,000 萬元，在那個年代絕對是個天文數字，獲利豐厚（*South China Morning Post,* 31 May 1981）。不過從日後發展看來，此宗交易最後沒有完成，即是帝后酒店仍由許盛持有。另方面，佳寧旅遊 —— 佳寧集團其中一間子公司 —— 又稱有意購入帝后酒店六成股權（*South China Morning Post,* 24 August 1981），但後來同樣未見落實，可見那時市場信息甚多，且真假難分，令普羅大眾或小股民感到無所適從。

因應名下已擁有多家酒店，許盛將之組成集團。從一則刊登於 1982 年 3 月 26 日《南華早報》上全頁廣告看，許盛成立了開文酒店國際有限公司（Kevin Hotels International Limited），以之管理前文提及該四家先後被收購的酒店，即加拿大多倫多的天際線酒店、新加坡的確必得酒店，以及香港的帝后酒店及帝國酒店，並提出「永遠致力改善」（Always striving for improvement）的口號，表示創立開文國際酒店有限公司的目的，「雖只是開文集團的一小步，卻是舒適酒店的一大步」（a small step for the Kevin Group, a giant step in hotel comfort），既對酒店業前景看得甚為樂觀，亦表現出充滿自信（*South China Morning Post,* 26 March 1982）。

當然，那時許盛不只全力發展酒店與珠寶玉石生意，同時還多面開弓，發展多項生意與投資，如他認為太陽能是未來能源供應的重要組成，所以投入 680 萬元以購入丹佛市一家太陽能公

在 1980 年代，許盛集團旗下多間酒店的廣告。*South China Morning Post*, 26 March 1982.

司（Solaron Corporation）13% 控股權（*South China Morning Post,* 1 August and 5 September 1981）。連番舉動反映他似乎有用之不盡的資金，可以四出併購、吸納任何他認為有發展潛力的企業或資產。

在許盛多方出擊、大力投資之時，香港及國際投資環境其實已發生重大變化，當中的利息走高，更成為不少擴張過急、負債過高企業的致命傷，令其經營變得舉步維艱，包括謝利源金舖、大來財務等過去在市場吒叱一時的公司突然倒下，轟動社會。與此同時，中英兩國就香港前途問題進行談判，進程爭拗頻頻，困擾投資市場，股票及房地產受到的衝擊尤大，令無論是恒生指數或物業價格均從高位急速回落、反彈乏力，過去屬股票市場奇葩的佳寧集團和益大集團先後傳出財困，出現流動性問題（Fell, 1992; 鄭宏泰、黃紹倫，2006）。許盛早年購入的酒店或企業亦迅間變成資不抵債，財政出現嚴重危機，尚未站穩腳跟的商業王國，突然走到了搖搖欲墜的地步。

重債與高息的掙扎

從發展資料看，投資環境逆轉、危機正在積聚之時，許盛已感受到資金周轉困難所帶來的壓力，因此曾作出不同方向的籌劃與應變，惟因原來的火頭開得太多、戰線拉得太長，而那時的投資環境卻沒他預期般只屬短期波動，可很快便恢復活力，反而不斷惡化，因此不單利息進一步大升，如在 1980 年 8 月，年利息已在不低水平的 10%，在 1981 年 1 月再飆升至 17%，隨後更急升至 1981 年 10 月的 19.61%，升幅淩厲（參考第 6 章圖 6.1），物業價格則是持續大跌，在多重負面因素衝擊下，許盛的各方應對策略無以為繼。就在事業瀕於崩潰之際，許盛曾作出鋌而走險的舉動，惟結果仍是藥石無靈，一生努力付諸流水，他更因違法行為遭警方拘捕，被告上法庭，最後成為階下囚，加速了敗亡。

1982 年初，當許盛把旗下多家酒店整合為開文國際酒店有限公司旗下之時，資金周轉已現困難，所以放棄原本計劃與 Ayala Properties Ltd 及鴻易國際（Ontrade International Ltd）組成財團，一起合作發展半山物業的舉動，改為把手上持有的地皮出售，套現救急（*South China Morning Post,* 16 February and 7 July 1982）。同年 10 月，許盛的財政狀況更亮起了紅燈，那便是本文開首時提及，一家法國銀行 —— Credit Lyonnais —— 入稟法庭，向許盛追討欠債，入稟提及，該債務是 3,000 萬元借貸和年息 15% 的總和。新聞報道更指出，原來早前美國銀行（Bank of America）已向開文珠寶追討 840 萬美元的欠債，揭示許盛的借貸逾期未還問題，並非單一事件（*South China Morning Post,* 7 October 1982）。

由於相關案件並沒有惡化至遭債權人申請破產，法國及美國金融機構的追債舉動應能解決。就在手上資金看來應該甚為吃緊，物業地產市場又呈持續下滑的時期，許盛不但沒有變得保守，減慢擴張，待整合鞏固好手上業務後再謀發展，反而在 1982 年底銀行利息略為回落之時（參考圖 8.1），採取更為進取的投資行動，提出以現金收購一家業務發展呆滯的小型地產公司 —— 星港地產投資 —— 的 51% 控股權，背後應與他看中那家公司持有落成的灣仔洛克中心物業，反映他仍然看好香港的物業地產。

這裏先粗略介紹星港地產投資有限公司。綜合零星資料顯示，星港地產投資於 1972 年 8 月註冊，同月在遠東會及金銀會招股上市，原名為廠聯投資有限公司（Manufacturers Investments Limited），主席為李福兆，其他成員有林秀峰、梁理文、呂培英、胡漢輝、鍾立雄及冼祖昭等，招股文件表示公司在香港仔及觀塘等地持有地皮，可供發展。公司掛牌兩個月後，易名為星港地產投資有限公司，並把每股作價 2 元拆細為每股 1 元，藉以刺激交易（*South China Morning Post,* 22 August and 13 October 1972）。接着在 1973 年，公司為廣安銀行代表日本兩家沒透露名稱的財團收購（《華僑日報》，1973 年 8 月 10 日）。之後，香港股市及樓市同步持續回落，經濟陷於長期衰退，星港地產投資自此沒有什麼發展，報紙上亦甚少有其新聞。

進入 1980 年代，漸見該公司的發展消息，主要與公司興建核心資產 —— 灣仔洛克中心 —— 有關，尤其當該物業於 1981 年底落成之後，許盛那時突然看上如此一家交投呆滯的公司，並提出收購其控股權，顯然亦着眼於此，而星港地產投資其實還持有東興大廈（Fisher, 1984），惟其價值遠沒洛克中心高。事實上，進入 1980 年代，在物業市場興旺的刺激下，不少持有一定物業或地皮的公司，均曾吸引投資者目光，星港地產投資亦屬這類別。

對於本身能夠吸引投資者收購，時任董事會主席陳宗武自然表示歡迎，並在與許盛洽談買賣條件後確立該項交易，因此於 1982 年底作出公佈，表示交易完成後原董事局成員，包括董事姚穗琦、周波揚、鄭俊榮等將會引退（《大公報》，1982 年 12 月 23 日）。投資市場在知悉這一消息後甚感疑惑，有記者因此質問許盛，指出當時他正面對財務困難、早前曾被人追債，何來財力收購星港地產投資，而記者對許盛的回應作出如下描述：

> **收購係他向債權人解決債務的第一個行動，同時他已得到各有關銀行的全力支持。他說，其機構財務上有困難，這一點並非秘密。主要原因在於地產市場不景。他指出，出現財務問題並非唯獨他一個人。他說，經過徹底調查之後，顯示儘管該公司財務問題急待解決，惟並非長期問題，同時可以解決。（《大公報》，1982 年 12 月 23 日）**

一如所料，在收購行動面前，許盛並沒有掩飾個人財政困難，但認為那非他獨有，很多商人均會有相似問題，而他重點強調的兩點是：他的行動獲得銀行的全力支持，財務問題並非長期問題，是可以解決的，而這兩點說到底亦只是同一點：能否獲得銀行全力支持。

對此，《南華早報》一則評論提出了一些分析，其中要點指出其收購「目的是想藉非尋常手段重組個人財務令某些資產有了不活躍空殼公司的支撐」（aimed at restructuring his finances in an unusual manoeuvre that involves backing certain of his assets into the inactive shell company），並認為隨後會有「更多資產在適當時期注入」，甚至推測許盛所指的「相關銀行的全力支持」，主要應是指美國銀行、裕民財務及海外信託銀行（Blendell, 1982: 29）。

在 Blendell 所推測的三家能給許盛財務全力支持的銀行中，

由於美國銀行早前已入稟法庭，向許盛追討欠債，此銀行會全面支持許盛收購的機會應該甚微，那便只餘下裕民財務及海外信託銀行有較大機會，惟稍後裕民財務爆出有過度及不尋常借貸的情況，此一突然變故，令許盛原本寄望獲得裕民財務支持的如意算盤落空。至於要獲得銀行全力支持，便須有一盤能擺得上枱的賬目，以及能向銀行借貸抵押的資產，那便須一家「不活躍空殼公司的支撐」，然後在「適當時期」向這家具上市地位的公司注入資產，相關資產的價值則有較大調整或操作空間。已陷財政危機的許盛，那時仍加大投資，很可能亦基於此考慮。當然，他仍看好物業市場，認為下滑只屬短期問題，亦屬不容低估的因素。

儘管市場甚多質疑，交易最後仍能落實。到 1983 年初，在完成交易的記者招待會上，當許盛再遇上記者追問本身財政問題，尤其那時已出現名下財務公司（第一財務公司）被證監處吊銷牌照，他的回應是：「第一財務早些時由於流動資金發生問題而被證監處吊銷牌照，此事已有初步解決方案，因該公司發生問題的流動資金只二、三百萬元，該公司現已獲銀行支持，可解決流動資金問題。」換言之，對於旗下財務公司遭吊銷牌照一事，許盛只以牽涉資金甚少淡化事件，言下之意是問題不難解決。由於許盛與妻子已收購了星港地產投資，因此成立新董事局，除許盛、許玉華兩夫婦，還有會計師范尚德，以及相信是親屬的許諄和麥子恩等人（《香港工商日報》，1982 年 12 月 23 日及 29 日；《大公報》，1983 年 2 月 9 日）。

就在許盛全力推動收購星港地產投資的重要關頭，本文開首時提及的 Axona International Credit and Commerce Limited，又向許盛及妻子許玉華追討欠債 800 萬元，入稟狀指出那 800 萬元屬給予許盛夫婦的短期借貸（*South China Morning Post,* 14 January 1983），即是用作為周轉之用的「應急錢」，但許氏夫婦卻未能如期歸還，財務公司因此將之告上法庭，而事件更進一步揭示許盛財政困難問題尚未解決，哪怕那時收購星港地產投資一事已接近完成。

或者是為了說明個人或集團財政並沒有問題，追債消息約十天後，在同月 25 日，旗下的帝國酒店發出經營獲利的消息，指出經過多年虧損，在許盛接手十五個月後，酒店已成為有盈利的企業，那是改變管理與投入 1,000 萬元重新裝修的結果（*South China Morning Post,* 26 January 1983）。由於這種消息容易讓市場看穿，加上那時候香港物業地產市場仍然低迷，許盛的財務狀況不單沒有改善，且有進一步惡化之勢。事實上，那時香港有多家財務公司出事，其中的大來財務「爆煲」尤其轟動，政府各相關部門已對銀行、金融及證機構等高度注視，不排除許盛及其第一財務亦屬受調查對象。

1983 年 5 月，在完成收購星港地產投資控股權後不久，早前被吊銷牌照的第一財務遭另一家財務公司多明尼加財務入稟追討 330 萬元債款，入稟狀提及一些特點：一、該筆借貸同樣屬短期周轉之用，二、借貸利息高達 25%，三、許盛曾以支票支付欠款，但未能兌現，直接找他又聯絡不上（*South China Morning Post,* 17 May 1983）。由此可見，許盛的財政狀況並沒有在收購星港地產投資之後有所改善，反而每況愈下，至於隨後的裕民財務高級職員揸利被殺及物業市場和經濟的進一步下跌，更成為許盛人生與事業的催命符，因此影響了許盛對星港地產投資的資產調動，令這家公司一直未能發揮原來的預期效果。

更扼要地說，失去過去高度依賴的財政來源，酒店及物業等賬面值不斷下滑，追討欠債的聲音此起彼落，從四方八面湧現。例如在 1983 年 8 月，便有包括美國銀行、法國巴黎國家銀行（Banque Nationale de Paris）、東南亞投資及代理公司（South East Asia Investment and Agency）及其他多達 19 家銀行或財務公司向許盛追討欠債，總債務接近 1 億元（*South China Morning Post,* 2 August 1983）。據有關處理許盛被勒令破產的政府文件顯示，到了 1983 年底，他一共收到 30 宗追債法庭傳票，被追討的款項逾 1.50 億元（Mr Kevin Hsu Shang, various years）。據說，為了尋求解決方案，他曾親赴故鄉天津，以公司合營方式尋找當地官員注資名下酒店，惟努力未能成功（Lau, 1984）。

進入 1984 年，向許盛追債的法庭傳票繼續如雪片飛至，如 1984 年 2 月先有西德銀行亞洲（WestLB Asia Limited）追討 12,109,301.16 元借貸，繼有 5 月份的猶太商人 Zion Ephraim，他以 Emdia Co 東主的名譽入稟法庭，追討 40 萬美元欠款，接着是大輝金融投資有限公司（Renown Credit Ltd）控告許盛及其太太許玉華欠債 110 萬元（*South China Morning Post,* 21 February, 10 May, 29 June1984）。其中猶太商人 Zion Ephraim 所追討的貸款雖然並不大，卻在許盛沒給予正面回應之下於同年 12 月入稟法庭，申請許盛破產，至於西德銀行亞洲亦採取相同行動，申請許盛破產，而那時傳媒估計許盛累計欠債約為 2 億元，可見債務不輕（*South China Morning Post,* 15 December 1984）。

正因接二連三的多宗申請許盛破產的法律行動，政府保留一些相關文件，揭示許盛曾為解決債務纏身問題作出多番努力，惟均未能成功，主要是債權人有不同看法。原來許盛在收購帝后酒店和帝國酒店時，共有十多家銀行或財務公司提供信貸，而那些貸款是以美元計算，可港元兌美元的匯率在此期間已由每美元兌 5.5 港元大幅下滑至每美元兌 7.8 港元，所以那時單是匯率損失已達 5,000 萬港元。

在這局面下，各家債權銀行對於如何處理許盛欠債事件有不同看法，部分願意給他債務重組的機會，但部分不同意，寧可及早逼令他清盤，追回借貸，以免情況惡化，原因是那時許盛手上持有帝后酒店及帝國酒店等具有一定價值的資產。至於酒店營運方面，那時有傳媒（*The Target*）曾報道指出帝后酒店管理差，每月收入只有 70 萬元，此點令許盛不滿，指其為誤導，且曾作出澄清，表示酒店每月收入近 100 萬元，入住率更高逾八成，地庫及地面兩層已出租給 Bank of Credit and Commerce International，即是具穩定收入，說明酒店財政健全（Kevin Hsu Shang, various year）。按此資料看，那些債權銀行應是看到許盛手上還有一些「值錢的東西」，酒店經營亦不差，所以尚未立即將他趕上絕路。

不過，入稟法庭向許盛追債的，不單有銀行或財務公司，還有生意往來的客戶、合夥人，甚至朋友，興訟的原因除了追討過去未還的各種欠債，還有違背合約、破損、貨物欠款、擔保，以及為數不少的空頭支票。政府文件中便有一份入稟法庭的「追債名單」，可以說明許盛債務深重。

從表 8.1 可見，許盛（部分亦牽涉其太太許玉華）所欠債務種類甚多，金額不少，且有愈積愈多之勢，其中較為突出的，是早年生意夥伴吳鎮科入稟法庭向許盛追債，並涉及空頭支票。由此可以推斷，在手頭緊絀時，許盛曾找吳鎮科幫忙，惟到還款時則全是空頭支票，促使對方入稟法庭追討。當時向許盛追討欠債的名單甚長，反映了他面對極為嚴峻的財政困窘。然而，追債名單中卻沒出現裕民財務的名字，但許盛是僅次於佳寧集團及益大集團的第三大欠債人，數目應該不少，裕民財務沒可能在知悉許盛已瀕臨破產下仍不向他追債，情況異乎尋常，令人費解，亦反映他真正的債務，應遠高於法院追債名單所列出者。

從資料看，經歷巨大市場波動後，自中英兩國於 1984 年簽署了聯合聲明之後，不單股市和樓市迅速反彈，利息大幅回落，尤其跌穿過去長期居於 10% 以上的高位（參考圖 8.1），經濟亦逐步走出谷底，重拾發展活力。然而，許盛的財務狀況似乎沒有太大改善，甚至不斷惡化。到了 1985 年 5 月，一家名叫黃金財務（Golden Finance Ltd）的公司入稟法庭，指出 1982 年創立的 Cedarberg Ltd，於 1982 年 5 月向其借款 200 萬元，月息率 2%（即年息 24%），Cedarberg Ltd 由一位 Bobby Hui Shun（相信便是 1983 年加入星港地產投資董事局的許諄）及許玉華持有，而 Bobby Hui 則是一家 Bobby Jewelry 公司的老闆，Cedarberg 只償還部分欠款，累計 240 萬元尚未付清，因此入稟法庭追討。Bobby Hui 因無力償還欠債，由其擁有的 Bobby Jewelry 最後被清盤，珠寶及財物被拍賣（*South China Morning Post,* 14 May 1985 and 25 August 1987）。

表 8.1　1982 年至 1984 年入稟高等法院向許盛追討債務的名單

起訟人	被告人	訟因	金額
1982 年			
Wong Mo Kang	許盛	違約	沒注明
Lee Yun Lan	許盛	違約	沒注明
捷聯金融有限公司	許盛	欠債	2,059,884.93
海外信託銀行	許盛	銀行透支	3,336,847.69
Credit Lyonnais	許盛	擔保	30,000,000.00
Filinvest Finance HK Ltd.	許盛	違約	2,505,259.40
東南亞投資及代理	許盛	空頭支票	22,500,000.00
Robust Eng Co. Ltd.	許盛	違約	154,936.16
1983 年			
Axona Int'l Credit & Commerce	許盛、許玉華	欠債	8,780,287.68
March Trading Co.	許盛	空頭支票	3,000,000.00
Chevalier HK Ltd.	許盛	違約	560,000.00
Chevalier HK Ltd.	許盛	違約	沒注明
多明尼加財務	許盛	空頭支票	50,395.80
Extraluck Investments Ltd	許盛	損壞	沒注明
Arthur Young & Co.（安永會計師樓）	許盛	借款	540,386.94
March Trading Co.	許盛	空頭支票	3,000,000.00
美國銀行	許盛	違約	47,675,493.47
巴黎國家銀行	許盛	違約	19,329,040.87
March Trading Co.	許盛	空頭支票	3,000,000.00
March Trading Co.	許盛	空頭支票	3,000,000.00

（續上表）

起訟人	被告人	訟因	金額
American Express Int'l.	許盛	擔保	19,295,271.48
吳鎮科	許盛	空頭支票	529,932.91
吳鎮科	許盛	空頭支票	2,597,395.83
吳鎮科	許盛	空頭支票	5,396,018.60
吳鎮科	許盛	空頭支票	10,000,000.00
吳鎮科	許盛	空頭支票	10,000,000.00
吳鎮科	許盛	空頭支票	5,690,113.77
吳鎮科	許盛	空頭支票	6,066,485.67
BA Finance HK Ltd.	許盛	按揭	3,329,969.18
Mutual Profit Finance Ltd.	許盛	擔保	475,573.33
Axona Int'l Credit & Commerce	許盛、許玉華	擔保	6,973,372.69
Kanematsu Gosho HK Ltd.	許盛	空頭支票	774,137.60
BA Finance HK Ltd	許盛	按揭	1,528,125.94
Lee Kwong Ming Patrick	許盛	空頭支票	731,000.00
European Asian Bank	許盛	違約	沒注明
Panin Int'l Finance Corp.	許盛	擔保	1,045,094.38
Societe Generale	許盛	擔保	3,000,000.00
1984 年			
滙豐銀行	許盛	擔保	55,000,000.00
滙豐信貸	許盛	擔保	3,109,077.00
Epharim, Zion	許盛	貨款	（美元）400,000.00

資料來源：Mr Kevin Hsu Shang, various years.

黃金財務公司另一追債消息指出，1981 年 3 月 8 日，開文珠寶公司在許盛及其太太擔保下向該財務公司借款 100 萬元，一年期，惟到期時要求延期，獲得接納，到 1985 年 5 月，累計欠款已逾 310 萬元，多次追討未如承諾清還，遂將之告上法庭（*South China Morning Post,* 11 June 1985）。從這個借貸 100 萬元，四年間已倍升至 310 萬元的情況看，利息之高可想而知。可以想像，無論是開文珠寶的借貸，或是 Cedarberg Ltd 的借貸，相信都是用於填補許盛的巨大財務大洞，惟各項努力明顯都如泥牛入海，始終無法力挽狂瀾，許盛最終被勒令破產。

1985 年 10 月，許盛在財政負擔極為沉重的時期，曾接受記者訪問，談及個人面對的問題，檢討事業及生意發展上的得失，那種「人之將死，其言亦善」的深刻檢討，對回顧事件的發展可謂別具參考價值。他提及，在過去數年（1982 年至 1985 年間），他收到超過 70 宗針對他或其公司欠債的法庭傳票，並不無自詭地說：「我想這數字應打破世界紀錄了。」他又透露，不計算利息，他的投資組合有高達八成為物業地產，所以當物業地產市場急速回落時所受的巨大財政衝擊可想而知。他同時表示，財政問題於 1980 年已開始，高峰期負債達 15 億元（Ko, 1985）。

對於如何應對這困局，他甚為率直地說：「我想盡方法生存下去，出售新加坡及美國等海外物業，已償還 6 億元給銀行。」儘管他想方設法去還債，「他們（銀行）卻視我們如罪犯」，但他認為「負債不是罪惡」，進而批評銀行的做法太過「銀行本位」，即只顧自己，完全沒照顧客戶利益。「他們只知保護自己利益而發出傳票或破產令，但他們不知這樣會傷害甚至殺死我們」（Ko,

1985）。

當然，他亦承認，導致自己財困的原因，是「生意發展太快，物業市場則下跌太速」，並指出「我現時最需要的，是時間和信心」，認為只要再給他多些時間，便可以解決所有問題（Ko, 1985: 31）。他同時提及，他在中國內地的酒店投資，遍及北京、天津、廣州及深圳等地，近 1 億美元（即約 7.8 億港元），進程穩定，並聲稱有歐洲銀行給他提供近 8,000 萬美元（即約 6.24 億港元）借貸，惟沒透過是那家銀行，目的是藉以說明他仍有強大銀行後盾。作為評估個人困局的總結，許盛指出，當年將珠寶生意與物業地產生意結合，「是我的一大錯誤」，因為若不是這樣做，開文珠寶公司不會被逼倒閉結業（Ko, 1985）。

所謂覆水難收。在財困面前向債權人哀鳴，並沒為許盛爭取到太多同情。恰恰相反，訪問刊出不久，1985 年 11 月，海外信託銀行及歐洲亞洲銀行（European Asian Bank）同時入稟法庭，向許盛追債，前者金額為 3,300 萬元，後者為 9,400 萬元，合共 1.27 億元（*South China Morning Post,* 27 November 1985），許盛為重債所困的局面，至此無力回天，他只有出售所有資產，走向破產一途，辛苦創立的商業王國全面崩潰。

商業王國的分崩離析

按許盛親口所說，早在 1980 年已經出現財務危機（日後證明是更早的 1979 年，見下一節討論），即是那時已有了銀根短缺、入不敷支的問題。面對財政困窘，他曾作出各種努力，如資產重組、轉移投資，甚至藉擴張以化解流動性短缺等問題，惟連串舉動均未能消弭危機，最大問題出在利息高企，且曾在某些時期持續急升，房地產市場又持續急速下滑，因為利息高企之下的債務負擔驟升，或是房地產市場下滑下的資產值大跌，均令連串努力與綢繆付諸流水，債務愈來愈高。

前文提及的政府內部文件顯示，當債權人在 1984 年申請他破產時，他強調債務危機雖然嚴峻，但仍堅持不出售兩家酒店及一家珠寶公司（即開文珠寶、帝后酒店及帝國酒店，沒提及星港地產投資），因那是家族核心資產所在，亦可帶來不錯收入，並認為自己已經快到黑暗隧道的盡頭，問題可以解決。那時的主要債權人在思考問題時，曾討論若干處理方法，例如出售帝后酒店，阿拉伯財團、夏利里拉家族（Hari Harilela）及海外信託銀行等便曾表示有興趣收購，惟價格只在 1 億元至 1.2 億元之間，許盛不接受。債權人覺得若迫使許盛走上破產之路，資產轉手的價值必然更低，不利取回欠債（Mr Kevin Hsu Shang, various years），因此達成不申請他破產的共識。

然而，這種多少帶有「憐憫」之情的安排，卻在海外信託銀行突然在 1985 年 6 月因財困被政府接管後，接管人急於追回欠債，令相關共識化為烏有，欠債遂如骨牌般接二連三地倒下，多項本來用以支撐許盛商業王國的資產被迫轉手，這裏扼要談談其中核心資產的相繼出售、分崩離析。

1980 年代中，許盛財政狀況陷於水深火熱時期，他首先把新加坡的確必得酒店脫手，售予新加坡華商張麗瑞（Teo Lay

Swee），套回現金以減財困（The Cockpit Hotel at Penang Road, no year）。至於加拿大的天際線酒店，亦應在該時期出售，然後把資金轉回香港，應對多宗追債壓力，惟相關轉手細節與套現價錢均欠缺資料，未能了解該兩宗交易是否有所虧損。即是說，到了 1980 年代中，本來屬跨國酒店王國的版圖，已大幅收縮至香港一隅，集團的總資產值亦大幅萎縮。

到了 1986 年 2 月，帝后酒店亦被迫出售，價格為 1.20 億元，[21] 買家是馬來亞財團 Hong Kong Chevance Enterprises Ltd.，那時酒店仍由許盛兒子 Paul Hsu 擔任總經理，負責日常管理（*South China Morning Post,* 8 February 1986）。一年後，帝后酒店再以 1.95 億元易手，新買家為日本財團控制的 E.I.E. 集團（*South China Morning Post,* 11-13 May and 8 August 1987），惟那時已與許氏家族毫無關係了，轉手價格大幅高於一年前的情況，則反映了沒有還價能力任人魚肉時的悲哀。

在帝后酒店出售時期，開文珠寶因被債權人追債無力償還而被法庭勒令清盤，相關貨物及財物按一般法律程序以公開拍賣形式處理（*South China Morning Post,* 24 April and 29 July 1986），所能回籠的資金同樣不會如正常出售般高。換言之，到了那時，屬於許盛發跡，讓他名成利就，帶來巨大財富的企業，至此便劃上了句號。

21　若以 1981 年許盛以 1.90 億元購入相比，賬面虧損為 7,000 萬元。

帝國酒店方面，該酒店於 1986 年 1 月 17 日凌晨時份遭人放火，發生三級火災，造成 14 人受傷的慘劇，酒店亦損壞不少（《華僑日報》，1986 年 1 月 17 日），此點自然令資產價值受到削弱。之後，物業抵押方 Orient Leasing Asia Ltd. 在許盛沒法還債的情況下一直尋求買家，到了 1987 年中把帝國酒店出售予香港工商銀行，金額不詳，而香港工商銀行又於同年 8 月將之轉售 Glyhill International，作價為 2.16 億港元（*South China Morning Post,* 8 August 1987）。換言之，帝國酒店亦脫離許盛家族掌控。[22]

1987 年，許盛被頒令破產，因此要過着勒緊褲頭的生活。儘管如此，許盛看來沒如一般人想像般意志消沉，而是表現得甚為積極，似仍有一股綢繆東山再起的鬥志。在 1987 年 8 月一封由許盛寫給清盤官（Official Receiver）羅拔臣（T. Robertson）的英文信函中，可以看到，已由巨富淪為破產之身的許盛，仍經常奔走於廣州、台北與香港之間，一方面是為台北麗晶酒店計劃轉手尋找買家，另方面則銷售飾品，但兩者均未見成事，他在信末提及正在尋找一份長期工作，期望能夠成功（Mr Kevin Hsu Shang, various years）。

許盛既然被頒令破產，那麼除前文提及必須出售各種生意還

22　就算以 Glyhill International 易手價 2.16 億元計算，也比 1981 年許盛從夏利里拉購入時的 2.42 億元低逾 2,600 萬元，可見賬面上許盛還是虧本收場，哪怕那時的物業地產市道已經大幅反彈。

債，而那家他於 1983 年收購的上市公司星港地產投資，其控股權亦必被勒令出售。儘管我們沒法找到該控股權轉售的日期或價格等資料，但因該公司自落入許盛手中後，並沒如一般預期獲注入資產，公司長期發展呆滯，既沒盈利，股份交易亦甚少，所以其控股權在 1987 年被出售時，相信價錢亦不會好到那裏去。1989 年初，經過不斷私下商討，星港地產投資終為傅禮楝控股的亞洲證券國際所收購（《大公報》，1989 年 1 月 29 日及 4 月 4 日），若果那時是清理許盛名下資產脫手的最後階段，那麼星港地產投資應在那時才脫離許盛家族。即是說，星港地產投資這家相信曾是許盛綢繆力挽狂瀾着力點的公司，最後因其債務問題不斷惡化、物業價值持續急跌而使不上力，因此未能發揮預期效果，並在他遭勒令破產的最後階段易手，許盛家族商業王國的最後一塊版圖至此化為烏有。

綜合各種資料看，到破產期結束一段不短時間後，許盛和妻子還曾被吳岸坤及陳愛清夫婦追討債務，要求賠償物業交易時的損失，且曾告上法庭，惟因許盛破產一事早已公開，亦在社會上引起很大關注，法庭最後判索償不成立（High Court, 2011）。日後，雖然仍有零星與許盛相關的社交媒體資料，公司註冊處亦有一些看似與他相關的登記，但已無關宏旨，他的人生傳奇隨着他被勒令破產成為歷史。

「支票輪」的自吃苦果

不過，出乎意料的是，許盛被勒令破產之時，他原來已被廉政公署盯上，主要是調查他在較早前曾經做出的違法行為。綜合

一法國銀行入稟高院
向珠寶商人許盛
追討三千萬債項

【本報訊】一間法國銀行，上月循民事程序入稟最高法院，向本港一名珠寶商人追討三千多萬港元債項。

原訴人是一間法國銀行，至於與訟人名叫許盛（KEVIN HSU），在紅磡開設一間珠寶公司。

原訴人在起訴書指出，與訟人截至本年九月二十二日爲止，共欠下三千四百三十四萬四千四百七十六元二角五分、原訴人要求與訟人償還港幣三千萬港元，與及由一九八二年九月一日起，至完全償還欵項爲止，約三千萬港元百分之十五的年息，原訴人亦要求與訟人付出堂費。

據悉，這是第二間銀行循民事程序，向許氏追討欠債。較早時美國銀行亦曾入稟最高法院，控告許氏未有履行一項八百四十萬美元的借用條款。

間九時左右，「人龍」已增至五百餘人，警方亦早已在計劃今晨的「謝利源珠寶大平賣」，今龍依然未減。

滙豐德銀入稟追討
許開文六千萬欠款

【本報訊】香港上海滙豐銀行及西德州立銀行亞洲分行，上週共同入稟高院，追討許開文共六千七百一十萬元款項。而據傳許氏所擁有的帝后酒店正在市場求傳。

該筆六千七百多萬的貸款中，其中五千五百萬是由滙豐銀行借出，其餘一千二百一十萬元則屬西德州立銀行。有關許氏的酒店、地產及珠寶業務，近期已連串接到票控，據酒店業消息人士指出，帝后酒店現時正在找尋買主。

Axona sues Hsu for $8 million

Axona International Credit and Commerce Ltd — which has been on the receiving end of several writs lately — is suing former property highflier, Mr Kevin Hsu, for $8 million.

Axona's writ states that Mr Hsu and Mrs Kevin Hsu guaranteed a loan of $8 million made by Axona to Kevin Jewellery Ltd in April.

Mrs Hsu and the jewellery firm are named as defendants in the writ with Mr Hsu on the grounds that they have all failed to pay back any of the loan, except for a small sum which has been swallowed up by the accrued interest.

自 1982 年起，許盛財務已出現困難，多次被銀行入稟追債。《工商晚報》，1982 年 10 月 7 日；*South China Morning Post*, 14 January 1983。

各種資料顯示，在沉重債務中掙扎的許盛，儘管一直表現得沒有喪失鬥志，如在 1985 年的記者訪問中還說出「我想盡方法生存下去」等話（Ko, 1985），可是他原來早在 1979 年已曾以違法手段騙取銀行貸款，因此哪怕他已被勒令破產，回到原點，再次成為「打工仔」，過着「窮小子」時期的生活，最後還是於 1988 年被廉政公署拘捕，然後是告上法庭，接受審訊，他的太太、舊員工及涉事銀行的高級職員亦被牽連。

事件的揭發，與海外信託銀行突然倒閉有關，可見該銀行的突然垮台，不單令多家債權銀行願意給許盛一個債務重組甚至讓他可渡過難關的共識破滅，還揭發他曾經從事違法的金融詐騙行為。原來自海外信託銀行爆出巨大的「支票輪」詐騙案後（參考作者《財神到》一書），廉政公署對該銀行及其附屬的香港工商銀行等展開多層面的抽絲剝繭調查，並在眾多未能兌現的支票中，發現有不少是許盛及其控股的第一財務所發出，即他曾經採用「支票輪」的違法手段詐騙海外信託銀行及香港工商銀行，給相關股東、債權人造成損失。

在掌握充足證據後，廉政公署於 1988 年拘捕了許盛及許玉華，以及涉事的香港工商銀行的分行總經理張偉彬、外匯經理林宜富及高級經理李國璇等人，並在完成相關調查程序後，將眾人送上法庭受審。控罪指出許盛和許玉華於 1981 年 12 月至 1982 年 3 月間藉其經營的開文珠寶及第一財務，行使空頭支票，並收買及串通香港工商銀行高級職員，讓他獲得銀行資金，詐騙香港工商銀行及海外信託銀行存戶與股東（*South China Morning Post*, 30 November 1988; 8 June 1989; 29 October 1989）。

法庭聆訊資料顯示，早在 1979 年，許盛已開始採用「支票輪」以套取現金，反映他那時或已出現財政困難，且逐步增加使用空頭支票，到 1982 年 1 月至 2 月間最為活躍，發出的空頭支票數目最多、最密，說明那段時期他的財政狀況最為緊張、嚴峻，而那段時期他表面上意氣風發，不斷擴張業務。法庭資料同時揭示，許盛以「支票輪」運作詐騙的金額累計達 1.29 億美元，折合 9.24 億港元。到「支票輪」無以為繼，最終爆破後產生的「金錢黑洞」，達 2,740 萬美元，折合 1.57 億港元。

檢控官指出，利用「支票輪」騙取銀行資金的方法，最初是由第一財務的經理蔡安安向許盛提出，為許盛所接受，然後進行操弄，主要利用許盛掌控的多家子公司，加上第一財務與紐約 Crocker Bank International 之間環環緊扣的賬面金錢交割支付，最後拿到香港工商銀行貼現，套取現金，但所開的支票根本沒有足夠存款，變成空頭支票。警方及廉政公署深入調查時發現，各牽涉的公司之間，根本沒有實質貿易與生意往來，發出支票不只是一般的賬戶現金不足問題，整個過程是蓄意詐騙行為（*South China Morning Post,* 18 September 1990）。

包括許盛夫婦在內的眾人起初均否認控罪，後來許盛改為承認控罪，換取撤銷對太太許玉華的檢控，獲得控方接納。許盛的辯護律師在判刑前求情時指出，在 1980 年代，香港社會有不少灰色地帶，制度並不健全，對「誠實貿易與精面實務」（honest trading and sharp practice）之間沒有十分清晰的區分，許盛所採用的「支票輪」，那時候並沒有清晰違法紅線，他最初採用時並非立心詐騙，只是周轉應急，但因問題愈演愈烈，一張「冚」

（蓋）一張的支票金額愈來愈大，加上個人財政不斷惡化，最終無力回天，不但商業王國毀於一旦，個人名譽亦蕩然無存。法官在作出判決時指出，被告雖然並非整個事件的主腦，但屬蓄意且經複雜長期操作的詐騙行為，目的只為一己私利，損害香港工商銀行存戶及股東利益，且衝擊香港金融制度，情節十分嚴重，惟因許盛認罪，最後判他入獄四年半（*South China Morning Post,* 15 and 18 September 1990）。

由於張偉彬、林宜富和李國璇等不認罪，並因案情不同分開處理。林宜富和李國璇案則於許盛認罪後繼續審理，在經過 69 天聆訊後，指出二人處理的空頭支票多達 202 張，累計款項達 1.59 億美元（約值 12.40 億港元），而最終令銀行損失達 1.57 億港元，認為被告人有違誠信，損害銀行存戶及股東利益，並破壞香港金融制度，因此判二人罪名成立，分別入獄五年及六年（《華僑日報》，1990 年 12 月 7 日；*South China Morning Post,* 6-7 December 1990）。對於判罪及刑期，林宜富和李國璇不服，提出上訴，上訴庭在深入檢視後，認為其中的判罪成立沒有不妥，因此維持原判，但卻認為刑期過重，遂作出減免，林宜富減刑至四年，李國璇減至四年半（*South China Morning Post,* 15 July 1993）。

至於案件中的另一被告人張偉彬，他並非直接捲入其中，但有隱藏詐騙行為不報的嫌疑，惟警方卻一直未能獲得確實證據，將他送上法庭審訊，令案件拖延太久。為此被告代表律師以《人權法》保障被告人基本權利為由，提出終止檢控，獲得法官接納（*South China Morning Post,* 17 June 1992），但控方提出反對，且上訴至英國樞密院，最終被判上訴無效（Judgement of the Lords of the Judicial Committee of the Privy Council, 29 March 1993; *South China Morning Post,* 1 April 1993），即是張偉彬沒被刑事檢控，整件事件亦劃上句號。

誠然，在拚事業的進程中，許盛曾付出不少努力，做出了令人艷羨的亮眼成績，建立了家族的商業王國，惟他為求生意不斷擴張，急功近利，為達目的不擇手段，連違法行為也敢做，令自己陷於險境，當投資環境逆轉、事件被揭發，最後輸掉的不只是財富、事業，還有個人自由與名望，相信他應會感到懊悔。

敗亡的三點教訓

許盛由白手興家到鋃鐺入獄的個案，引伸出三點值得吸取和思考的重大教訓。第一，進攻不能忘卻防守。社會經濟學大師熊彼得（Joseph A. Schumpeter）提及的創業型企業家，聚焦的是那種不斷創新、不斷開拓，不為成功果實而是享受走向成功過程的精神（Schumpeter, 1934）。無疑，這種具開拓性的創業家精神，是促進商業或經濟發展的力量泉源，這是正面一面，但若然只注重創造、開拓，沒有做好整合、鞏固，即俗語所言的「只攻不守」，果實便難以保留下來，這是任何家族或企業必須注意的事情。

不少白手興家的創業家常會有「貪勝不知輸」的盲點，不可不察，原因是他們能從匱乏艱難環境中成功創業，一炮而紅，積累巨大財富後，自然更相信自己的營商賺錢能力，當資本愈積愈厚，商業人脈與社會關係愈多，加上投資機會大增，難免燃生建立生意王國的意念，尤其認為起初創業條件如此惡劣，自己亦能殺出血路，有了更好條件下肯定能更上層樓，因此在投資上更為進取，甚至將戰場不斷擴大、戰線拉長，低估兵敗可以如山倒的毀滅性後果。

他們或者沒注意到，白手興家時，目的是只求生存，過程是戰戰兢兢的，這種舉動，其實已有一定風險計算與規避。而且，那時家境清貧，哪怕有風險，付出的代價亦不大，大不了失敗後回到原點，故就算低估風險也無妨。但當企業已有一定基礎，身家財富與個人名聲亦已達高位，仍維持着過去的闖蕩冒險心態，忘記開拓的同時要整合鞏固，攻守兼備，等同將個人事業及家族企業置於險境，順風順水時仍能撐持，但環境一逆轉，便分崩離析。

第二，借貸不能低估利息。利息是支付借貸的成本或代價，而借貸是任何重大生意或投資所必然牽涉的。商人對利息的認識無疑較普通人深入，但同樣存在一些盲點，如低估利息的複利計算、「秒秒鐘都是錢」的時間停不了問題，以及借貸方可能會在個人或企業出現困難時聞風先動，收緊借貸，甚至要求提早償還借貸（call loan），令人防不勝防，殺個措手不及。

無論是創業或擴張，許盛明顯需要銀行貸款的助力，可他卻低估了利息與借貸之間的風險，當每年利息均處於 10% 高位時仍加大借貸，更不要說當時利息還不斷上升。結果在高昂利息的巨大壓力下，不同潛藏陷阱與危機爆發，那便是民間俗語中「九出十三歸」的道理。當有債權人開始公開向他提出破產控告，此舉既影響他的名聲，亦促使他更急於尋找資金周轉，更容易進退失據，令問題愈弄愈大。而許盛及他的商業王國亦因低估了高利息的風險，最後落得破產與倒閉的結局。

第三，小修小補不如壯士斷臂。在財政危機出現之初，許盛明顯低估了當中的巨大問題和風險，以為只屬市場波動短期現象，樓價、股價很快便會回升，亦不排除以為高息環境不會持久，很快便回落。這種缺乏危機意識的心態，促使他採取一種小修小補，或只是尋求就手資金應急的方法，如向銀行或財務公司借錢應急周轉，同時又一直緊抓心儀資產不放，失去客觀判斷。

當然，以為可爭取時間化解資金緊絀的「短借應急」，一來「短借」利息更高，二來是還不了時變成「長借」，三來是產生「債冚債」問題，結果是令負債愈來愈重，問題更難解決，因為「十個茶煲九個蓋」，問題總是解決不掉。這種處理手法，不如當初及早壯士斷臂，如若他能在危機初現時出售部分酒店物業，便能資金回籠，解救其他層面拖欠的債務。惟許盛卻表現得拖泥帶水，最後令問題不斷惡化，斷送了大好商業王國。當然，在 1982 年至 1984 年間，無論股市、樓市及經濟均極為波動，且每況愈下，要準確拿捏、作出果斷決定亦着實不易。

從商業發展的角度看，白手興家的故事總是最吸引人的，因為創業、擴張、攻城掠地，雖然有其困難或挑戰，卻有更為吸引人的英雄感、群眾掌聲和社會稱頌。不少創業家哪怕年紀已長，建立了龐大的商業王國，仍不願退下來，與這種情懷或滿足感也有關係。到了 1970 年代末，許盛已年近半百，尚不算老，一方面仍覺有心有力，另方面又有更多經濟與社會資本，閱歷與經驗更豐，因此有了更大誘因去推動家族企業更上層樓，惟他只攻不守、大量借貸卻低估利息高企的殺傷力，處理危機時又只是小修小補、不夠當機立斷，且多番犯錯，結果便斷送了一手創立的商業王國，教訓不可謂不大。

小結

由窮小子到富甲一方，無論是珠寶生意、酒店與地產投資，許盛均曾拚出成績，寫下傳奇，可惜他卻「守不住」那份基業，最後兵敗如山倒。在敗局已定時，他在回應記者提問時的自我檢討是：當年將珠寶生意與物業地產生意結合，是一大錯誤，因為若不是這樣做，珠寶公司不會被逼倒閉結業（Ko, 1985）。

為了壯大力量，更好地運用資本等關係，亦本着「肥水不流別人田」的觀念，他成立控股集團，把所有生意均連結在一起，這樣雖然在某層面上可壯大家族力量，但卻容易產生火燒連環船的問題，風險無法切割，形成了一枯皆枯的全盤崩潰，那實在是創立許盛集團時沒有預想得到，卻又確實發生，這實在是後來者不能不察，不可不防的沉痛教訓。

參考資料

中文資料

《力報》。各年。

《上海反動政治機構人名錄》。1949。上海：江南問題研究會。

《上海市五十一業工廠勞工統計》。1948。上海：上海市勞資評斷委員會。

《上海市學校調查錄》。1948。上海：群協出版社。

《上海萬業錄》。1939。上海：中國物品推行公司圖書部。

《大公報》。各年。

《大美晚報》。各年。

《大風報》。各年。

《大眾夜報》。各年。

《工商日報》。各年。

《工商晚報》。各年。

《中國商報》。各年。

《中華時報》。各年。

《文匯報》。各年。

《日報新報》。各年。

《北方日報》。各年。

《平劇義演特刊》。1941。香港：香港新生活運動促進會婦女工作委員會。

《旦華國民學校立校三十周年紀念特刊》。1947。上海：該校出版。

《生報》。各年。

《申報上海市民手冊》。1946。上海：申報館。

《申報為華北災民向全國呼籲急賑》。1943。上海：申報社。
《亦報》。各年。
《各業同業公會理監事名錄》。1947。上海：上海市商會工業科。
《辛報》。各年。
《迅報》。各年。
《和平日報》。各年。
《虎嗅網》。2016。〈馬雲清華演講：成功靠情商，不敗靠智商〉，2016 年 10 月 21 日：https://www.huxiu.com/article/167907.html。
《信報》。各年。
《星島日報》。各年。
《星島晚報》。各年。
《飛報》。各年。
《香港股票手冊》。1973。香港：金銀證券交易所。
《香港時報》。各年。
《益世報》。各年。
《真報》。各年。
《神州報》。各年。
《商業晚報年刊》。1943。上海：商業報館發行部。
《荷李活道》。2013。香港：明報周刊。
《晶報》。各年。
《華字日報》。各年。
《華僑日報》。各年。
《新晚報》。各年。
《新報》。各年。
《新華日報》。各年。
《新聞報》。各年。
《經濟日報》。各年。

《誠報》。各年。

《電話番號簿》。1943。香港：香港電話局。

《寧波旅滬同鄉會第十一屆徵求會員大會特刊》。1939。上海：該會出版。

《滬報》。各年。

《導報》。各年。

《聯合晚報》。各年。

《籌辦夷務始末・道光朝》。1964。北京：中華書局。

丁新豹。1988。《香港早期華人社會：1841－1870》，博士論文。香港：香港大學。

丁新豹。2009。《香港歷史散步》。香港：商務印書館。

二胡。1980。〈從工廠學徒到超級巨富：康力集團老闆柯俊文〉，《南北極》，1981 年 4 月 16 日，第 131 期，頁 12－16。

上海市工商行政管理局。1963。《上海民族毛紡織工業》。北京：中華書局。

小丁。1983。〈許開文爭取喘息時間〉，載齊以正等編：《香港巨富家族的興衰》，頁 19－20。香港：文藝書屋。

中國第一歷史檔案館編。1996。《香港歷史問題檔案圖錄》。香港：三聯書店。

方豪。1987。《中西交通史》。長沙：岳麓書社。

北京三多堂影視廣告有限公司。2004。《晉商》。上海：世紀出版集團。

石民。1985。〈夏里厘拉點金有術〉，載齊以正等編：《豪門大曝光》，頁 165－168。香港：龍門文化事業有限公司。

如來生。1948。《中國廣告事業史》。上海：新文化社。

何文翔。1992。《香港家族史》。香港：明報出版社。

何國龍：〈最年輕億萬富豪 SBF 列入全球〉，載《香港 01》，2022 年 11 月 12 日。

余繩武、劉存寬。1994。《十九世紀的香港》。北京：中華書局。

冷夏。1994。《何鴻燊傳》。香港：明報出版社。

利可人。1984。〈八四年香港商界梟雄：康力集團首腦柯俊文〉，載齊以正等編：《上岸及未上岸的有錢佬》，頁 214－224。香港：文藝書屋。

李明偉。1991。《絲綢之路貿易史研究》。蘭州：甘肅人民出版社。

李家園。2019。《香港報業雜談》。香港：三聯書店。

沈西城。2022。〈他的雜誌封面都由張大千來畫〉，2022 年 3 月 13 日。https://www.sohu.com/a/529491781_121124801。

沈福偉。2006。《中西文化交流史》。上海：上海人民出版社。

沈鎮潮。1947。《足籃球手冊》。上海：上海體育世界社。

宗力、劉群。1986。《中國民間諸神》。河北：河北人民出版社。

屈大均。1985。《廣東新語》。北京：中華書局。

林友蘭。1975。《香港史話》。香港：芭蕉書房。

林康侯，1939。《上海市行號圖錄》。上海：福利營業公司。

林廣志。2013。《盧九家族研究》。北京：社會科學文獻出版社。

政府統計處。各年。〈表 340-45021：港元利率〉。https://www.censtatd.gov.hk/tc/web_table.html?id=122。

科大衛、陸鴻基、吳倫霓霞。1986。《香港碑銘彙編》。香港：市政局。

唐力行。1995。《商人與中國近世社會》。香港：中華書局。

徐矛。1996。《中國十買辦》。上海：上海人民出版社。

徐筱紅。1997。《香港人韜略大全》。廣州：花城出版社。

徐頌雯。2022。《香港街市：日常建築裏的城市脈絡（1842－1981）》。香港：香港中文大學出版社。

桂華山。1975。《桂華山八十回憶》。香港：香港華僑投資建業有限公司。

袁求實。1997。《香港回歸大事記：1979－1997》。香港：三聯書店。

郝延平。1988。《十九世紀中國之買辦：東西間橋樑》，李榮昌、沈祖煒、杜詢誠譯。上海：上海社會科學出版社。

馬可波羅。1962。《馬可波羅行紀》，A. J. H. Charingnon 注，馮承鈞譯。台北：商務印書館。

馬學強、張秀莉。2009。《出入於中西之間：近代上海買辦社會生活》。上海：上海辭書出版社。

高明士。2006。《中國古代政治的探索》。台北：五南圖書。

張連興。2012。《香港二十八總督》。香港：三聯書店。

張德昌。1981。〈清代鴉片戰爭前之沿海通商〉，載包遵彭、李定一、吳相湘編：《中國近代史論叢》，第二輯，第一冊，頁 91－132。台北：正中書局。

戚再玉。1947。《上海時人志》。上海：展望出版社。

梁炳華。2011。《中西區風物志》。香港：中西區區議會。

梁嘉彬。1999。《廣州十三行考》。廣州：廣東人民出版社。

章文欽。2015。〈前山寨與澳門〉，《文化雜誌》，第 94 期（2015 年春季刊），頁 36－44。

許家屯。1993。《許家屯香港回憶錄》。香港：香港聯合報有限公司。

許翼心。2008。〈早期中文報刊與近化香港文學的開拓〉，《現代中文文學學報》第 8 期（2008 年 1 月 1 日），頁 201－212。https://commons.ln.edu.hk/cgi/viewcontent.cgi?article=1179&context=jmlc。

郭峰。1981。〈香港的地產是否潛伏着大危機？〉，《南北極》，1981 年 5 月 15 日，第 132 期，頁 34－38。

陳大同、陳文元。1941。《百年商業》。香港：香港光明文化事業公司。

陳小寶。2007。《香港關帝信仰研究：以關帝廟為中心》，碩士論文。香港：香港大學。

陳鳴。2005。《香港報業史稿：1841－1911》。香港：華光報業有限公司。

陳曉平。2018。〈從蛋民到慈善家：晚清珠三角階層躍進的一些個案〉，《澎湃新聞》，2018 年 12 月 29 日。https://www.thepaper.cn/newsDetail_forward_2699722。

陶世明。1984。〈不尚虛名的鑽石大王〉。載齊以正等編著：《上岸及未上岸的有錢佬》，頁 24－31。香港：文藝書屋。

彭淑敏。2018。〈追憶歷史年華：「識飲識食」與香港街道〉，2018 年 3 月，載香港中華文化發展聯合會網頁。http://hkccda.org/2018/08/04/3history/。

曾鋭生。2007。《管治香港：政務官與良好管治的建立》。香港：香港大學出版社。

温偉國。1991。〈香港上海滙豐銀行買辦研究〉，香港中文大學研究院歷史學部哲學碩士論文。香港：香港中文大學。

湯心儀、潘吟閣、朱斯湟等。1945。《戰時上海經濟》第一輯。上海：上海經濟研究所。

湯開建、蕭國健、陳佳榮。1998。《香港 6000 年：遠古－1997》。香港：麒麟書業。

湯顯祖。1976。《牡丹亭》，徐朔方、楊笑梅校註。香港：中華書局。

紫華。1984。〈「表叔」不敵「本地鱷」：看康力停牌〉，載齊以正等編：《上岸及未上岸的有錢佬》，頁 225－235。香港：文藝書屋。

黃文江。2002。〈十九世紀香港西人群體研究：愉寧堂的演變〉，載劉義章、黃文江編：《香港社會與文化史論集》，頁 37－56。香港：香港中文大學聯合書院。

黃寄萍。1948。《父親節紀念冊》。上海：改造出版社。

葉林豐。1971。〈威廉堅手下的六品頂戴買辦〉，載張千帆、辛文芷、黃蒙田等編：《南星集》，頁 228－231。香港：上海書局。

葉農、王桃。2010。〈盧九家族研究綜述：兼論澳門「盧九街」的開闢〉，載林廣志、呂志鵬編：《盧九家族與華人社會》，頁 164－175。澳門：民政總署。

廖麗暉。2013。《華人廟宇與殖民地的香港華人社會：以上環文武廟為研究個案》，碩士論文。香港：香港大學。

綠芳紅蕤樓主。1938。《安邦定國志彈詞》，朱耀祥、趙稼秋彈唱。上海：新聲出版社。

齊以正。1981。〈啟示與教訓 —— 李保羅案的回顧〉，《南北極》月刊，1981 年第 129 期，頁 7－11。

齊以正。1986。〈「大大」東主楊撫生〉，載齊以正等：《X 氏王朝》，頁 177－186。香港：龍門文化事業有限公司。

齊思和、林樹惠、壽紀瑜。1954。《鴉片戰爭》第 3 冊。上海：神州國光社。

劉永生中學。沒年份。〈悼念中華傳道會資深董事胡孝清先生〉。https://www.lws.edu.hk/en/biography-mr-peter-ht-woo。

劉海燕。2006。《翰墨英風：文昌帝與關聖帝》。北京：宗教文化出版社。

蔡登山。2012。〈沈葦窗與《大人》雜誌〉，《全國新書資訊月刊》，第 162 期，2012 年 6 月 1 日，頁 22－26。

蔡榮芳。2001。《香港人之香港史：1841－1945》。香港：牛津大學出版社。

鄭宏泰、李潔萍。2024。《佳寧神話：陳松青的造神毀神》。香港：三聯書店。

鄭宏泰、黃紹倫。2004。《香港華人家族企業個案研究》。香港：明報出版社。

鄭宏泰、黃紹倫。2006。《香港股史：1841－1997》。香港：三聯書店。

鄭宏泰、黃紹倫。2007。《香港大老：何東》。香港：三聯書店。

鄭宏泰、黃紹倫。2010。《婦女遺囑藏著的秘密》。香港：三聯書店。

鄭宏泰、黃紹倫。2011。《一代煙王：利希慎》，第二版。香港：三聯書店。

鄭宏泰。2020。《永泰家族：亦政亦商亦逍遙的不同選擇》。香港：中華書局。

鄭國強。2010。〈清末民初粵澳賭商及其政治關係的歷史回眸〉，載林廣志、呂志鵬編：《盧九家族與華人社會》，頁 304－323。澳門：民政總署。

魯金。1992。《廟在其中》。香港：次文化有限公司。

蕭永宏。2013。〈王韜與近代早期香港華文報刊業——《循環日報》創辦緣起考〉，《人文中國學報》，第 19 期（2013 年 9 月 1 日），頁 297－344。https://ejournals.lib.hkbu.edu.hk/index.php/sinohumanitas/article/view/2188/2154。

謝秀麗、韓瑞軍。2012。《清代前期民間商業信用問題研究》。北京：人民出版社。

鴻碩。1986。〈大大公司被接管內情〉，載齊以正等：《X 氏王朝》，頁 166－176。香港：龍門文化事業有限公司。

顏昌海。2008。〈溫家寶的道德力量如何感動中國？〉，載《鳳凰博報》，2008 年 9 月 27 日，http://yanchh.blog.ifeng.com。

譚隆。1983。〈百年金鋪謝利源倒閉！〉，載齊以正等編：《香港巨富家族的興衰》，頁 25－28。香港：文藝書屋。

蘇亦工。2002。〈香港華人遺囑的發現及其特色〉，載《中國社會科學》，第 4 期，頁 100－113。

英文資料

Andrew, L. 2022. "23 lottery winners who lost millions", *GoBankingRates,* 26 November 2022. https://www.gobankingrates.com/net-worth/bankruptcy/lottery-winners-who-lost-millions/.

Annual Return of Diamond is Forever Limited. Various years. Hong Kong: Hong Kong Companies Registry.

Annual Return of Henry Jewellery Limited. Various years. Hong Kong: Hong Kong Companies Registry.

Annual Return of Kevin Hsu Holding Limited. Various years. Hong Kong: Hong Kong Companies Registry.

Annual Return of Kevin Jewelry Limited. Various years. Hong Kong: Hong Kong Companies Registry.

Barrie, R. and Tricker, G. 1991. *Share in Hong Kong: One Hundred Years of Stock Exchange Trading.* Hong Kong: The Stock Exchange of Hong Kong Limited.

BIOHK2023。〈Young Wise 楊詠威〉，2023 年 9 月 13 至 16 日。https://2023.bio-hk.com/zh/speakers/keynote-speaker/young-wise-%e6%a5%8a%e8%a9%a0%e5%a8%81/。

Blendell, M. 1982. "Hsu moves to ease liquidity", *South China Morning Post,* 23 December 1982, p. 29.

Blendell, M. 1983. "Estate slump checks KL bank dividend", *South China Morning Post,* 30 June 1983, p. 27.

Braudel, F. 1981-1984. *Civilization and Capitalism, 15th-18th Century* (trans. by S. Reynolds). London: Collins; New York: Harper & Row.

Bristow, R. 1987. *Land-use Planning in Hong Kong: History, Policies and Procedures.* Hong Kong: Oxford University Press.

Carl Smith Collection. No year. "Loo Akee". Hong Kong: Public Records Office.

Carroll, J. M. 2005. *Edge of Empires: Chinese Elites and British Colonials in Hong Kong.* Hong Kong: Hong Kong University Press.

Chan, A. 1983. "College loses main backer", *South China Morning Post,* 11 October

1983, p. 1.

Chan, W. K. 1991. *The Making of Hong Kong Society.* Hong Kong: Oxford University Press.

Church, S., Hill, J. and Yang, Y. 2022. "FTX is allowed to hide the identities of its 50 biggest creditors", *Bloomberg,* 23 November 2022. https://www.bloomberg.com/news/articles/2022-11-22/-substantial-ftx-assets-are-stolen-or-missing-attorney-says.

CO 129/27/287. "William Caine to Colonial Office", 25 February 1848. Hong Kong: Public Records Office.

Collins, J. 2001. *Good to Great: Why Some Companies Make the Leap and Others Don't.* New York: Harper Collins Publishers Inc.

Collins, J. and Porras, J.I. 2004. *Built to Last: Successful Habits of Visionary Companies.* New York: Harper Collins Publishers Inc.

Conic Investment Company Limited. 1981. "New issue of 70,000,000 ordinary shares of $1.00 each at $1.00 per share payable in full on application", *South China Morning Post,* 31 July 1981.

Doggett, J. 1973. "Success story of Mr Hsu", *South China Morning Post,* 9 September 1973, p. 17.

Durkheim, E. 2001. *The Elementary Forms of Religious Life* (trans. by C. Cosman) Oxford: Oxford University Press.

Empress Hotel Limited. 31 July 1970. "Offer for sale of 2,700,000 fully paid ordinary shares of $2 each at $5 per share payable in full on application", *South China Morning Post,* 31 July 1970, p.10.

Endacott, G. B. 2005. *A Biographical Sketch-book of Early Hong Kong.* Hong Kong: Hong Kong University Press.

Fay, P. W. 1975. *The Opium War, 1840-1842.* Chapel Hill: University of North Carolina Press

Fell, R. 1992. *Crisis and Change: The Maturing of Hong Kong's Financial Markets, 1981-1989.* Hong Kong: Longman.

Fisher, M. 1984. "Hsu facing new petition", *South China Morning Post,* 21 February 1983, p. 27.

Forbes: "Sam Bankman-Fried", *Forbes 400*, 27 September 2022. https://www.forbes.com/profile/sam-bankman-fried/?list=forbes-400&sh=69999fe34449.

Friend of China. Various years.

Grant File-L.A.-Margaret Koo Young Deceased. 29 January 1969 to 6 September 1972. Files Relating to Probate Jurisdiction, Record ID: HKRS96-5-2623. Hong Kong: Hong Kong Public Records Office.

Grauschopf, S. 2022 "Lottery curse victims: 7 people who won big & lost everything", *Liveabout,* 28 April 2022. https://www.gobankingrates.com/net-worth/bankruptcy/lottery-winners-who-lost-millions/.

High Court. 2011. "Stephen Ng Ngon Kwan and Others v Kevin Hsu Shang and Others", High Court Action No. 893 of 2011" Hong Kong: High Court.

Ho, A. 1977. "'Yo-yo' stock San Imperial suspended", *South China Morning Post,* 5 May 1977, p. 25.

Ho, E. P. 2010. *Tracing my Children's Lineage.* Hong Kong: Centre of Asian Studies, the University of Hong Kong.

Hong Kong Standard. Various years.

Hong Kong Telegraph. Various years.

Ingebrestsen, M. 2003. *Why Companies Fail: The 10 Big Reasons Businesses Crumble, and How to Keep Yours Strong and Solid.* New York: Crown Business Publishing Ltd.

Interim Report of Inspectors Appointed by the Financial Secretary into the Affairs of Paul Lee Engineering Company Limited. October 1974. Hong Kong: Public Records Office.

Kevin Hsu Shang. Various years. Bankruptcy No. 710 of 1984, HKRS55-16-289. Hong Kong: Hong Kong Public Records Office.

Ko, M. 1985. "Kevin Hsu cuts his liabilities to $800m", *South China Morning Post,* 28 October 1985, p. 31.

Ko, M. 1986. "Empress Hotel sold for $120m", *South China Morning Post,* 8 February 1986, p. 21.

Lau, W. K. 1984. "Hsu in hotel venture talks", *South China Morning Post,* 27 December 1984, p. 21.

Lethbridge, H. J. 1978. *Hong Kong: Stability and Change: A Collection of Essays.* Hong Kong: Oxford University Press.

Lo, Y. 2021. "Peter H.T. Woo: Father of the Hong Kong electronic industry", *The Industrial History of Hong Kong Group,* 2 December 2021 https://industrialhistoryhk.org/peter-woo-father-hong-kong-electronics-industry/.

Lo, Y. 2023. "Conic: HK electronics giant of the late 1970s, early 1980s", *The Industrial History of Hong Kong Group,* 4 April 2023. https://industrialhistoryhk.org/conic-hk-electronics-giant-of-the-late-1970s-early-1980s/.

Lo. Y. 2018. "Big and tall from Nanking Rd to Nathan Rd: Jefferson Young（楊撫生）of Crane（鶴鳴）, Chancellor（大人）, Da Da（大大）and the rise and fall of his retail empire", The Industrial History of Hong Kong Group, 8 January 2018. https://industrialhistoryhk.org/big-and-tall-from-nanking-rd-to-nathan-rd-jefferson-young-%E6%A5%8A%E6%92%AB%E7%94%9F-of-crane-%E9%B6%B4%E9%B3%B4-chancellor-%E5%A4%A7%E4%BA%BA-da-da-%E5%A4%A7%E5%A4%A7-and-the-rise-and-fal/.

Memorandum and Article of Association of Paul Lee Engineering Company Limited. 11 December 1962. Hong Kong: Companies Registry.

Miners, N. J. 1975. *The Government and Politics of Hong Kong.* Hong Kong: Oxford University Press.

Mr Kevin Hsu Shang. Various years. Bankruptcy No. 76 of 1984, HKRS55-16-232. Hong Kong: Hong Kong Public Records Office.

Munn, C. 2001. *Anglo-China: Chinese People and British Rule in Hong Kong 1841-1881.* Richmond: Cruzon.

Munn, C. 2012a. "William Caine", in Holdsworth, M. and Munn, C. (eds.) *Dictionary of Hong Kong Biography,* pp.57-58. Hong Kong: Hong Kong University Press.

Munn, C. 2012b. "Lo Aqui", in Holdsworth, M. and Munn, C. (eds.) *Dictionary of Hong Kong Biography,* pp.274-275. Hong Kong: Hong Kong University Press.

Norton-Kyshe, J.W. 1971. *The History of Laws and Courts of Hong Kong from the Earliest Period to 1898.* Hong Kong: Vetch and Lee.

Office for the Promotion of Women in Science, Engineering, and Mathematics. No year. "Young, Lily Y., Professor II-Chair". http://sciencewomen.rutgers.edu/profiles/index.php?q=myStory&id=265.

Paul Lee Engineering Company Limited. 1972. "New Issue by private placement of 4,500,000 shares of HK$1 each at HK$2.20 per share", *South China Morning Post,* 18 November 1972, p. 33.

Privy Council. 1993. "Privy Council Appeal No. 56 of 1992: The Attorney General of Hong Kong v Charles Cheung Wai-bun", Judgement of the Lords of the Judicial Committee of the Privy Council, 29 March 1993. Hong Kong: The Court of Appeal of Hong Kong. https://www.casemine.com/judgement/uk/5b4dc2542c94e07cccd23f83.

Probate Jurisdiction -Will File No.144-4-349, "Lo Pok Sheung @ Lo Chun Kong", 3 February 1877. Hong Kong: Hong Kong Public Records Office.

Return of allotment of Crane Stores, Shoers & Hatters Limited. Various year. Hong Kong: Companies Registry.

Return of allotment of Da Da Department Store Limited. Various year. Hong Kong: Companies Registry.

Return of allotment of Hong Kong City Park Restaurants Limited. Various year. Hong Kong: Companies Registry.

Return of allotment of Jade Palace Restaurant Limited. Various year. Hong Kong: Companies Registry.

Return of allotment of The Jumbo Chinese Restaurant Limited. Various year. Hong Kong: Companies Registry.

Return of allotment of Young and Company (Hong Kong) Limited. Various year. Hong Kong: Companies Registry.

Return of allotment of Young Ching-huo Limited. Various year. Hong Kong: Companies Registry.

Schumpeter, J.A. 1934. *The Theory of Economic Development: An Inquiry into Profits, Capital, Credit, Interest, and the Business Cycle.* Cambridge: Harvard University Press.

Second Interim Report of Inspectors Appointed by the Secretary to Investigate the Affairs of Paul Lee Engineering Company Limited. January 1975. Hong Kong: Public Records Office.

Semack, F, 1980. "Locked-in shares may trade again", *South China Morning Post,* 11 February 1980, p. 37.

Sherwell, C. and S. Wong. 1983. "Scandal: Bankers expected to quit soon", *South China Morning Post,* 18 August 1983, p. 21.

Sinclair, K. 1981. "Epitomising the refugee's dream: Rags-to-riches world of Kevin Hsu", *South China Morning Post,* 1 February 1981, p.10.

Smith, C. T. 1983. "Compradores of the Hong Kong Bank", in F.H.H. King (ed.) *Eastern Banking: Essays in the History of the Hong Kong and Shanghai Bank Corporation,* pp. 93-111. London: Athlone Press.

Smith, C. T. 1995. *A Sense of History: Studies in the Social and Urban History of Hong Kong*. Hong Kong: Hong Kong Educational Publishing Company.

Smith, C. T. 2005. *Chinese Christians: Elites, Middlemen, and the Church in Hong Kong.* Hong Kong: Hong Kong University Press.

Smith, G. 1847. *A Narrative of an Exploratory Visit to Each of the Consular Cities of China, and to the Islands of Hong Kong and Chusan.* London: Seeley, Burnside, & Seeley, Fleet Street.

South China Morning Post. Various years.

Stewart Lockhart Collection. No year. "Ho Tung". Edinburg: National Library of Scotland.

Su, V. 1981. "$40m profit from Empress Hotel sale", *South China Morning Post,* 26 May 1981, p. 9.

The Cockpit Hotel at Penang Road. No year. Singapore: Government Associated Websites. https://www.roots.gov.sg/Collection-Landing/listing/1213390.

The Hong Kong Almanack and Directory for 1846. 1846. Hong Kong: The China Mail.

The Hong Kong Government Gazette, various years.

The Queen v Wai Yu Tsang, Judgment. 1990. Case No. CACC000444/1988. Hong Kong: The Court of Appeal.

The Star. Various years.

Tran, C. 2022. "Couple who won $5.6 million on lottery ostracized by family after 'breaking first rule'", *7 News,* 17 February 2022. https://7news.com.au/lifestyle/couple-who-won-56-million-on-lottery-ostracised-by-family-after-breaking-first-rule-c-5728673/.

Tsai, J. F. "The predicament of the compradore idealists, He Qi (1859-1914) and Hu Liyuan (1847-1916)", *Modern China,* Vol. 7, No. 2, pp. 191-225.

Tsang, S. 2007. *A Modern History of Hong Kong.* London: I.B. Tauris & Co. Ltd.

Ward, J. L. 1987. *Keeping the Family Business Healthy: How to Plan for Continuing Growth, Profitability, and family Leadership.* San Francisco: Jossey-Bass.

Wong, S. L. 1979. Industrial Entrepreneurship and Ethnicity, Ph. D. dissertation. London: University of Oxford.

Wong, W. S. 2003. *The Effects of Building Regulations Control on the Design of Private Residential Buildings,* unpublished Ph.D. dissertation. Hong Kong: The University of Hong Kong.

Yin, R. K. 2003. *Case Study Research: Design and Methods* (Thousand Oaks, London, New Delhi: Sage Publications.

□ 責任編輯：黎耀強
□ 封面設計：陳佩珍
□ 排　　版：陳美連
□ 印　　務：劉漢舉

安於不安：企業如何從失敗教訓中成長

□
著者
鄭宏泰　高皓

□
出版
中華書局（香港）有限公司
香港北角英皇道 499 號北角工業大廈一樓 B
電話：(852) 2137 2338　傳真：(852) 2713 8202
電子郵件：info@chunghwabook.com.hk
網址：http://www.chunghwabook.com.hk

□
發行
香港聯合書刊物流有限公司
香港新界荃灣德士古道 220-248 號
荃灣工業中心 16 樓
電話：(852) 2150 2100　傳真：(852) 2407 3062
電子郵件：info@suplogistics.com.hk

□
印刷
美雅印刷製本有限公司
九龍觀塘榮業街 6 號海濱工業大廈 4 樓 A

□
版次
2025 年 2 月第 1 版第 1 次印刷

□
規格
16 開（230 mm × 170 mm）

□
ISBN：978-988-8912-41-4